Beiträge zur Numerischen Mathematik 5

Beiträge zur Numerischen Mathematik 5

Herausgegeben von
Frieder Kuhnert und Jochen W. Schmidt

R. Oldenbourg Verlag München Wien 1976

Printed in the German Democratic Republic
Lizenz-Nr. 206 · 435/4/76
Gesamtherstellung: VEB Druckhaus „Maxim Gorki“, Altenburg
ISBN: 3-486-20411-4

Inhalt

Beiträge zur Numerischen Mathematik
5 (1976), 7–18

Konvergenzbeschleunigung des Newton-Verfahrens bei gewissen Gleichungssystemen

Götz Alefeld

1. Einleitung

Bekanntlich liefert das Newton-Verfahren

$$x^{k+1} = x^k - F'(x^k)^{-1}\, Fx^k, \qquad k = 0, 1, 2, \ldots,$$

zur Auflösung der Gleichung $Fx = 0$ mit einer konvexen Abbildung $F\colon \mathbb{R}^n \to \mathbb{R}^n$ unter der Voraussetzung, daß $F'(x)^{-1}$ für alle $x \in \mathbb{R}^n$ existiert und nichtnegativ ist, für beliebiges $x^0 \in \mathbb{R}^n$ eine monotone Folge

$$x^1 \geqq x^2 \geqq x^3 \geqq \cdots \geqq x^k \geqq x^{k+1} \geqq \cdots,$$

die gegen x^* konvergiert, falls die Gleichung $Fx = 0$ eine (notwendig eindeutige) Lösung x^* besitzt (vgl. etwa [1], S. 163, oder [2], S. 453).

Obwohl das Newton-Verfahren (unter einigen zusätzlichen Voraussetzungen) quadratisch konvergiert, kann die Verkleinerung des Fehlers in den Anfangsschritten nur gering sein. Dieses Verhalten des Fehlers ist auch bei anderen Verfahren höherer Ordnung bekannt, und es wurden in der Vergangenheit speziell bei der Anwendung des Newton-Verfahrens zur Auflösung einer Gleichung mit einer Unbekannten Möglichkeiten zur Konvergenzbeschleunigung in den Anfangsschritten angegeben. Wir betrachten etwa ein Polynom $p(x)$ mit positivem führenden Koeffizienten, dessen Nullstellen reell und einfach sind. Bezeichnet x^* die größte Nullstelle, so konvergiert das Newton-Verfahren für jedes $x^0 \geqq x^*$ gegen x^*. Ist $x^0 \gg x^*$ gewählt, so erhält man

$$x^1 = x^0 - \frac{p(x^0)}{p'(x^0)} = x^0 - \frac{a_n(x^0)^n + a_{n-1}(x^0)^{n-1} + \cdots}{na_n(x^0)^{n-1} + (n-1)\, a_{n-1}(x^0)^{n-2} + \cdots}$$
$$\approx \left(1 - \frac{1}{n}\right) x^0,$$

und x^1 ist für größere n eine nur geringfügig bessere Näherung für x^* als x^0. Unabhängig voneinander haben Kahan und Maehly (vgl. [4], S. 480) einen einfachen Trick zur Beschleunigung des Newton-Verfahrens in dieser Situation angegeben. Das Vorgehen besteht in der Berechnung von neuen Näherungen nach der Formel

$$x^{k+1} = x^k - 2\,\frac{p(x^k)}{p'(x^k)}, \qquad k = 0, 1, 2, \ldots$$

Mit dem gewöhnlichen Newton-Verfahren wird weiter gerechnet, sobald $p(x^k) \leqq 0$ für ein $k_0 \geqq 0$ wird. Auf diese Weise erhält man eine Folge

$$x^1 \geqq x^2 \geqq \cdots \geqq x^{k_0-1} \geqq x^{k_0+1} \geqq \cdots \geqq x^*,$$

die im allgemeinen erheblich schneller gegen die Polynomwurzel x^* konvergiert als die mit dem Newton-Verfahren berechnete. Eine eingehende Darstellung dieses Sachverhaltes findet man in [3], S. 213ff.

Die Absicht dieser Arbeit besteht in einer weitgehenden Übertragung dieser konvergenzbeschleunigenden Maßnahmen bei der Anwendung des Newton-Verfahrens auf Gleichungssysteme des eingangs beschriebenen Typs. Im nächsten Abschnitt stellen wir die Hilfsmittel dazu bereit. Abschließend sind einige numerische Ergebnisse angegeben.

Ohne auf Einzelheiten einzugehen, bemerken wir, daß sich die angegebenen Ergebnisse auch in allgemeineren Räumen beweisen lassen.

2. Hilfsmittel und Lemmata

Im $\mathbb{R}^k$ legen wir die natürliche Halbordnung zugrunde, d. h.

$$x \leqq y \Leftrightarrow x_i \leqq y_i,\ i = 1(1)k \qquad \big(x = (x_i)\big).$$

Eine Abbildung $F\colon \mathbb{R}^m \to \mathbb{R}^n$ heißt *ordnungskonvex*, falls

$$F\big(\lambda x + (1-\lambda)\, y\big) \leqq \lambda F x + (1-\lambda)\, F y, \qquad \lambda \in (0, 1),$$

für alle vergleichbaren Elemente $x, y \in \mathbb{R}^m$ gilt. Gilt diese Ungleichung für alle $x, y \in \mathbb{R}^m$, so heißt F *konvex*.

Ist $F\colon \mathbb{R}^m \to \mathbb{R}^n$ Gateaux(G-)differenzierbar, so sind die folgenden Aussagen äquivalent (vgl. [2], S. 448):

F ist (ordnungs-)konvex;

$Fy - Fx \geqq F'(x)\,(y - z)$ für alle (vergleichbaren) $x, y \in \mathbb{R}^m$;

$\big(F'(y) - F'(x)\big)\,(y - x) \geqq 0$ für alle (vergleichbaren) $x, y \in \mathbb{R}^m$.

Ist die G-Ableitung $F'(x)$ isoton, d. h. $F'(x) \geqq F'(y)$ für $x \geqq y$, so folgt mit Hilfe der letzten Ungleichung die Ordnungskonvexität von F.

Führt man in der Menge $L(\mathbb{R}^n)$ der linearen Abbildungen von $\mathbb{R}^n$ nach $\mathbb{R}^n$ die natürliche Halbordnung

$$A \leqq B \Leftrightarrow a_{ij} \leqq b_{ij},\ i, j = 1(1)n \qquad \big(A = (a_{ij})\big)$$

ein, so läßt sich die obige Definition der (Ordnungs-)Konvexität auf die Abbildung $F'\colon \mathbb{R}^n \to L(\mathbb{R}^n)$ anwenden.

Wir benötigen die Aussagen des folgenden Lemmas, dessen Beweis man z. B. in [1], S. 163, findet.

Lemma 1. *Es sei* $F\colon \mathbb{R}^n \to \mathbb{R}^n$ *eine konvexe und G-differenzierbare Abbildung, für die* $F'(x)^{-1}$ *für alle* $x \in \mathbb{R}^n$ *existiert und* $F'(x)^{-1} \geqq 0$ *gilt.* $Fx = 0$ *besitze eine (notwendig eindeutige) Lösung* $x^* \in \mathbb{R}^n$. *Dann gilt:*

1. *Aus* $Fx \geqq 0, \quad x \in \mathbb{R}^n, \quad$ *folgt* $\quad x \geqq x^*$.
2. *Für* $y = x - F'(x)^{-1} Fx, \quad x \in \mathbb{R}^n, \quad$ *gilt* $\quad Fy \geqq 0$.

Lemma 2. *Die Abbildung* $F\colon \mathbb{R}^n \to \mathbb{R}^n$ *sei konvex und* F *besitze eine halbstetige zweite G-Ableitung* (vgl. [2], S. 61). *Die G-Ableitung* $F'\colon \mathbb{R}^n \to L(\mathbb{R}^n)$ *sei ordnungskonvex. Für alle* $x \in \mathbb{R}^n$ *existiere* $F'(x)^{-1}$, *und es sei* $F'(x)^{-1} \geqq 0$. $Fx = 0$ *besitze eine (notwendig eindeutige) Lösung* $x^* \in \mathbb{R}^n$. *Es sei* $Fr \geqq 0$ *für ein* $r \in \mathbb{R}^n$. *Dann bestehen für die Vektoren*

$$\begin{aligned} s &= r - F'(r)^{-1} Fr, \\ t &= r - 2F'(r)^{-1} Fr, \\ u &= t - F'(t)^{-1} Ft \end{aligned}$$

die Ungleichungen

a) $\quad x^* \leqq s \leqq r,$

b) $\quad x^* \leqq t \leqq s, \qquad$ *falls* $Ft \geqq 0,$

c) $\quad x^* \leqq u \leqq s, \qquad Fu \geqq 0.$

Beweis.

Zu a). Wegen $Fr \geqq 0$, $F'(r)^{-1} \geqq 0$ gilt $s \leqq r$, und Lemma 1 liefert $x^* \leqq s$.

Zu b). Wegen $s - t = F'(r)^{-1} Fr \geqq 0$ ist $t \leqq s$. Ist $Ft \geqq 0$, so liefert die erste Aussage von Lemma 1 wiederum $x^* \leqq t$.

Zu c). Die zweite Aussage von Lemma 1 ergibt $Fu \geqq 0$, woraus wiederum $x^* \leqq u$ folgt. Um den Beweis zu vervollständigen, müssen wir noch $u \leqq s$ zeigen. Dazu zeigen wir, daß für die beiden Vektoren

$$a = Fs - Fr + F'(r)\,(r - s) = Fs$$

und

$$b = Fs - Ft - F'(t)\,(s - t)$$

die Ungleichung $a \geqq b$ besteht. Ist dies der Fall, so gilt

$$a - b = Ft + F'(t)\,(s - t) \geqq 0,$$

oder, wegen $F'(t)^{-1} \geqq 0$,

$$s \geqq t - F'(t)^{-1} Ft = u.$$

Wir beweisen jetzt die Beziehung $a \geqq b$. Da F zweimal G-differenzierbar ist, folgt durch Anwendung von 3.39 in [2], S. 79, daß F' halbstetig ist. Deshalb erhält man durch Anwendung des Mittelwertsatzes 3.2.7 in [2], S. 71,

$$a = \int_0^1 \left\{F'\big(r + \tau(s-r)\big) - F'(r)\right\} (s-r)\, d\tau,$$

$$b = \int_0^1 \left\{F'\big(t + \tau(s-t)\big) - F'(t)\right\} (s-t)\, d\tau.$$

Da F'' nach Voraussetzung halbstetig ist, erhält man durch Anwendung von 3.3.7 in [2], S. 78,

$$a = \int_0^1 \int_0^1 \tau F''\big(r + \sigma\tau(s-r)\big)\, (s-r)^2\, d\sigma\, d\tau,$$

$$b = \int_0^1 \int_0^1 \tau F''\big(t + \sigma\tau(s-t)\big)\, (s-t)^2\, d\sigma\, d\tau$$

und daraus wegen $s - r = -(s-t)$

$$a - b = \int_0^1 \int_0^1 \tau\left\{F''\big(r - \sigma\tau(s-t)\big) - F''\big(t + \sigma\tau(s-t)\big)\right\} (s-t)^2\, d\sigma\, d\tau.$$

Wegen $0 \leqq \sigma\tau \leqq 1$ folgt

$$r - t \geqq \sigma\tau(r-t) = 2\sigma\tau(s-t) \quad \text{oder} \quad r - \sigma\tau(s-t) \geqq t + \sigma\tau(s-t).$$

Nach Voraussetzung ist F' ordnungskonvex, so daß

$$\begin{aligned} &\left\{F''\big(r - \sigma\tau(s-t)\big) - F''\big(t + \sigma\tau(s-t)\big)\right\}\left\{r - \sigma\tau(s-t) - \big(t + \sigma\tau(s-t)\big)\right\} \\ &= 2(1 - \sigma\tau)\left\{F''\big(r - \sigma\tau(s-t)\big) - F''\big(t + \sigma\tau(s-t)\big)\right\}(s-t) \geqq 0 \end{aligned}$$

gilt. Wegen $1 - \sigma\tau \geqq 0$ und $s - t \geqq 0$ gilt dann auch

$$\left\{F''\big(r - \sigma\tau(s-t)\big) - F''\big(t + \sigma\tau(s-t)\big)\right\}(s-t)^2 \geqq 0,$$

woraus die Behauptung $a - b \geqq 0$ folgt.

Lemma 3. *Es sei $F\colon \mathbb{R}^n \to \mathbb{R}^n$ eine G-differenzierbare Abbildung, für die $F'(x)^{-1}$ für alle $x \in \mathbb{R}^n$ existiert und $F'(x)^{-1} \geqq 0$ gilt. Die G-Ableitung sei isoton. Für zwei Vektoren u und v gelte $u \leqq v$, $Fu \geqq 0$, $Fv \geqq 0$. Es sei*

$$c = u - F'(u)^{-1} Fu, \qquad d = v - F'(v)^{-1} Fv.$$

Dann gilt $c \leqq d$.

Beweis. Aus der Isotonie der Ableitung folgt die Ordnungskonvexität von F. Daher gilt für u und v

$$Fu - Fv \geqq F'(v)(u - v),$$

woraus wegen $F'(v)^{-1} \geqq 0$ die Ungleichung

$$-F'(v)^{-1}\{F(v) - Fu\} \geqq u - v$$

folgt. Aus $F'(u) \leqq F'(v)$ folgt $F'(v)^{-1} \leqq F'(u)^{-1}$, und wegen $Fu \geqq 0$ gilt

$$F'(u)^{-1} Fu \geqq F'(v)^{-1} Fu.$$

Mit Hilfe dieser beiden Ungleichungen erhält man

$$\begin{aligned} d - c &= v - u - F'(v)^{-1} Fv + F'(u)^{-1} Fu \\ &\geqq v - u - F'(v)^{-1} Fv + F'(v)^{-1} Fu \\ &= v - u - F'(v)^{-1}\{Fv - Fu\} \geqq 0. \end{aligned}$$

Lemma 4. *Es sei $F: \mathbb{R}^n \to \mathbb{R}^n$ eine G-differenzierbare Abbildung, für die $F'(x)^{-1}$ für alle $x \in \mathbb{R}^n$ existiert und $F'(x)^{-1} \geqq 0$ gilt. Die G-Ableitung $F'(x)$ sei isoton. Für zwei Elemente z^0, x^0 mit $z^0 \leqq x^0$ sei $Fz^0 \geqq 0$, $Fx^0 \geqq 0$. Die Folgen $\{z^k\}$ und $\{x^k\}$ werden nach den Vorschriften*

$$z^{k+1} = z^k - 2F'(z^k)^{-1} Fz^k, \qquad k = 0, 1, 2, \ldots,$$

bzw.

$$x^{k+1} = x^k - F'(x^k)^{-1} Fx^k, \qquad k = 0, 1, 2, \ldots,$$

berechnet. Es sei $Fz^k \geqq 0$ für $k = 0, 1, \ldots, k_0$ ($k_0 = \infty$ ist zugelassen). Dann gilt $z^k \leqq x^k$, $k = 0, 1, \ldots, k_0$.

Beweis. Wir zeigen zunächst, daß die Elemente von $\{x^k\}$ eine monoton fallende Folge

$$x^0 \geqq x^1 \geqq x^2 \geqq \cdots \geqq x^k \geqq x^{k+1} \geqq \cdots \quad \text{mit} \quad Fx^k \geqq 0, \qquad k = 0, 1, 2, \ldots,$$

bilden. Ist $Fx^k \geqq 0$, was nach Voraussetzung für $k = 0$ richtig ist, so folgt für x^{k+1}

$$x^{k+1} = x^k - F'(x^k)^{-1} Fx^k \leqq x^k$$

und auf Grund der aus der Isotonie der Ableitung $F'(x)$ folgenden Ordnungskonvexität von F

$$Fx^{k+1} \geqq Fx^k + F'(x^k)(x^{k+1} - x^k) = 0.$$

Es sei nun $Fz^k \geqq 0$, $Fx^k \geqq 0$ für $z^k \leqq x^k$, was nach Voraussetzung für $k = 0$ richtig ist. Auf Grund von Lemma 3 gilt dann für den Vektor $h = z^k - F'(z^k)^{-1} Fz^k$ die Ungleichung $h \leqq x^{k+1}$, und wegen $h \geqq z^{k+1}$ erhält man

$$z^{k+1} \leqq x^{k+1}.$$

Mit der oben gezeigten Beziehung $Fx^k \geqq 0$ für alle k ist der Beweis abgeschlossen.

3. Anwendungen

Die im vorangehenden Abschnitt angegebenen Aussagen wollen wir nun verwenden, um das Newton-Verfahren zur Auflösung der Gleichung $Fx = 0$ zu beschleunigen. Dabei machen wir über F die folgenden

Voraussetzungen: Es sei $F: \mathbb{R}^n \to \mathbb{R}^n$ eine konvexe Abbildung, die stetig G-differenzierbar ist. Für jedes $x \in \mathbb{R}^n$ existiere $F'(x)^{-1}$ mit $F'(x)^{-1} \geqq 0$. $F'(x)$ sei isoton und ordnungskonvex. Darüber hinaus existiere die zweite G-Ableitung und diese sei halbstetig. Die Gleichung $Fx = 0$ besitze eine (notwendig eindeutige) Lösung x^*.

Bemerkungen zu den Voraussetzungen:

1. Die Stetigkeit der G-Ableitung hat die Frechét-Differenzierbarkeit zur Folge, woraus wiederum die Stetigkeit von F folgt. Die Stetigkeit von F ist auch Konsequenz der Konvexität von F.

2. Als konvexe Abbildung ist F ordnungskonvex. Die Ordnungskonvexität ist auch Folge der vorausgesetzten Isotonie der Ableitung.

Unter den genannten Voraussetzungen über F sind speziell die Voraussetzungen des Satzes 8.3.4 in [1], S. 163, erfüllt, so daß man mit dem Newton-Verfahren

$$x^{k+1} = x^k - F'(x^k)^{-1} Fx^k, \qquad k = 0, 1, 2, \ldots,$$

für beliebiges $x^0 \in \mathbb{R}^n$ eine Folge

$$x^1 \geqq x^2 \geqq \cdots \geqq x^k \geqq x^{k+1} \geqq \cdots \geqq x^* \quad \text{mit} \quad Fx^k \geqq 0, \qquad k \geqq 1,$$

erhält, für die $\lim_{k\to\infty} x^k = x^*$ gilt. Ist $Fx^0 \geqq 0$, so gilt auch $x^0 \geqq x^1$.

Die Konvergenz der Folge $\{x^k\}_{k=0}^{\infty}$ kann nun folgendermaßen „beschleunigt" werden:

Falls $Fx^0 \geqq 0$ gilt, setzen wir $y^0 = x^0$ und berechnen eine Folge $\{y^k\}_{k=0}^{k_0+1}$ mit Hilfe der Formel

$$y^{k+1} = y^k - 2F'(y^k)^{-1} Fy^k, \qquad k = 0, 1, 2, \ldots, k_0.$$

k_0 bestimmt sich aus den Bedingungen

$$Fy^k \geqq 0, \qquad k = 0, 1, \ldots, k_0, \qquad Fy^{k_0+1} \ngeqq 0$$

($k_0 = \infty$ ist zugelassen).

Ist $Fx^0 \ngeqq 0$, so setzen wir $y^0 := x^0$, $y^1 := y^0 - F'(y^0)^{-1} Fy^0$ (es gilt dann $Fy^1 \geqq 0$). Die restlichen Glieder der Folge $\{y^k\}_{k=0}^{k_0+1}$ werden wie vorher berechnet.

Unabhängig davon, ob $Fx^0 \geqq 0$ ist oder nicht, erhält man für die so berechnete Folge $\{y^k\}_{k=0}^{k_0+1}$ auf Grund der Aussage b) aus Lemma 2

$$y^1 \geqq y^2 \geqq \cdots \geqq y^k \geqq y^{k+1} \geqq \cdots$$

und

$$y^k \geqq x^*, \qquad k = 1, 2, \ldots, k_0.$$

(Falls $Fx^0 \geqq 0$ ist, gelten diese Ungleichungen auch für $k = 0$.)

Es sind nun zwei Fälle zu unterscheiden:

1. $k_0 = \infty$, d. h. $Fy^k \geqq 0$ für alle $k \geqq 1$. Dann besitzt die monoton fallende und beschränkte Folge $\{y^k\}_{k=1}^{\infty}$ einen Grenzwert y^*, für den

$$Fy^* = \lim_{k \to \infty} Fy^k = \frac{1}{2} \lim_{k \to \infty} F'(y^k)\,(y^k - y^{k+1}) = 0,$$

also $x^* = y^*$, gilt. Auf Grund von Lemma 4 besteht zwischen den Gliedern der mit dem Newton-Verfahren berechneten Folge $\{x^k\}_{k=0}^{\infty}$ und den Gliedern der Folge $\{y^k\}_{k=0}^{\infty}$ die Beziehung

$$x^* \leqq y^k \leqq x^k, \qquad k = 1, 2, \ldots$$

(Falls $Fx^0 \geqq 0$ ist, gelten diese Ungleichungen auch für $k = 0$.)

2. $k_0 < \infty$, d. h., es gilt $Fy^k \geqq 0$, $k = 1, 2, \ldots, k_0$, während die Ungleichung $Fy^{k_0+1} \geqq 0$ nicht erfüllt ist. In diesem Fall berechnen wir eine Folge $\{y^k\}_{k=0}^{\infty}$ wie folgt: Die Glieder y^k, $k = 0, 1, \ldots, k_0 + 1$, werden wie oben berechnet. Die restlichen Glieder werden mit Hilfe des Newton-Verfahrens

$$y^{k+1} = y^k - F'(y^k)^{-1}\,Fy^k, \qquad k = k_0 + 1, k_0 + 2, \ldots,$$

berechnet.

Setzen wir

$$w = y^{k_0} - F'(y^{k_0})^{-1}\,Fy^{k_0},$$

so gilt auf Grund von Lemma 2, Aussage c),

$$x^* \leqq y^{k_0+2} \leqq w, \qquad Fy^{k_0+2} \geqq 0.$$

Wegen $w \leqq y^{k_0}$ erhält man die monotone Folge

$$y^1 \geqq y^2 \geqq \cdots \geqq y^{k_0} \geqq y^{k_0+2} \geqq y^{k_0+3} \geqq \cdots \geqq x^*,$$

die wiederum nach Satz 8.3.4 in [1] gegen x^* konvergiert. Auf Grund von Lemma 4 besteht für die Newton-Näherungen $x^1, x^2, \ldots, x^{k_0}$ und die Näherungen $y^1, y^2, \ldots, y^{k_0}$ die Ungleichung

$$y^k \leqq x^k, \qquad k = 1, 2, \ldots, k_0.$$

Durch nochmalige Anwendung von Lemma 4 erhält man die Ungleichung $w \leqq x^{k_0+1}$, also $y^{k_0+2} \leqq x^{k_0+1}$, und damit — wiederum auf Grund von Lemma 4 —

$$y^{k_0+1+\nu} \leqq x^{k_0+\nu}, \qquad \nu = 1, 2, \ldots$$

Setzen wir

$$\tilde{y}^k = \begin{cases} y^k & \text{für} \quad k = 0(1)k_0, \\ y^{k+1} & \text{für} \quad k > k_0, \end{cases}$$

so gilt also

$$\tilde{y}^k \leqq x^k, \qquad k \geqq 1.$$

(Ist $Fx^0 \geqq 0$, so besteht diese Ungleichung auch für $k = 0$.)

Die Folge $\{\tilde{y}^k\}_{k=1}^{\infty}$ konvergiert also (in der Halbordnung) mindestens genau so schnell wie die Folge $\{x^k\}_{k=1}^{\infty}$ gegen x^*.

Bei der praktischen Rechnung tritt gewöhnlich der zweite Fall ein. Die Berechnung eines Gliedes $\tilde{y}^k$ erfordert (abgesehen von n Multiplikationen mit 2) den gleichen Aufwand wie die Berechnung einer Newton-Näherung, nämlich die Auflösung eines linearen Gleichungssystems. Die oben im Fall 2 angegebenen Ungleichungen zeigen, daß man zum Erreichen einer vorgegebenen Genauigkeit

$$x^* - \tilde{y}^k \leqq \varepsilon \qquad \bigl(\varepsilon = (\varepsilon_i)\bigr)$$

höchstens ein lineares Gleichungssystem mehr auflösen muß als zur Erzielung der gleichen Genauigkeit mit dem Newton-Verfahren. Bei ungünstig gewählten Startvektoren wird man allerdings erwarten, daß durch die anfangs durchgeführten „Doppel-Newton-Schritte" insgesamt weniger Gleichungssysteme aufzulösen sind. Dies wird durch die nachfolgenden numerischen Ergebnisse bestätigt.

4. Numerische Beispiele

Wir betrachten die Aufgabe, numerische Näherungen für die Lösung der Randwertaufgabe

$$y'' = f(t, y), \qquad y(0) = \alpha, \qquad y(1) = \beta$$

zu bestimmen. Die Existenz und Eindeutigkeit einer Lösung $y(t)$ ist gesichert, falls f stetig und $\frac{\partial}{\partial y} f(t, y) \geqq 0$ ist, was im folgenden vorausgesetzt wird. Die Anwendung des gewöhnlichen Differenzenverfahrens führt auf die n Gleichungen

$$-x_{i-1} + 2x_i - x_{i+1} + h^2 f(t_i, x_i) = 0, \qquad i = 1(1)n,$$

mit $t_i = ih$, $i = 1(1)n$, $(n + 1)\, h = 1$ und $x_0 = \alpha$, $x_{n+1} = \beta$. x_i ist eine Näherung für $y(t_i)$. Mit

$$x = \begin{pmatrix} x_1 \\ x_2 \\ \cdot \\ \cdot \\ \cdot \\ x_n \end{pmatrix}, \qquad g(x) = \begin{pmatrix} f(t_1, x_1) \\ f(t_2, x_2) \\ \cdot \\ \cdot \\ \cdot \\ f(t_n, x_n) \end{pmatrix}, \qquad b = \begin{pmatrix} \alpha \\ 0 \\ \cdot \\ \cdot \\ 0 \\ \beta \end{pmatrix}$$

und

$$A = \begin{pmatrix} 2 & -1 & & & 0 \\ -1 & 2 & -1 & & \\ & \cdot & \cdot & \cdot & \\ & & \cdot & \cdot & \cdot \\ & & -1 & 2 & -1 \\ 0 & & & -1 & 2 \end{pmatrix}$$

lassen sich die n Gleichungen in der Form

$$Fx = Ax + h^2 g(x) - b = 0$$

schreiben. Unter der angegebenen Voraussetzung $\frac{\partial f}{\partial y} \geqq 0$ existiert eine eindeutige Lösung x^* von $Fx = 0$. Es ist

$$F'(x) = A + h^2 g'(x) = A + h^2 \operatorname{diag}\left(\frac{d}{dx_i} f(t_i, x_i)\right).$$

Wegen $\frac{\partial f}{\partial y} \geqq 0$ ist $\frac{d}{dx_i} f(t_i, x_i) \geqq 0$, $i = 1(1)n$. Da A eine M-Matrix ist, gilt mit $A^{-1} \geqq 0$ auch $F'(x)^{-1} \geqq 0$ für alle $x \in \mathbb{R}^n$.

Offensichtlich ist F genau dann konvex, wenn g konvex ist, was wiederum genau dann der Fall ist, wenn f bezüglich y konvex ist. Existiert $\frac{\partial^2 f}{\partial x^2}$, so ist F zweimal G-differenzierbar. Die Konvexität von f bezüglich y hat dann $\frac{\partial^2 f}{\partial x^2} \geqq 0$ und damit $\frac{d^2}{dx_i^2} f(t_i, x_i) \geqq 0$ zur Folge. Wegen

$$F'(x) - F'(y) = h^2 \operatorname{diag}\left(\frac{d}{dx_i} f(t_i, x_i) - \frac{d}{dx_i} f(t_i, y_i)\right)$$

folgt somit die Isotonie von F' aus der Konvexität von F. Um die Ordnungskonvexität von F' zu sichern, genügt es offensichtlich, die Konvexität von $\frac{\partial}{\partial y} f(t, y)$ bezüglich y vorauszusetzen. Damit sind dann die im letzten Abschnitt genannten Voraussetzungen alle erfüllt.

Eine typische Klasse von Randwertaufgaben, bei der diese Voraussetzungen offensichtlich erfüllt sind, besitzt die Form

$$y'' = e^{ay}, \qquad a > 0, \qquad y(0) = \alpha, \qquad y(1) = \beta.$$

In den Tabellen 1 und 2 geben wir einige numerische Ergebnisse für die Auflösung des diskretisierten Problems in Abhängigkeit von a, α, β, n und dem gewählten Anfangsvektor x^0 an. Die Komponenten x_i^0 des Anfangsvektors $x^0 = (x_i^0)$ wurden jeweils alle gleich gewählt. Der Wert von x_i^0 ist in der ersten Spalte angegeben. Daneben befindet sich jeweils in der ersten Zeile für verschiedene Werte von n und a die Anzahl der bei Verwendung des Newton-Verfahrens aufzulösenden linearen Gleichungssysteme. In der zweiten Zeile befindet sich zunächst die Anzahl der bei der besprochenen Modifikation insgesamt aufzulösenden linearen Gleichungssysteme. Daneben ist jeweils noch die Anzahl der dabei ausgeführten „Doppelschritte" angegeben. Die Rechnung wurde jeweils abgebrochen, sobald in keiner Komponente mehr eine Verkleinerung eingetreten ist. Mit Ausnahme von zwei Fällen, die mit einem Stern gekennzeichnet sind, bestätigen diese Tabellen, daß bei der angegebenen Modifikation höchstens ein lineares Gleichungssystem mehr als bei Verwendung des Newton-Verfahrens aufgelöst werden muß, bei ungünstig gewählten Startvektoren jedoch die Aufwandersparnis erheblich sein kann. Die jeweils um 1 zu großen mit einem Stern versehenen Zahlen kommen durch Nichtberücksichtigung von Rundungsfehlern während der Rechnung zustande. Um die Startwerte zu beurteilen, haben wir außerdem noch die berechneten Lösungen des diskretisierten Problems jeweils für $n = 10$ angegeben. Die Durchführung der Rechnung besorgte Herr cand. math. Peter T. Speck auf der Rechenanlage UNIVAC 1108 des Rechenzentrums der Universität Karlsruhe.

Tabelle 1

	$y'' = e^{ay}$		$y(0) = y(1) = 2 \cdot \ln \pi$			
	$n = 5$		$n = 10$		$n = 25$	
x_i^0	$a = 1$	$a = 5$	$a = 1$	$a = 5$	$a = 1$	$a = 5$
10	12	53	12	56	13	54
	8 4	29 24	10 3	32 23	10 3	34 22
5	10	28	8	30	8	31
	8 1	19 11	8 1	19 11	6 1	19 10
1	6	8	6	11	8	9
	7 1	7 1	7 1	7 1	6 1	9 1
1/2	8	7	6	8	6	11
	6 1	7 1	7 1	6 1	8* 1	8 1
0	8	11	6	11	6	12
	6 1	9 3	6 1	13* 3	6 1	9 3
−1	8	18	7	17	8	16
	9 1	11 4	6 1	13 4	8 1	16 3
−5	9	15	7	17	6	16
	6 1	12 4	7 1	11 4	6 1	14 3
−5	8	15	7	17	7	17
	7 1	12 4	7 1	11 4	8 1	13 3

Berechnete Lösung $x = (x_i)$ für $n = 10$

i	$a = 1$	$a = 5$
1	2,04230559	0,956897087
2	1,85885693	0,613092937
3	1,72843637	0,446515430
4	1,64455993	0,356994648
5	1,60348296	0,316725276
6	1,60348296	0,316725276
7	1,64455993	0,356994648
8	1,72843637	0,446515430
9	1,85885693	0,613092937
10	2,04230559	0,956897087

Tabelle 2

	$y'' = e^{ay}$		$y(0) = y(1) = 10$			
	$n = 5$		$n = 10$		$n = 25$	
x_i^0	$a = 1$	$a = 5$	$a = 1$	$a = 5$	$a = 1$	$a = 5$
5	6 7 1	29 19 10	6 7 1	30 19 10	8 9 1	29 20 9
1	10 8 2	8 7 1	10 8 2	11 10 1	12 11 2	20 19 1
1/2	12 9 3	18 17 1	11 9 2	26 25 1	12 11 2	36 34 1
0	11 10 3	39 25 15	11 9 2	42 30 14	12 12 2	45 32 14
−1	12 9 3	54 30 23	13 9 3	54 31 22	13 12 2	56 34 21
−5	12 9 3	55 30 23	13 9 3	55 32 22	15 14 2	56 37 21

Berechnete Lösung $x = (x_i)$ für $n = 10$

i	$a = 1$	$a = 5$
1	5,816 575 41	1,375 383 78
2	4,408 522 96	0,764 272 906
3	3,679 379 85	0,530 570 939
4	3,277 689 75	0,414 178 904
5	3,095 127 31	0,363 339 886
6	3,095 127 31	0,363 339 886
7	3,277 689 75	0,414 178 904
8	3,679 379 85	0,530 570 939
9	4,408 522 96	0,764 272 906
10	5,816 575 41	1,375 383 78

Literatur

[1] ORTEGA, J. M., Numerical Analysis, A Second Course, Academic Press, New York—London 1972.

[2] ORTEGA, J. M., and W. C. RHEINBOLDT, Iterative Solution of Nonlinear Equations in Several Variables, Academic Press, New York 1970.

[3] STOER, J., Einführung in die Numerische Mathematik, Springer-Verlag, Berlin—Heidelberg—New York 1972.

[4] WILKINSON, J., The Algebraic Eigenvalue Problem, Oxford Univ. Press (Clarendon), London—New York 1965.

Manuskripteingang: 14. 10. 1974

VERFASSER:

Prof. Dr. GÖTZ ALEFELD, Institut für Angewandte Mathematik der Universität Karlsruhe

Beiträge zur Numerischen Mathematik
5 (1976), 19–25

Zur numerischen Stabilität des Gaußschen Algorithmus

Lothar Berg

In [1] wurde die Auflösung großer Gleichungssysteme mit Hilfe des verketteten Gaußschen Algorithmus untersucht, und es wurden über die dabei auftretenden Zwischenergebnisse gewisse asymptotische Aussagen gemacht. Im folgenden werden diese Aussagen erweitert und verschärft, um die numerische Stabilität dieses Verfahrens bei wachsendem Umfang des Gleichungssystems einzuschätzen. Dabei zeigt es sich, daß der Gaußsche Algorithmus unter gewissen Voraussetzungen keine zusätzliche Instabilität verursacht und sich in bestimmter Weise optimal verhält. Wie in [1] beziehen wir uns auf Gleichungssysteme

$$Ay = f, \tag{1}$$

$y = (y_1, \ldots, y_N)^{\mathsf{T}}$, $f = (f_1, \ldots, f_N)^{\mathsf{T}}$, mit einer *Bandstruktur*. Die Koeffizientenmatrix schreiben wir in der Form

$$A = \begin{pmatrix} a_0^{(1)} & a_1^{(1)} \;\cdots\; a_{p-1}^{(1)} & 1 & & 0 \\ a_{-1}^{(2)} & a_0^{(2)} \;\cdots\cdots & a_{p-1}^{(2)} & 1 & \\ \vdots & \vdots & \ddots & \ddots & 1 \\ a_{-q}^{(q+1)} & a_{1-q}^{(q+1)} & & \ddots & a_{p-1}^{(N-p+1)} \\ & \ddots & \ddots & & \vdots \\ 0 & a_{-q}^{(N)} & a_{1-q}^{(N)} & \cdots\cdots & a_0^{(N)} \end{pmatrix},$$

außerdem setzen wir voraus, daß alle Abschnittsmatrizen regulär sind, q sich nicht verkleinern läßt und $p + q \ll N$ ist. Der verkettete Gaußsche Algorithmus bedeutet bekanntlich eine Faktorisierung

$$A = BC \tag{2}$$

in eine untere Dreiecksmatrix B und eine obere Dreiecksmatrix C,

$$B = \begin{bmatrix} 1 & & & & & \\ b_{-1}^{(2)} & 1 & & & 0 & \\ \vdots & \ddots & \ddots & & & \\ b_{-q}^{(q+1)} & & \ddots & \ddots & & \\ & \ddots & & \ddots & \ddots & \\ 0 & & b_{-q}^{(N)} & \cdots & b_{-1}^{(N)} & 1 \end{bmatrix}, \qquad C = \begin{bmatrix} c_0^{(1)} & \cdots & c_{p-1}^{(1)} & 1 & & 0 \\ & c_0^{(2)} & & \ddots & \ddots & \\ & & \ddots & & \ddots & 1 \\ & & & \ddots & & c_{p-1}^{(N-p+1)} \\ & 0 & & & \ddots & \vdots \\ & & & & & c_0^{(N)} \end{bmatrix}$$

wobei das Gleichungssystem (1) nach Einführung eines Hilfsvektors $z = (z_1, \ldots, z_N)^{\mathsf{T}}$ in die rekursiv auflösbaren Systeme

$$Bz = f, \qquad Cy = z \tag{3}$$

zerfällt.

Definition 1. Das Gleichungssystem (1) heißt *stabil*, wenn es eine Konstante M gibt, so daß aus $|f_n| \leqq 1$ für $n = 1, 2, \ldots, N$ stets $|y_n| \leqq M$ folgt, *unabhängig von* N (vgl. [2]).

Da (1) linear ist, bedeutet Stabilität, daß für beliebige $\varepsilon > 0$ aus $|f_n| \leqq \varepsilon$ stets $|y_n| \leqq \varepsilon M$ folgt, kleine Störungen bei den f_n sich also nur unwesentlich auf die Lösungen auswirken. Insbesondere gilt dies dann auch von den *Rundungsfehlern* bei den Rechenoperationen auf der linken Seite von (1). Wir interessieren uns für den Fall, daß sich die Stabilität von (1) auf die Systeme (3) vererbt.

Satz 1. *Ist das Gleichungssystem* (1) *stabil und sind die Elemente von* B *und* C *für* $N \to \infty$ *beschränkt, so sind auch die Systeme* (3) *stabil. Umgekehrt ist* (1) *stabil, wenn die Systeme* (3) *stabil sind.*

Beweis. Es sei $|b_{-\nu}^{(n)}| \leqq b$ und $|c_\mu^{(n)}| \leqq c$ für alle vorkommenden Indizes. Aus $|f_n| \leqq 1$ folgt dann $|y_n| \leqq M$ und somit $|z_n| \leqq (p + 1)\, cM$, so daß $Bz = f$ stabil ist. Es sei jetzt $|z_n| \leqq 1$. Dann folgt $|f_n| \leqq (q + 1)\, b$ und daher $|y_n| \leqq (q + 1)\, bM$, so daß auch $Cy = z$ stabil ist. Die Umkehrung ist unmittelbar klar.

Für die Stabilität von (1) ist das Verhalten der Lösungen der *Differenzengleichung*

$$y_{n+p} + a_{p-1}^{(n)} y_{n+p-1} + \cdots + a_0^{(n)} y_n + \cdots + a_{-q}^{(n)} y_{n-q} = 0 \tag{4}$$

für $n = 1, 2, \ldots$ von ausschlaggebender Bedeutung, wobei wir uns die fehlenden Koeffizienten irgendwie ergänzt denken, aber so, daß $a_{-q}^{(\nu)} \neq 0$ ist für $\nu = 1, \ldots, q$. Mit

$$y_n^{(-q)}, \ldots, y_n^{(-1)}, y_n^{(1)}, \ldots, y_n^{(p)} \tag{5}$$

bezeichnen wir ein Fundamentalsystem von linear unabhängigen Lösungen.

Definition 2. Ist φ_n eine positive Funktion, so daß

$$y_n^{(-\nu)} = O(\varphi_n), \qquad \nu = 1, 2, \dots, q, \tag{6}$$

gilt für $n \to \infty$ sowie $y_n \neq o(\varphi_n)$ für alle von diesen $y_n^{(-\nu)}$ linear unabhängigen Lösungen y_n von (4), so heißen die Funktionen $y_n^{(-\nu)}$ mit $\nu > 0$ in (5) die *kleinen* und die übrigen die *großen* Lösungen.

Die Einteilung der Lösungen in kleine und große ist nicht immer eindeutig, denn beispielsweise können $y_n^{(-1)}$ und $y_n^{(1)}$ dieselbe Größenordnung besitzen und dann ausgetauscht werden. Für die Beurteilung der Stabilität der Systeme (3) ist die *Verteilung* der Lösungen (5) auf die Gleichungen

$$y_{n+p} + c_{p-1}^{(n)} y_{n+p-1} + \cdots + c_0^{(n)} y_n = 0, \tag{7}$$

$$z_n + b_{-1}^{(n)} z_{n-1} + \cdots + b_{-q}^{(n)} z_{n-q} = 0 \tag{8}$$

zu untersuchen.

Satz 2. *Die Lösungen von* (7) *sind diejenigen Lösungen von* (4) *mit*

$$y_n = 0, \qquad n = -q+1, \dots, 0. \tag{9}$$

Im Fall

$$\det(y_n^{(-\nu)}) \neq 0, \qquad \nu = 1, \dots, q;\, n = -q+1, \dots, 0, \tag{10}$$

sind dies große Lösungen. Sind die Elemente von C für $N \to \infty$ beschränkt, gilt (10) *sowie*

$$\varphi_{n+1} = O(\varphi_n) \tag{11}$$

für $n \to \infty$, so haben die Lösungen von (8) *die Größenordnung der kleinen Lösungen von* (4), *d. h., es gilt für alle Lösungen von* (8)

$$z_n = O(\varphi_n). \tag{12}$$

Beweis. In (1) sei $N = \infty$. Jede Lösung von (7) ist nach (3) auch eine Lösung von (1) mit $f = 0$ und umgekehrt. Die Lösungen von (1) mit $f = 0$ sind aber die Lösungen von (4) mit (9). Unter der Voraussetzung (10) lassen sich in (5) die großen Lösungen $y_n^{(\mu)}$, $\mu = 1, \dots, p$, stets so wählen, daß sie (9) erfüllen, da wir sie durch

$$y_n^{(\mu)} + \sum_{\nu=1}^{q} u_{\mu\nu} y_n^{(-\nu)}$$

ersetzen und hier die Konstanten $u_{\mu\nu}$ wegen (10) so bestimmen können, daß diese Summe bei festem μ für $n = -q+1, \dots, 0$ verschwindet. Um schließlich die letzte Behauptung zu beweisen, beachten wir, daß die Lösungen von (8) für $n > q$ wegen (3) aus $z = Cy$ hervorgehen. Da aber aus dieser Gleichung die großen Lösungen herausfallen, folgt aus (6) wegen der Beschränktheit der Elemente von C

$$z_n = O(\varphi_n + \varphi_{n+1} + \cdots + \varphi_{n+p}),$$

wobei (11) nicht erfüllt zu sein braucht. Ist aber (11) erfüllt, so ergibt sich jetzt unmittelbar (12).

Bemerkung 1. Satz 2 besagt, daß unter der Voraussetzung (10) der *für die numerische Auflösung von* (1) *nach dem Gaußschen Verfahren denkbar günstigste Fall eintritt,* nämlich die Übernahme der großen Lösungen von (4) als Lösungen von (7) und die Herleitung der Lösungen von (8) aus den kleinen Lösungen von (4). In diesem Sinne ist auch die Optimalitätsaussage in der Einleitung zu verstehen. Diese günstige Aufspaltung der Lösungen (5) bedeutet natürlich nicht unbedingt Stabilität, da dafür die Bedingung $\varphi_n = O(1)$ notwendig wäre, falls mindestens eine der Abschätzungen (6) scharf ist.

Bemerkung 2. In [1] wurde ein Beispiel angegeben, bei dem die kleinen Lösungen nicht (10) erfüllen, sondern

$$\det(y_n^{(-\nu)}) = 0. \tag{13}$$

Es entsteht jetzt die Frage, wie man das Erfülltsein dieser Gleichung vermeiden kann. Wie man leicht sieht, hängt die Eigenschaft (13) nicht von den Koeffizienten der y_n in (4) mit $n \leqq 0$ ab, so daß sich (10) nicht durch eine andere Wahl dieser Koeffizienten erzwingen läßt.

Wegen der linearen Unabhängigkeit der Funktionen (5) gilt jedoch

$$\det(y_n^{(\mu)}) \neq 0, \qquad \mu = -q, \ldots, -1, 1, \ldots, p;\, n = -q+1, \ldots, p,$$

so daß nicht für alle Unterdeterminanten

$$\det(y_{n+m}^{(-\nu)}) = 0, \qquad \nu = 1, \ldots, q;\, n = -q+1, \ldots, 0,$$

mit $0 \leqq m \leqq p$ gelten kann. Hieraus folgt, daß sich die Bedingung (10) bei fest gewählten Funktionen $y_n^{(-\nu)}$ *stets erreichen läßt, wenn man am Anfang des Gleichungssystems* (1) *maximal p Zeilen und Unbekannte streicht* und eine Indexverschiebung vornimmt.

Beispiel 1. Sind die Koeffizienten $a_\nu^{(n)}$, $-q \leqq \nu < p$, *von n unabhängig,* so ist die allgemeine Lösung von (4) bekanntlich eine Linearkombination von Funktionen der Form $n^m\lambda^n$. Ordnen wir diese Funktionen nach wachsenden $|\lambda|$ und bei gleichen $|\lambda|$ nach wachsenden m, so ist die Voraussetzung (10) stets erfüllt, und in (6) kann man $\varphi_n = |y_n^{(-1)}|$ wählen, wobei auch (11) erfüllt ist. Für Differenzengleichungen mit konstanten Koeffizienten findet sich im Spezialfall $p = 1$ die Aussage von Satz 2 bereits in [1].

Satz 3. *Existieren die Grenzwerte*

$$a_\nu = \lim_{n\to\infty} a_\nu^{(n)}, \qquad -q \leqq \nu < p, \tag{14}$$

gelten für die Nullstellen λ_ν des zur Gleichung (4) *gehörenden charakteristischen Polynoms*

$$a(\lambda) = \lambda^p + a_{p-1}\lambda^{p-1} + \cdots + a_{-q-1}\lambda^{-q-1} + a_{-q}\lambda^{-q}$$

die Ungleichungen

$$|\lambda_{-q}| < \cdots < |\lambda_{-1}| < |\lambda_1| < \cdots < |\lambda_p|, \tag{15}$$

ist

$$a_{-q}^{(n)} \neq 0 \tag{16}$$

für alle n und erfüllen die kleinen Lösungen die Bedingung (10), *so ist für die Stabilität der Systeme* (3) *die Bedingung*

$$|\lambda_{-1}| < 1 < |\lambda_1| \tag{17}$$

notwendig und hinreichend.

Beweis. Unter den Voraussetzungen (14) und (15) gibt es nach einem Satz von POINCARÉ (vgl. etwa [3]) zu jeder Lösung $y_n \not\equiv 0$ von (4) eine Nullstelle λ_ν von $a(\lambda)$ mit

$$\lim_{n\to\infty} y_{n+1}/y_n = \lambda_\nu. \tag{18}$$

Wegen (16) gibt es nach einer Verschärfung von PERRON auch umgekehrt zu jeder Nullstelle λ_ν von $a(\lambda)$ eine Lösung y_n mit (18). Folglich können die Lösungen (5) der Größe nach geordnet werden, und in (6) ist wieder $\varphi_n = |y_n^{(-1)}|$ zu wählen.

Offenbar ist für die Stabilität des Gleichungssystems $Bz = f$ die Bedingung $|\lambda_{-1}| \leqq 1$ und für die Stabilität des Systems $Cy = z$ die Bedingung $1 \leqq |\lambda_1|$ notwendig. Um auch die Gleichheitszeichen auszuschließen, zerlegen wir die zu (8) gehörende inhomogene Gleichung mit der rechten Seite f_n in das System

$$\begin{aligned} &z_n - \beta_1^{(n)} z_{n-1} = \zeta_n^{(1)}, \qquad \zeta_n^{(1)} - \beta_2^{(n)} \zeta_{n-1}^{(1)} = \zeta_n^{(2)}, \ldots, \\ &\zeta_n^{(q-1)} - \beta_q^{(n)} \zeta_{n-1}^{(q-1)} = f_n \end{aligned} \tag{19}$$

mit $\beta_\nu^{(n)} \to \lambda_{-\nu}$ und die zu (7) gehörende inhomogene Gleichung mit der rechten Seite g_n in

$$\begin{aligned} &y_{n+1} - \gamma_1^{(n)} y_n = \eta_n^{(1)}, \qquad \eta_{n+1}^{(1)} - \gamma_2^{(n)} \eta_n^{(1)} = \eta_n^{(2)}, \ldots, \\ &\eta_{n+1}^{(p-1)} - \gamma_p^{(n)} \eta_n^{(p-1)} = g_n \end{aligned} \tag{20}$$

mit $\gamma_\mu^{(n)} \to \lambda_\mu$ (vgl. [1]). Möglicherweise sind hierbei die $\lambda_{-\nu}$ unter sich und die λ_μ unter sich zu permutieren; dadurch ergeben sich aber keine wesentlichen Änderungen. Die jeweils ersten Gleichungen haben die speziellen Lösungen

$$z_n = z_n^{(-1)} \sum_{\nu=1}^{n} \zeta_\nu^{(1)}/z_\nu^{(-1)}, \qquad y_n = -y_n^{(1)} \sum_{\nu=n}^{N} \eta_\nu^{(1)}/y_{\nu+1}^{(1)},$$

wenn $z_n^{(-1)}$ bzw. $y_n^{(1)}$ Lösungen der zugehörigen homogenen Gleichungen sind, oder anders geschrieben

$$z_n = \zeta_n^{(1)} + \beta_1^{(n)} \zeta_{n-1}^{(1)} + \beta_1^{(n)} \beta_1^{(n-1)} \zeta_{n-2}^{(1)} + \cdots + \beta_1^{(n)} \beta_1^{(n-1)} \cdots \beta_1^{(2)} \zeta_1^{(1)}, \tag{21}$$

$$y_n = -\frac{\eta_n^{(1)}}{\gamma_1^{(n)}} - \frac{\eta_{n+1}^{(1)}}{\gamma_1^{(n)} \gamma_1^{(n+1)}} - \cdots - \frac{\eta_N^{(1)}}{\gamma_1^{(n)} \gamma_1^{(n+1)} \cdots \gamma_1^{(N)}}. \tag{22}$$

Wählen wir $\zeta_n^{(1)} = z_n^{(-1)}/|z_n^{(-1)}|$, so ist f_n in (19) beschränkt, aber

$$|z_n| = 1 + |\beta_1^{(n)}| + |\beta_1^{(n)} \beta_1^{(n-1)}| + \cdots + |\beta_1^{(n)} \cdots \beta_1^{(2)}|$$

ist wegen $\beta_1^{(n)} \to \lambda_{-1}$ im Fall $|\lambda_{-1}| = 1$ unbeschränkt. Wählen wir

$$\eta_n^{(1)} = y_{n+1}^{(1)}/|y_{n+1}^{(1)}|,$$

so ist g_n in (20) beschränkt, aber

$$|y_n| = \frac{1}{|\gamma_1^{(n)}|} + \frac{1}{|\gamma_1^{(n)}\gamma_1^{(n+1)}|} + \cdots + \frac{1}{|\gamma_1^{(n)} \cdots \gamma_1^{(N)}|}$$

wegen $\gamma_1^{(n)} \to \lambda_1$ im Fall $|\lambda_1| = 1$ unbeschränkt. Damit können nicht beide Systeme (3) stabil sein, falls in (17) ein Gleichheitszeichen steht.

Um zu zeigen, daß (17) auch hinreichend ist, sei λ eine Zahl mit $|\lambda_{-1}| < \lambda < 1$ Dann sind für hinreichend große n auch alle $|\beta_\nu^{(n)}| < \lambda$, und bei beschränkten f_n folgt aus (19) mit Hilfe der Lösungsformel (21)

$$\zeta_n^{(q-1)} = O\left(\sum_{\nu=0}^{n-1} \lambda^\nu\right) = O(1)$$

usw. bis $z_n = O(1)$. Ist analog ϱ eine Zahl mit $1 < \varrho < |\lambda_1|$, so sind für hinreichend große n auch alle $|\gamma_\mu^{(n)}| > \varrho$, und bei beschränkten g_n folgt aus (20) mit Hilfe der Lösungsformel (22)

$$\eta_n^{(p-1)} = O\left(\sum_{\nu=0}^{N-n} \varrho^{-\nu-1}\right) = O(1)$$

usw. bis $y_n = O(1)$. Da für die Lösungen der homogenen Gleichung (8)

$$z_n^{(-\nu)} = O(\lambda^n) = o(1)$$

für $n \to \infty$ und für die bei $n = N + 1, \ldots, N + p$ beschränkten Lösungen der homogenen Gleichung (7) $y_n^{(\mu)} = O(\varrho^{n-N})$ für $1 \leqq n \leqq N$ und damit $y_n^{(\mu)} = o(1)$ für $N \to \infty$ gilt, ist der Satz unter Beachtung von (15) und (18) vollständig bewiesen.

Bemerkung 3. Unter den Voraussetzungen von Satz 3 einschließlich (17) ist nach Satz 1 auch das System (1) stabil, die Komponenten des Lösungsvektors bezeichnen wir jetzt mit $y_n^{(0)}$. Wir betrachten das zu (1) gehörende *Randwertproblem*, d. h. die zu (4) gehörende inhomogene Gleichung mit den Komponenten f_n des Vektors f von (1) als rechte Seite und beliebig vorgebbaren Randwerten

$$y_{-q+1}, \ldots, y_0; \qquad y_{N+1}, \ldots, y_{N+p}. \tag{23}$$

Die Lösung dieses Randwertproblems läßt sich mit Hilfe der Funktionen (5) in der Form

$$y_n = y_n^{(0)} + \sum_{\nu=1}^{q} u_\nu y_n^{(-\nu)} + \sum_{\mu=1}^{p} v_\mu y_n^{(\mu)}$$

schreiben. Wegen

$$y_n^{(-\nu)} = O(\lambda^n), \quad y_n^{(\mu)} = O(\varrho^{n-N}) \tag{24}$$

mit $\lambda < 1 < \varrho$ genügt es für große N, die u_ν aus dem Gleichungssystem

$$\sum_{\nu=1}^{q} u_\nu y_n^{(-\nu)} = y_n - y_n^{(0)}, \qquad n = -q + 1, \ldots, 0,$$

und die v_μ aus dem System

$$\sum_{\mu=1}^{p} v_\mu y_n^{(\mu)} = y_n - y_n^{(0)}, \qquad n = N+1, \ldots, N+p,$$

zu bestimmen. Abermals wegen (24) klingen die von den Randwerten (23) stammenden Störungen schnell ab, so daß sich für „mittlere" n der *stationäre Zustand* $y_n^{(0)}$ *einstellt, der von den Randwerten unabhängig ist.*

Beispiel 2. Als Beispiel für den *instabilen* Fall (13) wurde das Randwertproblem

$$y_{n+1} - \frac{15 - 63 \cdot 2^{-1-n}}{6 - 7 \cdot 2^{1-n}}\, y_n + \frac{6 - 7 \cdot 2^{-n}}{6 - 7 \cdot 2^{1-n}}\, y_{n-1} = 0, \qquad y_0 = y_{N+1} = -1$$

mit der Lösung

$$y_n = 2^{2N+2-n} - 2^{2N+2-2n} - 2^n$$

getestet, die für $n = 1$ auf $y_1 = 4^N - 2$ springt, um dann bis $n = N$ monoton auf $y_N = 3 \cdot 2^N - 4$ zu fallen. Theoretisch ergeben sich die Elemente $b_n = b_{-1}^{(n)}$, $c_n = c_0^{(n)}$ aus $c_1 = -0{,}75$ und

$$b_n = \frac{6 - 7 \cdot 2^{-n}}{(6 - 7 \cdot 2^{1-n})\, c_{n-1}}, \qquad c_n = -\frac{15 - 63 \cdot 2^{-1-n}}{6 - 7 \cdot 2^{1-n}} - b_n$$

zu

$$b_n = -\frac{(2 - 2^{2-n})(6 - 7 \cdot 2^{-n})}{(1 - 2^{-n})(6 - 7 \cdot 2^{1-n})}, \qquad c_n = -\frac{2 - 2^{-n}}{4 - 2^{2-n}}$$

mit $b_n \to -2$, $c_n \to -0{,}5$ für $n \to \infty$. Bei Rechnungen auf dem R 300 nähern sich die b_n und c_n aber nur bis $n = 9$ ihren theoretischen Grenzwerten, wobei drei signifikante Ziffern erreicht werden, bei $n = 17$ ist $b_n = -0{,}5$, $c_n = -2$ mit Fehlern vom Betrag 0,1, und bei $n = 25$ stimmen diese Folgen mit den vertauschten Grenzwerten bereits bis auf Fehler vom Betrag 10^{-6} überein. Die Werte des Rechenautomaten für die y_n stimmen für $N = 6$ noch mit fünf signifikanten Ziffern mit den wahren Werten überein, für $n = 13$ ist wenigstens in der ersten Ziffer noch eine leidliche Übereinstimmung festzustellen, während für $N = 25$ nicht einmal die Vorzeichen mehr richtig sind.

Literatur

[1] Berg, L., Über große Gleichungssysteme mit einer Bandmatrix, ZAMM **52** (1972), 252–253.

[2] Eichholz, W., Stabilität von Lösungen linearer impliziter Differenzengleichungen, Dissertation, Univ. Rostock 1975.

[3] Gelfond, A. O., Differenzenrechnung, VEB Deutscher Verlag der Wissenschaften, Berlin 1958 (Übersetzung aus dem Russischen).

Manuskripteingang: 15. 5. 1975

VERFASSER:
Prof. Dr. Lothar Berg, Sektion Mathematik der Wilhelm-Pieck-Universität Rostock

Beiträge zur Numerischen Mathematik
5 (1976), 27–36

Numerische Aspekte der Realisierung der Pseudostöriteration für symmetrische Matrizen

UWE FLEMMING

1. Einleitung

Bei der numerischen Behandlung von Matrizeneigenwertaufgaben besteht manchmal die Notwendigkeit, einzelne Eigenwerte und Eigenvektoren mit einer großen Genauigkeit anzugeben. Zur Verbesserung vorhandener Eigenwert- und Eigenvektornäherungen kann man z. B. die inverse Iteration [1] verwenden. Eine weitere effektive Möglichkeit ist die Anwendung der Pseudostöriteration (PSI). Eine ausführliche Darstellung der theoretischen Grundlagen des in Abschnitt 2 angegebenen Verfahrens und ein umfangreiches Literaturverzeichnis findet man in [2].

Eine gewisse Schwierigkeit bei der Realisierung der PSI stellt in jedem Schritt das Finden der normmäßig kleinsten Lösung eines Gleichungssystems dar. In Abschnitt 3 wird dafür eine Methode vorgeschlagen und theoretisch begründet, die darin besteht, daß im Gleichungssystem eine Zeile gegen eine Orthogonalitätsforderung ausgetauscht wird. Abschnitt 4 enthält die Untersuchung der numerischen Konvergenz bei Verwendung der in Abschnitt 3 angegebenen Methode. Ein Abbruchkriterium der Iteration und zwei Modifikationen der Iterationsvorschriften sowie die Illustration an zwei Beispielen sind der Inhalt der Abschnitte 5 und 6.

2. Die Pseudostöriteration

Es sei H ein N-dimensionaler linearer Vektorraum mit den Elementen $x, u, \varphi^*, \sigma, \ldots$, dem Skalarprodukt (x, u) und der Norm $\|x\| = (x, x)^{1/2}$. Für die Berechnung eines einfachen Eigenwertes λ^* und des dazugehörigen Eigenvektors φ^* der Aufgabe $A\varphi^* = \lambda^*\varphi^*$, wobei A eine symmetrische Matrix ist, lautet der erste Schritt der Pseudostöriteration

$$\lambda_0 = (A\varphi_0, \varphi_0), \quad \|\varphi_0\| = 1, \tag{1}$$

$$\sigma_0 = A\varphi_0 - \lambda_0\varphi_0 \qquad (\text{dabei gilt } (\sigma_0, \varphi_0) = 0), \tag{2}$$

$$L_0 = (., \varphi_0)\,\sigma_0 + (., \sigma_0)\,\varphi_0, \tag{3}$$

$$T_0 \equiv A - L_0 - \lambda_0 I \qquad (I \text{ Einheitsmatrix}). \tag{4}$$

Die neue Näherung φ_1 ergibt sich aus

$$\varphi_1 = \frac{\varphi_0 - u_0}{\|\varphi_0 - u_0\|}, \tag{5}$$

wobei u_0 die Lösung des Gleichungssystems

$$T_0 u_0 = \sigma_0, \tag{6}$$

$$(u_0, \varphi_0) = 0 \tag{7}$$

ist. Es werde angenommen, daß die „Startnäherung“ φ_0 die Konvergenzbedingung

$$\|\sigma_0\| < \frac{\varrho}{2} \tag{8}$$

erfülle. Dabei bedeutet ϱ den minimalen Abstand von λ^* zu den übrigen Eigenwerten von A.

Bei Erfülltsein der Bedingung (8) liefert die Störungstheorie (z. B. [2]) die Aussagen, daß λ_0 einfacher Eigenwert von $A - L_0$ zum Eigenvektor φ_0 ist, und der Abstand von λ_0 zu den übrigen Eigenwerten von $A - L_0$ beträgt mindestens $\varrho - 2\|\sigma_0\|$. Es existiert mithin eine symmetrische Matrix R_0, die durch die Beziehungen

$$R_0 T_0 x = T_0 R_0 x = x \qquad \text{für} \qquad x \in H(\varphi_0), \tag{9}$$

$H(\varphi_0) = \{x \in H : (x, \varphi_0) = 0\}$, definiert ist. Die Matrix R_0 stellt auf dem Unterraum $H(\varphi_0)$ die Inverse zu T_0 dar. Sie wird durch die Festlegung $R_0\varphi_0 = 0$ auf den gesamten Raum H linear fortgesetzt, und somit stellt $R_0 T_0 = T_0 R_0$ einen Orthoprojektor Q_{φ_0} auf $H(\varphi_0)$ dar: $R_0 T_0 = T_0 R_0 = Q_{\varphi_0}$.

Bemerkung 1. Die Konvergenzbedingung (8) klassifiziert die PSI als lokal konvergentes Verfahren. In der Arbeit [3] hat Gavurin unter der Voraussetzung $\|\sigma_0\| < \varrho/3$ die kubische Konvergenz der Defekte $\sigma_n \to 0$ nachgewiesen, aus der ebenfalls die kubische Konvergenz von $\lambda_n \to \lambda^*$ und $\varphi_n \to \varphi^*$ folgt. Lang [4] zeigte die Konvergenz von $\sigma_n \to 0$ unter der Voraussetzung $\|\sigma_0\| < \varrho/2$.

Bemerkung 2. Nach den Aussagen der Störungstheorie gelten die Abschätzungen

$$\left.\begin{aligned} &|\lambda^* - \lambda_n| \leqq \|\sigma_n\|, \\ &\|\varphi_n - \varphi^*\| \leqq \frac{\|R_n\|\,\|\sigma_n\|}{1 - \|R_n\|\,\|\sigma_n\|}, \quad \text{wenn} \quad \|R_n\|\,\|\sigma_n\| < 1, \end{aligned}\right\} n = 0, 1, \ldots, \tag{10}$$

und

$$\|R_n\| \leqq \frac{1}{\varrho - 2\|\sigma_n\|}.$$

3. Zur Lösung der Gleichung (6)

Eine gewisse Schwierigkeit bei der Realisierung der PSI stellt das Lösen der Gleichung (6) unter der Bedingung (7) dar. Dabei bedeutet (6), (7), daß die normmäßig kleinste Lösung von (6) zu finden ist. Diese läßt sich mit Hilfe der Definition von R_n zu

$$u_n = R_n \sigma_n, \qquad n = 0, 1, \ldots,$$

aufschreiben. Aus der Literatur sind eine Reihe von Verfahren bekannt, die dieses Problem exakt bzw. näherungsweise lösen. Dabei benötigt man im allgemeinen die Kenntnis des Eigenvektors φ_n nicht. Bei dem hier vorliegenden Problem ist es natürlich, die Kenntnis von φ_n für die Lösung der Gleichung (6) mit (7) auszunutzen. Es wird folgender Weg vorgeschlagen: In der Gleichung (6) wird eine Zeile gestrichen und an deren Stelle die Bedingung (7) eingesetzt.

In den folgenden Darstellungen in diesem Abschnitt wird der Kürze halber der Iterationsindex n weggelassen.

Es ist also das Gleichungssystem

$$Tu = \sigma \qquad \text{mit} \qquad (u, \varphi) = 0$$

zu lösen, wobei die Beziehungen

$$(\sigma, \varphi) = 0, \qquad \|\varphi\| = 1,$$

$$T\varphi = 0$$

und

$$\operatorname{rang}(T) = N - 1 \qquad \text{(d. h., Null ist einfacher Eigenwert von } T = T^*)$$

gelten. Die oben angegebene Methode (Austausch der k-ten Zeile von (6) gegen (7)) führt mit Hilfe der Matrizen

$$S^k = (s_{ij})_{i,j=1}^N, \qquad s_{ij} = \begin{cases} 0 & \text{für} \quad i \neq j, \\ 1 & \text{für} \quad i = j \neq k, \\ 0 & \text{für} \quad i = j = k, \end{cases}$$

und

$$Q^k = (q_{ij})_{i,j=1}^N, \qquad q_{ij} = \begin{cases} 0 & \text{für} \quad i \neq k, \\ \overline{\varphi}^{(j)} & \text{für} \quad i = k, \end{cases}$$

$$\varphi = (\varphi^{(1)}, \ldots, \varphi^{(N)})^{\mathsf{T}},$$

zu dem Gleichungssystem

$$[S^kT + Q^k]\, w = S^k\sigma. \tag{11}$$

Die Matrix T und die rechte Seite σ in der Gleichung (11) werden im Verlaufe der Rechnung erst aufgestellt. Es ist daher notwendig, die Frage nach der Existenz von $[S^kT + Q^k]^{-1}$ zu stellen, d. h. ob (11) für eine beliebige rechte Seite eindeutig lösbar ist.

Der folgende Satz gibt dafür einen einfachen Zusammenhang mit dem Index k an:

Satz 1. *Für die Existenz von* $[S^kT + Q^k]^{-1}$ *ist notwendig und hinreichend, daß* $\|S^k\varphi - \varphi\| = |\varphi^{(k)}| \neq 0$ *ist.*

Der Beweis ist in der Arbeit [5] enthalten.

Bemerkung. Da $\|\varphi\| = 1$ ist, kann immer ein Index k angegeben werden, so daß $[S^kT + Q^k]^{-1}$ existiert.

Satz 1 zeigt aber auch, daß dieser Index im allgemeinen (wenn φ kein Einheitsvektor ist [1])) nicht eindeutig festgelegt ist. Auf eine geeignete Festlegung von k wird im folgenden Abschnitt noch eingegangen. Bisher wurde die Frage beantwortet, unter welchen Bedingungen die Gleichung (11) eine eindeutige Lösung besitzt, ohne einen Zusammenhang der Lösung w von (11) und u von (6) herzustellen. Dieser ergibt sich aus

Satz 2. *Existiert* $[S^kT + Q^k]^{-1}$, *so gelten die Beziehungen*

$$[S^kT + Q^k]^{-1}\, S^kQ_\varphi = R \quad \textit{und} \quad w = u.$$

Beweis.

1. Aus $Q_\varphi\varphi = 0$ folgt $[S^kT + Q^k]^{-1}\, S^kQ_\varphi\varphi = 0$.

2. Aus der Definition (9) von R folgt die Relation $TR = RT = Q_\varphi$, und mit

$$\begin{aligned} Q^kRx &= (0, \ldots, 0, (Rx, \varphi), 0, \ldots, 0)^{\mathsf{T}} \\ &= (0, \ldots, 0, (x, R\varphi), 0, \ldots, 0)^{\mathsf{T}} = \boldsymbol{o}^{\mathsf{T}} \end{aligned}$$

für beliebiges $x \in H$ ist

$$S^kQ_\varphi = S^kTR = [S^kT + Q^k]\, R \quad \text{oder} \quad [S^kT + Q^k]^{-1}\, S^kQ_\varphi = R.$$

Die Anwendung von T von rechts (bzw. von links) auf diese Beziehung bestätigt das Erfülltsein der Beziehungen (9) für $[S^kT + Q^k]^{-1}\, S^kQ_\varphi$ anstelle von R. Daraus resultiert auch insbesondere die Symmetrie von $[S^kT + Q^k]^{-1}\, S^kQ_\varphi$.

3. Die Identität $w = u$ folgt aus

$$w = [S^kT + Q^k]^{-1}\, S^k\sigma[S^kT + Q^k]^{-1}\, S^kQ_\varphi\sigma = R\sigma = u$$

wegen $(\sigma, \varphi) = 0$.

Bei der hier vorgeschlagenen Methode tritt also kein Approximationsfehler auf: $w \equiv u$.

4. Die numerische Realisierung

In diesem Abschnitt werden einige Betrachtungen zu Fehlereinflüssen angeschlossen. Die Konvergenzbedingung (8) sei erfüllt. Bei der Berechnung von λ_0, σ_0 und T_0 treten Rundungsfehler[2]) auf. Diese sollen durch die Beziehungen

$$\tilde{\lambda}_0 = \lambda_0 + \Delta\lambda_0, \quad \tilde{\sigma}_0 = \sigma_0 + \Delta\sigma_0 \quad \text{und} \quad \tilde{T}_0 = T_0 + \Gamma_0$$

repräsentiert werden. Anstelle der Gleichung (6) tritt dann

$$\tilde{T}_0\tilde{u}_0 = \tilde{\sigma}_0 \quad \text{oder} \quad (T_0 + \Gamma_0)\, \tilde{u}_0 = \sigma_0 + \Delta\sigma_0. \qquad (\tilde{6})$$

[1]) In diesem Fall ist ohnehin die Fragestellung trivial.

[2]) Dabei werde angenommen, daß bei φ_0 und A keine Konvertierungsfehler auftreten.

Die Matrix $T_0 + \Gamma_0 = \tilde{T}_0$ wird im allgemeinen nicht mehr die Eigenschaft $\tilde{T}_0\varphi_0 = 0$ besitzen, und die Beziehung (7) kann nicht mehr aufrecht erhalten werden. Der in Abschnitt 3 vorgeschlagene Weg zur Lösung der Gleichung (6) macht jetzt die Lösung der Gleichung

$$[S^k(T_0 + \Gamma_0) + Q_0^k]\,\tilde{w}_0 = S_0^k(\sigma_0 + \Delta\sigma_0) \tag{$\tilde{11}$}$$

erforderlich. Die numerische Lösung dieser Gleichung sei z_0, mit der die neue Näherung $\tilde{\varphi}_1$ berechnet wird:

$$\tilde{\varphi}_1 = \frac{\varphi_0 - z_0}{\|\varphi_0 - z_0\|} + \Delta\tilde{\varphi}_1.$$

Dabei repräsentiert $\Delta\tilde{\varphi}_1$ den hierbei entstehenden Rundungsfehler.

Für eine Stabilitätsbetrachtung erweist sich folgende Darstellung von $\tilde{\varphi}_1$ als geeigneter:

$$\tilde{\varphi}_1 = \frac{\varphi_0 - Q_{\varphi_0}z_0}{\|\varphi_0 - Q_{\varphi_0}z_0\|} + \Delta\varphi_1 \equiv \varphi_1 + \Delta\varphi_1.^{1)} \tag{$\tilde{5}$}$$

Dabei unterscheiden sich φ_1 und $\tilde{\varphi}_1$ in ($\tilde{5}$) im wesentlichen nur durch $\Delta\tilde{\varphi}_1$: $\|\Delta\tilde{\varphi}_1\| \approx \|\Delta\varphi_1\|$. In analoger Weise dazu werden

$$\tilde{\lambda}_1 = (A\tilde{\varphi}_1, \tilde{\varphi}_1) + \Delta\tilde{\lambda}_1 = (A\varphi_1, \varphi_1) + \Delta\lambda_1 \equiv \lambda_1 + \Delta\lambda_1$$

und

$$\tilde{\sigma}_1 = A\tilde{\varphi}_1 - \tilde{\lambda}_1\tilde{\varphi}_1 + \Delta\tilde{\sigma}_1 = A\varphi_1 - \lambda_1\varphi_1 + \Delta\sigma_1 \equiv \sigma_1 + \Delta\sigma_1$$

usw. bezeichnet.

Wegen der Ungleichungen

$$|\tilde{\lambda}_1 - \lambda^*| \leqq |\Delta\lambda_1| + |\lambda_1 - \lambda^*| \leqq |\Delta\lambda_1| + \|\sigma_1\|$$

und

$$\|\tilde{\varphi}_1 - \varphi^*\| \leqq \|\Delta\varphi_1\| + \|\varphi_1 - \varphi^*\| \leqq \|\Delta\varphi_1\| + \frac{\|R_1\|\,\|\sigma_1\|}{1 - \|R_1\|\,\|\sigma_1\|}$$

bei $\|R_1\|\,\|\sigma_1\| < 1$ ist es daher sinnvoll, die Frage zu stellen, unter welchen Bedingungen φ_1 in ($\tilde{5}$) zumindest eine bessere Näherung als φ_0 in dem Sinne ist, daß der durch

$$\varphi_1 = \frac{\varphi_0 - Q_{\varphi_0}z_0}{\|\varphi_0 - Q_{\varphi_0}z_0\|}$$

definierte Defekt σ_1 in der Norm kleiner wird als σ_0 (siehe auch (10)).

Für das Verfahren (1)—(7) hat Lang [4] die Abschätzung

$$\|\sigma_1\| \leqq \frac{\|u_0\|^2}{1 + \|u_0\|^2}\,\|\sigma_0\|$$

angegeben. Für die hier betrachtete Näherung φ_1 in ($\tilde{5}$) gilt der

---

1) Die Bezeichnung φ_1 in ($\tilde{5}$) (im allgemeinen verschieden von φ_1 in (5)) ist dadurch gerechtfertigt, daß in den weiteren Abschätzungen φ_1 in ($\tilde{5}$) als neue exakte Näherung für φ^* angesehen wird.

Satz 3. *Ist $\|Q_{\varphi_0} z_0\| < \infty$, dann gilt die Ungleichung*

$$\|\sigma_1\| \leqq \frac{\|Q_{\varphi_0} z_0\|^2}{1 + \|Q_{\varphi_0} z_0\|^2} \|\sigma_0\| + \frac{\|T_0(z_0 - u_0)\|}{\|\varphi_0 - Q_{\varphi_0} z_0\|}.$$

Aus diesem Satz resultiert das Kriterium:

Ist

$$\|T_0(z_0 - u_0)\| \, \|\varphi_0 - Q_{\varphi_0} z_0\| < \|\sigma_0\| \tag{12}$$

und $\|Q_{\varphi_0} z_0\| < \infty$, dann gilt $\|\sigma_1\| < \|\sigma_0\|$.

Bei Erfülltsein von (12) kann also φ_1 als neue exakte Näherung für φ^* angesehen werden, die im obigen Sinne besser als φ_0 ist. Für die Untersuchung der (numerischen) Konvergenz ist der Ausdruck $\|T_0(z_0 - u_0)\|$ (bzw. $\|T_n(z_n - u_n)\|$) in Abhängigkeit von der verwendeten Methode zur Lösung von $(\tilde{6})$ abzuschätzen.

Mit der Definition

$$\delta_0^G \equiv (T_0 + \Gamma_0)\, z_0 - (\sigma_0 + \varDelta\sigma_0)$$

(analog δ_n^G) des Defektes der Gleichung $(\tilde{6})$ ist

$$T_0(z_0 - u_0) = \delta_0^G - \Gamma_0 z_0 + \varDelta\sigma_0. \tag{13}$$

Bei der in Abschnitt 3 vorgeschlagenen Methode des Zeilenaustausches zur Lösung von (6), (7) ist die k-te Komponente des Defektes δ_0^G (bzw. δ_n^G) im allgemeinen die betragsgrößte. Denn führt man dazu noch den Defekt der Gleichung $(\tilde{11})$

$$\delta_0^Z \equiv [S_0^k(T_0 + \Gamma_0) + Q_0^k]\, z_0 - S_0^k(\sigma_0 + \varDelta\sigma_0)$$

ein, so gilt

$$\begin{aligned} T_0(z_0 - u_0) &= S_0^k(\delta_0^Z - \Gamma_0 z_0 + \varDelta\sigma_0) \\ &\quad + (I - S_0^k)\, T_0[S_0^k T_0 + Q_0^k]^{-1}\, S_0^k(\delta_0^Z - \Gamma_0 z_0 + \varDelta\sigma_0). \end{aligned} \tag{14}$$

Aus dieser Darstellung sieht man, daß die k-te Komponente von $T_0(z_0 - u_0)$ maßgeblich durch die Norm von $[S_0^k T_0 + Q_0^k]^{-1}$ und T_0 beeinflußt wird (und somit auch die numerische Konvergenz). Es ist daher notwendig, die Norm von $[S_0^k T_0 + Q_0^k]^{-1}$ abzuschätzen.

Satz 4. *Es gilt*

$$\|[S_0^k T_0 + Q_0^k]^{-1}\| \leqq \max \left\{1, \frac{\|R_0\|}{|\varphi_0^{(k)}|}\right\}.$$

Der Beweis ist ebenfalls in der Arbeit [5] enthalten.

Die Abschätzung von Satz 4 zeigt, daß die Norm von $T_0[S_0^k T_0 + Q_0^k]^{-1}$ (und damit die k-te Komponente von $T_0(z_0 - u_0)$) im allgemeinen durch $|\varphi_0^{(k)}|$ beeinflußt werden kann. Hieraus ergibt sich eine Strategie für einen geeigneten Austausch mit der Zeile $k = k(n)$:

$$|\varphi_n^{(k)}| = \max_{i=1,\ldots,N} |\varphi_n^{(i)}|, \qquad n = 0, 1, \ldots$$

In Beispiel 1 wird diese Variante als ZA max bezeichnet (zum Vergleich dient dort ZA min mit $|\varphi_n^{(k)}| = \min\limits_{i=1,\ldots,N} |\varphi_n^{(i)}|$).

5. Ein Abbruchkriterium und Schlußfolgerungen

Wird φ_n und $\tilde{\varphi}_n$ in analoger Weise wie in ($\tilde{5}$) definiert, dann gibt die Abschätzung (12) unter Beachtung von (13) ein Kriterium für den Abbruch des Iterationsprozesses. Für eine hinreichend gute Näherung $\tilde{\varphi}_n$ (bzw. φ_n) kann man $\|\varphi_n - Q_{\varphi_n} z_n\| \approx 1$ und $\|\Gamma_n z_n\| \approx 0$ setzen. Wird weiterhin der Rundungsfehler bei σ_n vernachlässigt, so liefert die Abschätzung (12) unter Beachtung von (13) das

Abbruchkriterium: *Der Iterationsprozeß wird abgebrochen, wenn* $\|\delta_n^G\| \geqq \|\tilde{\sigma}_n\|$ *ist.*

Bemerkung. Dieses Kriterium kann während der Rechnung nachgeprüft werden. Dabei ist es nicht notwendig, die Berechnung der Normen mit größerer Wortlänge auszuführen.

Schlußfolgerungen. Aus Beziehung (14) ist ersichtlich, daß insbesondere bei großen Normen von T_n und $[S_n^k T_n + Q_n^k]^{-1}$ die Notwendigkeit besteht, die Rundungsfehler beim Aufstellen von σ_n und T_n möglichst klein zu halten (ohne mit höherer Wortlänge zu rechnen). Das kann durch eine Modifikation des Algorithmus (1)—(7) erreicht werden:

$$\bar{\lambda}_0 = \lambda_0,$$

$$\varphi_{n+1} = \frac{\varphi_n - u_n}{\|\varphi_n - u_n\|},$$

$$A := A - \bar{\lambda}_n I,$$

$$\bar{\lambda}_{n+1} = (A\varphi_{n+1}, \varphi_{n+1}), \qquad \lambda_{n+1} = \sum_{i=0}^{n+1} \bar{\lambda}_i, \qquad n = 0, 1, \ldots$$

Die in jedem Iterationsschritt vorgenommene Spektrumsverschiebung gewährleistet (da $\bar{\lambda}_n \to 0$), daß die Rundungsfehler im Vergleich zu denen bei Verfahren (1)—(7) kleiner werden. Diese Modifikation wird im Beispiel 2 durch „Spektrumsverschiebung" gekennzeichnet.

Auf den Einfluß von $\|[S_n^k T_n + Q_n^k]^{-1}\|$ (und $|\varphi_n^{(k)}|$) in Beziehung (14) wurde schon eingegangen. Die Abschätzung in Satz 4 verdeutlicht, daß für $|\varphi_n^{(k)}| = 1$ (d. h., φ_n ist der k-te Einheitsvektor e_k) im allgemeinen der günstigste Fall eintritt. Das kann durch eine unitäre Transformation mit U_n erreicht werden: $U_n^* \varphi_n = e_k$, $k = k(n)$.[1]) Die Gleichung (6) lautet dann $U_n^* T_n U_n v_n = U_n^* \sigma_n$ mit $(v_n, e_k) = 0$ und $u_n = U_n v_n$; dabei kann für U_n ein Produkt von elementaren Drehmatritzen genommen werden, die φ_n sukzessive auf den Einheitsvektor e_k drehen. Es ergibt sich eine einfache Rekursionsformel. Im Beispiel 2 wird diese Variante als „Drehung" bezeichnet.

---

[1]) Dabei ist $|\varphi_n^{(k)}| = \max_{i=1,\ldots,N} |\varphi_n^{(i)}|$.

6. Testergebnisse

In den angegebenen Beispielen[1]) wurde die Iteration abgebrochen, wenn

1. $\|\tilde{\sigma}_n\| < \varepsilon_0 \cdot 10^{b_n}$, $\varepsilon_0 = 0{,}5 \cdot 10^{-8}$, b_n Exponent von $\tilde{\lambda}_n$ in der normalisierten Gleitpunktdarstellung zur Basis 10,

oder

2. $\|\delta_n{}^G\| \geqq \|\tilde{\sigma}_n\|$ und $\|\delta^G_{n+1}\| \geqq \|\delta_n{}^G\| \cdot 0{,}1$.

Beispiel 1.

$N = 44$

$$A = \left\| \begin{matrix} 5 & 2 & 1 & 1 & & & & 0 \\ 2 & 6 & \ddots & \ddots & \ddots & & & \\ 1 & \ddots & \ddots & \ddots & \ddots & \ddots & & \\ 1 & \ddots & \ddots & \ddots & \ddots & \ddots & \ddots & 1 \\ & \ddots & \ddots & \ddots & \ddots & \ddots & \ddots & 1 \\ & & \ddots & \ddots & \ddots & \ddots & 6 & 2 \\ 0 & & & & 1 & 1 & 2 & 5 \end{matrix} \right\|$$

$\operatorname{cond}(A) \approx 400$

$\lambda_{\max} = 0{,}159\,222\,15 \ldots \cdot 10^2$

$\varphi_0 = 44^{-1/2}\,(1, \ldots, 1)^T$

$\varrho > 0{,}3$

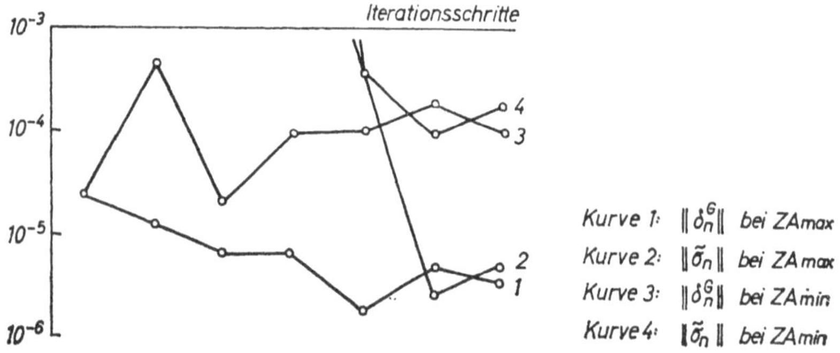

Abb. 1

Für den fünften und sechsten Iterationsschritt erhält man folgende Werte:

	ZAmax	ZAmin
$\lvert\varphi_5{}^{(k)}\rvert$	$\approx 0{,}2$	$\approx 0{,}01$
$\|\tilde{\sigma}_5\|$	$0{,}237\,316 \ldots \cdot 10^{-5}$	$0{,}109\,574 \ldots \cdot 10^{-3}$
$\|\delta_5{}^G\|$	$0{,}605\,822 \ldots \cdot 10^{-5}$	$0{,}194\,551 \ldots \cdot 10^{-3}$
$\|\delta_5{}^Z\|$	$\approx 10^{-12}$	$\approx 10^{-11}$
$\|\tilde{\sigma}_6\|$	$0{,}596\,736 \ldots \cdot 10^{-5}$	$0{,}194\,536 \ldots \cdot 10^{-3}$
$\|\delta_6{}^G\|$	$0{,}365\,063 \ldots \cdot 10^{-5}$	$0{,}907\,224 \ldots \cdot 10^{-4}$
$\|\delta_6{}^Z\|$	$\approx 10^{-12}$	$\approx 10^{-11}$

[1]) Diese Beispiele wurden auf der EDVA R 300 der Sektion RT/DV der TH Karl-Marx-Stadt gerechnet.

Bemerkung. Die hinreichende Konvergenzbedingung (8) ist für $\|\sigma_0\|$ nicht erfüllt. Das Verfahren konvergiert aber trotzdem, und zwar gegen den größten Eigenwert von A.

Das Beispiel zeigt den Einfluß der Auswahl des Index k auf die numerische Konvergenz: Bei der Variante ZA min ist eine erhebliche Konvergenzverschlechterung festzustellen. Das Abbruchkriterium 2 ist erfüllt.

Beispiel 2 [6].

$$N = 10 \qquad a = 1000$$

$$A = \left\| \begin{matrix} & & a \\ a+1 & \diagup & \\ \diagup & a & \\ a & & a-1 \end{matrix} \right\| \qquad \begin{aligned} &\operatorname{cond}(A) \approx 200000 \\ &\lambda_{\max} = 0{,}10044092 \ldots \cdot 10^4 \\ &\varphi_0 = 10^{-1/2}\,(1, \ldots, 1)^T \\ &\varrho > 1000 \end{aligned}$$

	$Z_{A\max}$	Drehung	Drehung und Spektrumsverschiebung
$\|\tilde{\sigma}_0\|$	0,303970 ...	0,303970 ...	0,303970 ...
$\|\delta_0{}^G\|$	0,170500 ... · 10^{-3}	0,539299 ... · 10^{-4}	0,539299 ... · 10^{-4}
$\|\tilde{\sigma}_1\|$	0,219317 ... · 10^{-3}	0,387298 ... · 10^{-4}	0,374114 ... · 10^{-4}
$\|\delta_1{}^G\|$	0,389019 ... · 10^{-3}	0,284621 ... · 10^{-4}	0,526409 ... · 10^{-9}
$\|\tilde{\sigma}_2\|$	0,359583 ... · 10^{-3}		
$\|\delta_2{}^G\|$	0,827746 ... · 10^{-5}		
$\|\tilde{\sigma}_3\|$	0,360555 ... · 10^{-4}		
$\|\delta_3{}^G\|$	0,897625 ... · 10^{-4}		

Alle drei Varianten erfüllen das erste Abbruchkriterium. Praktisch wird man aber die „Drehung" nicht in jedem Schritt ausführen (wie hier). Der Eigenwert $\lambda_{\max}$ von A wird auf Maschinengenauigkeit berechnet, und für den jeweils letzten Schritt gilt $\|\varphi_n - \varphi^*\| \approx 0{,}3 \cdot 10^{-7}$.

Literatur

[1] Peters, G., and J. H. Wilkinson, The Calculation of Specified Eigenvektors by Inverse Iteration, in: Handbook for Automatic Computation — Linear Algebra, Springer-Verlag, Berlin—Heidelberg—New York 1971, p. 418—439.

[2] Kuhnert, F., Die Pseudostöriteration zur Bestimmung von Eigenwerten und Eigenvektoren, VEB Deutscher Verlag der Wissenschaften, Berlin 1971.

[3] Гаврин, М. К., О методе ложных возмущений для разыскания собственных значений, Ж. вычисл. матем. и матем. физ. 1 (1961), 757—770.

[4] Lang, W., Anwendung der Pseudostöriteration auf Differentialgleichungen, Beiträge Numer. Math. 2 (1974), 89—101.

[5] Flemming, U., Stabilitätsuntersuchung bei der PSI für Matrizen, Diplomarbeit, TH Karl-Marx-Stadt 1972.

[6] Zielke, G., Testmatrizen mit maximaler Konditionszahl, Computing 13 (1974), 33—54.

Manuskripteingang: 28. 1. 1975

VERFASSER:
Dipl.-Math. Uwe Flemming, Sektion Mathematik der Technischen Hochschule Karl-Marx-Stadt

Beiträge zur Numerischen Mathematik
5 (1976), 37–42

Zur numerischen Stabilität bei Differentialgleichungen mit nacheilendem Argument

Michael Fröhner und Christoph Clauss

1. Einleitung

Zur numerischen Lösung von Anfangswertaufgaben gewöhnlicher Differentialgleichungen der Form $y' = f(x, y)$, $y(0) = y_0$, werden gegenwärtig fast ausschließlich Diskretisierungsmethoden benutzt. Eine wesentliche Frage bei der Auswahl dieser Methoden ist die ihrer numerischen Stabilität, die seit der fundamentalen Arbeit von Dahlquist [1] von einer Vielzahl von Autoren behandelt worden ist.

Wir betrachten die allgemeinere Differentialgleichung mit nacheilendem Argument der Form

$$y'(x) = f\big(x, y(x), y(x - \tau(x))\big), \qquad 0 < x \leqq A < \infty, \tag{1}$$

mit der auf der Anfangsmenge $I_0 = \{x \mid -\tau(0) \leqq x \leqq 0\}$, $\tau(x) \geqq 0$, vorgegebenen Anfangsfunktion $y(x) = \varphi(x)$ und übertragen einige Ergebnisse der Theorie der absoluten Stabilität auf die Gleichung (1).

Die asymptotische Theorie von Dahlquist [1, 4] auf endlichen Intervallen $[0, A]$ und Schrittweiten $h \to 0$ für lineare Mehrschrittmethoden der Art

$$\sum_{i=1}^{k} \alpha_i y_{n+i} = h \sum_{i=1}^{k} \beta_i f(x_{n+i}, y_{n+i}),$$

oder in symbolischer Gestalt

$$\varrho(E)\, y_n = h\sigma(E)\, f_n, \tag{2}$$

wobei $\varrho(z) = \sum_{i=1}^{k} \alpha_i z^i$ das erste charakteristische Polynom, $\sigma(z) = \sum_{i=1}^{k} \beta_i z^i$ das zweite charakteristische Polynom und E der Verschiebeoperator, $Ey(x) = y(x + h)$, $f_n = f(x_n, y_n)$, genannt wird, läßt sich ohne Veränderungen auf die Gleichung (1) anwenden, da hierbei nur die Nullstellen des ersten charakteristischen Polynoms $\varrho(z)$ untersucht werden und die konkrete Gestalt der rechten Seite der Differentialgleichung $f = f(x, y)$ ohne Bedeutung ist. Wird jedoch das Problem der *absoluten* und der *A-Stabilität* in Anwendung auf Gleichung (1) untersucht, so treten neue Gesichtspunkte hinzu.

2. Auswahl einer Modellgleichung. Stabilitätsdefinitionen

Eine allgemeine Stabilitätstheorie für Anfangswertaufgaben gewöhnlicher Differentialgleichungen, die mittels Diskretisierungsmethoden gelöst werden, existiert nicht. Aus diesem Grunde wird die Untersuchung der numerischen Stabilität asymptotisch fallender Lösungen im allgemeinen an der Modellgleichung

$$\left.\begin{aligned} y'(x) &= ay(x),\ x \in [0, \infty), \\ y(0) &= y_0 \end{aligned}\right\} \tag{3}$$

durchgeführt, wobei $a \in \boldsymbol{C}$ ist ($\boldsymbol{C}$ Menge der komplexen Zahlen). Offenbar strebt die exakte Lösung für $x \to \infty$ genau dann asymptotisch gegen Null, wenn $\operatorname{Re} a < 0$ erfüllt ist. Man sagt auch, daß die Lösung der Gleichung (3) für alle a mit $\operatorname{Re} a < 0$ *stabil im Sinne von* LJAPUNOW ist.

Unter einer *Diskretisierungsmethode* (DM) wollen wir eine lineare Mehrschrittmethode des Typs (2) oder ein Verfahren vom Runge-Kutta-Typ oder eine Kombination von beiden verstehen. Eine DM heißt *A-stabil*, falls sie bei Anwendung auf eine im Sinne von LJAPUNOW stabile Differentialgleichung (3) bei beliebiger konstanter Schrittweite $h > 0$ die numerische Lösung y_n mit $\lim_{n\to\infty} y_n = 0$ erzeugt. Eine Mehrschrittmethode (2) mit konstanten Koeffizienten α_i, β_i heißt bei Anwendung auf (3) für diejenigen Werte *ah absolut stabil*, für die alle Wurzeln des charakteristischen Polynoms der entstehenden Differenzengleichung betragsmäßig kleiner oder gleich 1 sind (vgl. [4]).

Zur Untersuchung von Differentialgleichungen mit nacheilendem Argument empfiehlt sich als Modellgleichung die Linearisierung der Gleichung (1) in der Form

$$y'(x) = ay(x) + by(x - \tau), \tag{4}$$

wobei a, b reelle Zahlen seien und $\tau = \text{const} > 0$ gilt.

Das Stabilitätsgebiet S im Sinne von LJAPUNOW (vgl. die geometrische Darstellung Abb. 1) läßt sich mittels eines Satzes von HAYES (vgl. z. B. [2]) bestimmen.

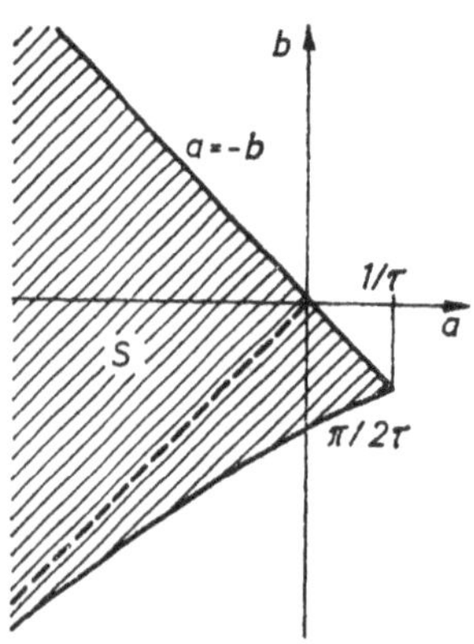

Abb. 1

Die Grenze des Gebietes ist durch die Gleichungen

$$b = -a, \qquad a \leqq \frac{1}{\tau}$$

und

$$\left.\begin{aligned} a &= \frac{\theta}{\tau} \cot \theta, \\ b &= -\frac{\theta}{\tau} \frac{1}{\sin \theta}, \end{aligned}\right\} \quad 0 \leqq \theta \leqq \pi,$$

bestimmt. Unter dem Gebiet $\bar{S} \subset S$ wollen wir das folgende Teilgebiet verstehen:

$$\bar{S} = \{(a, b) \mid a < -|b|\}.$$

Definition 1. Eine DM heißt A_τ-*stabil*, falls sie bei Anwendung auf eine Gleichung des Typs (4) mit Koeffizienten $(a, b) \in S$ und mit konstanter Schrittweite $h > 0$ eine numerische Lösung y_n mit $\lim\limits_{n\to\infty} y_n = 0$ erzeugt.

Für $b = 0$ erhalten wir gerade den Begriff der A-Stabilität, wie er oben definiert wurde. Da sich A_τ-Stabilität nur außerordentlich schwer nachweisen läßt, geben wir noch folgende Abschwächung an:

Definition 2. Eine DM heißt $\bar{A}_\tau$-*stabil*, falls sie bei Anwendung auf Gleichung (4) mit Koeffizienten $(a, b) \in \bar{S}$ die in Definition 1 angegebenen Bedingungen erfüllt.

3. Stabilitätseigenschaften einiger Diskretisierungsmethoden

Wird eine DM zur Lösung der Aufgabe (4) (oder allgemeiner der Gleichung (1)) angewandt, so werden die Funktionswerte der Lösung in jedem Schritt an gewissen Stellen $x_\nu = \nu h$ und $x_{\bar{\nu}} = \nu h - \tau$ benötigt. Dabei brauchen die zurückliegenden Werte $x_{\bar{\nu}}$ nicht notwendig Schrittpunkte zu sein, und es kann sich eine Interpolation erforderlich machen. Um die Genauigkeit der DM qualitativ nicht zu verschlechtern, empfiehlt sich die Anwendung einer Interpolationsformel der Ordnung $p \geqq r - 1$, wenn die DM die Ordnung r besitzt (vgl. auch [6]).

Wir untersuchen einige bekannte A-stabile Formeln auf ihre Eigenschaft der A_τ- bzw. der $\bar{A}_\tau$-Stabilität.

Die *Euler-Rückwärts-Formel* hat die Gestalt

$$y_{n+1} = y_n + h y'_{n+1}. \tag{5}$$

Sie besitzt die Integrationsordnung 1, d. h., zu Interpolationszwecken genügt es, eine Treppenfunktion, die durch die Lösung in den Schrittpunkten definiert ist, zu benutzen. Es gilt folgender

Satz 1. *Die Euler-Rückwärts-Methode* (5) *ist* $\bar{A}_\tau$-*stabil.*

Der Beweis wird geführt, indem das charakteristische Polynom, das bei Einsetzen von (4) in (5) gebildet werden kann, auf seine Nullstellen untersucht wird. Zu zeigen ist, daß im Fall $|z| = 1$ (z sei eine beliebige Nullstelle des charakteristischen Polynoms $P(z) \equiv (1 - ha) z^\nu - z^{\nu-1} - hb$, $\nu = [\tau/h]$) gilt $(a, b) \in \bar{S}$. Die strengere Eigenschaft der A_τ-Stabilität ist ebenfalls zu vermuten, konnte aber bisher noch nicht gezeigt werden.

Die als *Trapezregel* bekannte Formel

$$y_{n+1} = y_n + \frac{h}{2} (y_n' + y_{n+1}') \tag{6}$$

besitzt die Integrationsordnung 2; entsprechend obiger Bemerkungen ist für Zwischenpunkte lineare Interpolation zu empfehlen. Für diese Methode läßt sich die folgende strengere Eigenschaft beweisen.

Satz 2. *Die Trapezregel* (6) *ist A_τ-stabil unter Benutzung linearer Interpolationsformeln für den Fall, daß τ/h nicht notwendig ganzzahlig ist.*

Eine weitere Integrationsmethode, die die Ordnung 4 besitzt, ist die *Formel von* HERMITE

$$y_{n+1} = y_n + \frac{h}{2} (y_n' + y_{n+1}') + \frac{h^2}{12} (y_n'' - y_{n+1}''). \tag{7}$$

In [5, 6] wird gezeigt, daß diese Methode zur Lösung von Anfangswertaufgaben mit nacheilendem Argument günstige Eigenschaften besitzt. Eine numerische Prozedur, einschließlich der Interpolation dritter Ordnung unter Verwendung von Ableitungen, ist angegeben. Wir formulieren

Satz 3. *Die Schrittweite h sei so gewählt, daß $\tau/h = \nu$ ganzzahlig ist. Dann ist die Methode* (7) *$\bar{A}_\tau$-stabil.*

Wir bemerken, daß die Hermite-Formel die Eigenschaft der A-Stabilität besitzt.

4. Bemerkungen zur absoluten Stabilität bei linearen Mehrschrittmethoden

Die Untersuchung der absoluten Stabilität linearer Mehrschrittmethoden gestaltet sich in Anwendung auf Gleichung (4) sehr kompliziert. Zu untersuchen sind die Nullstellen des charakteristischen Polynoms

$$P(z) \equiv z^\nu(\varrho(z) - ah\sigma(z)) - bh\sigma(z) \tag{8}$$

auf ihre Lage zum Einheitskreis, wobei $P(z)$ aus der Differenzengleichung (2) hervorgeht:

$$\varrho(E)\, y_n - ah\sigma(E)\, y_n - bh\sigma(E)\, y_{n-\nu} = 0.$$

Wir betrachten nur den Spezialfall $a = 0$, $b \in \boldsymbol{C}$ (der Fall $b = 0$ ist hinreichend untersucht, vgl. [4]) und beschränken uns auf explizite Adamsmethoden erster bis dritter Ordnung. Die charakteristischen Polynome haben die spezielle Gestalt

$$P_1(z, bh, \nu) = z^{\nu+1} - z^\nu - hb,$$

$$P_2(z, bh, \nu) = z^{\nu+2} - z^{\nu+1} - \frac{2}{3}\, bhz + \frac{1}{2}\, bh,$$

$$P_3(z, bh, \nu) = z^{\nu+3} - z^{\nu+2} - \frac{23}{12}\, bhz^2 + \frac{16}{12}\, bhz - \frac{5}{12}\, bh.$$

P_i ist das zur Adamsmethode i-ter Ordnung gehörende Polynom. Gesucht werden solche Werte von bh, für die die betragsgrößte Nullstelle von $P_i(z, bh, \nu) = 0, i = 1, 2, 3$, den Wert 1 annimmt. Mit anderen Worten, es ist für komplexwertiges b die Abbildung

$$bh = \frac{z^\nu \varrho(z)}{\sigma(z)}; \qquad z = e^{i\varphi}, \qquad \varphi \in (0, 2\pi),$$

zu betrachten.

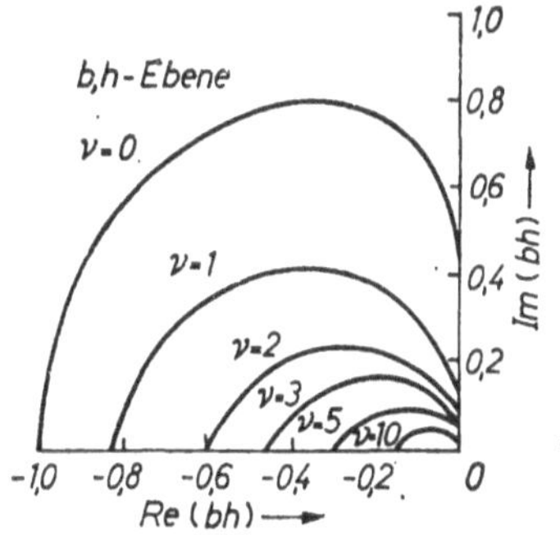

Abb. 2

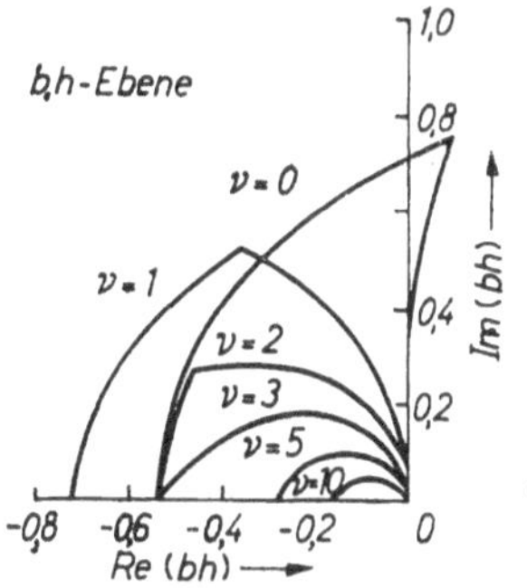

Abb. 3

Wir erhalten z. B. für $P_2(z, bh, \nu) = 0$, $P_3(z, bh, \nu) = 0$ die in Abb. 2 und 3 dargestellten Graphiken für ausgewählte Werte h und $\tau = \text{const}$. Die Kurven sind symmetrisch zur reellen Achse fortgesetzt zu denken. Für implizite Adamsformeln konnten ähnliche Darstellungen erhalten werden. Charakteristisch ist, daß sich bei verkleinerndem h ($\tau = \text{const}$) bzw. bei wachsendem τ ($h = \text{const}$) das Stabilitätsgebiet verkleinert. Das Zusammenziehen des Gebietes ist natürlich, da für eine im Sinne von Ljapunow stabile Gleichung $|b|$ beschränkt ist und somit $hb \to 0$ für $h \to 0$ gilt. Numerische Experimente bestätigen die angeführten Eigenschaften; sie sind in [6] zu finden.

Literatur

[1] Dahlquist, G., Convergence and stability in the numerical integration of ordinary differential equations, Math. Scand. 4 (1956), 33–53.

[2] Bellman, R., and K. Cooke, Differential-Difference Equations, Academic Press, New York — London 1963 (russische Übersetzung: Moskau 1967).

[3] Эльсгольц, Л. Э., и. С. Б. Норкин, Введение в теорию дифференциальных уравнений с отклоняющимся аргументом, Наука, Москва 1971.
[4] STETTER, H. J., Stability of discretizations on infinite intervals, in: Conference on Applications of Numerical Analysis, Lecture Notes in Mathematics 228, Springer-Verlag, Berlin—Heidelberg—New York 1971, p. 207—215.
[5] FRÖHNER, M., Lösung gewöhnlicher Differentialgleichungen mit nacheilendem Argument durch Spline-Funktionen, in: Tagungsberichte der Jahrestagung Numerische Mathematik, TH Karl-Marx-Stadt 1973, S. 20—26.
[6] FRÖHNER, M., Über Methoden zur numerischen Lösung von Anfangswertaufgaben bei gewöhnlichen Differentialgleichungen mit nacheilendem Argument, Dissertation, TH Karl-Marx-Stadt 1974.
[7] CLAUSS, CHR., Untersuchung der numerischen Stabilität für die Modelldifferentialgleichung $y'(x) = Ay(x) + By(x - \tau)$, Diplomarbeit, TH Karl-Marx-Stadt 1974.

Manuskripteingang: 2. 1. 1975

VERFASSER:

Dr. rer. nat. MICHAEL FRÖHNER und Dipl.-Math. CHRISTOPH CLAUSS, Sektion Mathematik der Technischen Hochschule Karl-Marx-Stadt

Beiträge zur Numerischen Mathematik
5 (1976), 43–49

On the automatic error estimates of the Runge-Kutta methods

Aurél Galántai

Abstract

This paper studies a generalization of the Runge-Kutta error estimates [2, 7, 9, 10]. After comparing with the step-halving estimate, we prove that the processes [2, 7, 9, 10] and, in general, the linear error estimates of the at most six-point Runge-Kutta methods are worse than the step-halving one.

1. Introduction

An explicit m-point Runge-Kutta method for the numerical solution of the problem

$$y' = f(x, y), \quad y(x_0) = y_0 \qquad (f\colon I \times R^s \to R^s,\ I = [a, b] \subset R,\ s \geqq 1), \tag{1.1}$$

can be written in the form

$$\left.\begin{aligned} & y_{n+1} = y_n + h_n \Phi(x_n, y_n, h_n), \\ & \Phi(x, y, h) = \sum_{i=1}^{m} c_i k_i, \\ & k_1 = f(x, y), \\ & k_i = f\left(x + a_i h, y + h \sum_{j=1}^{i-1} b_{ij} k_j\right) \quad (i = 2, 3, \ldots, m), \\ & \sum_{i=1}^{m} c_i = 1. \end{aligned}\right\} \tag{1.2}$$

Here y_n is a numerical approximation to the solution y at the point x_n and it holds $x_{n+1} - x_n = h_n > 0$ $(n = 0, 1, 2, \ldots)$.

The local error of the method (1.2) at the point x is defined by

$$T(x, h) = y(x) + \Phi\big(x, y(x), h\big) - y(x + h). \tag{1.3}$$

The method (1.2) is said to be of order p if $p > 0$ is an integer and

$$p = \max\,\{j \mid T(x, h) = O(h^{j+1})\}. \tag{1.4}$$

The step-halving estimate. Let p be the order of the method (1.2), and let step-length h be fixed. Denote the computed solution by y^*_{n+1} with step-length $2h$ from the point x_{n-1}. Then it is true that

$$T(x_n, h) = \frac{y_{n+1}^* - y_{n+1}}{2^{p+1} - 1} + O(h^{p+2}). \tag{1.5}$$

Theorem on the order ([3, 6]). *If $p^*(m)$ denotes the maximum of the orders of the m-point Runge-Kutta methods, then*

$$\left.\begin{array}{l} p^*(m) = m, \quad m = 1, 2, 3, 4, \\ p^*(5) = 4, \quad p^*(6) = 5, \quad p^*(7) = 6, \quad p^*(8) = 6, \quad p^*(9) = 7, \\ p^*(m) \leqq m - 2, \quad m = 10, 11, \ldots \end{array}\right\} \tag{1.6}$$

Now we introduce a generalization of the processes [2, 7, 9] and [10].

Definition 1.1. The arbitrary $G: I \times R^{s+1} \to R^s$ mapping is called *automatic error estimate* of the local error of the method (1.2) if

$$G(x, y(x), h) = O(h^r) \qquad (r \geqq 1), \tag{1.7}$$

and if the bulk of the computation of $G(x, y, h)$ lies in the evaluation of the function $f(x, y)$.

Let's consider some characteristic examples.

Examples.

$$G = h \sum_{i=1}^{m} d_i k_i, \tag{1.8}$$

$$G = h \left(\sum_{i=1}^{m} d_{1i} k_i \right) \left(\sum_{i=1}^{m} d_{2i} k_i \right) \left(\sum_{i=1}^{m} d_{3i} k_i \right)^{-1} \qquad (s = 1), \tag{1.9}$$

$$G = h \sum_{i=1}^{l} d_i f(x + a_i h, y + t_i k_i), \tag{1.10}$$

$$G = h^2 \sum_{i=1}^{j} f(x + d_i h^3, y). \tag{1.11}$$

The automatic error estimates will be compared with the step-halving one. For this reason, we determine first the basis for the comparison.

By using relations

$$T(x, h) = \psi(x, y(x)) \, h^{p+1} + O(h^{p+2}), \tag{1.12}$$

$$G(x, y(x), h) = \varphi(x, y(x)) \, h^r + O(h^{r+1}) \tag{1.13}$$

it is easy to see that G is applicable for the local error estimate only if

$$r = p + 1, \qquad \psi = \varphi \tag{1.14}$$

or

$$r < p + 1, \qquad \varphi \neq 0. \tag{1.15}$$

Let $K_G(m)$ be the number of the evaluations of the function $f(x, y)$ per step if we use the method (1.2) with the G error estimate. The definition of $K_S(m)$ is similar to $K_G(m)$ only with the step-halving estimate instead of the G one.

Remark. $K_S(m) = 1{,}5m - 0{,}5$ and $K_G(m) \geqq m$.

Let's compute some numerical approximations to $y(x_0 + \alpha)$ $(\alpha > 0)$ with the condition

$$\|T(x, h)\| \leqq \varepsilon \qquad (x \in [x_0, x_0 + \alpha) \subset I). \tag{1.16}$$

Let $n_G(\varepsilon)$ be the minimal step-number if we use the method (1.2) with the G estimate. Similarly, let $n_S(\varepsilon)$ be the minimal step-number if we use the method (1.2) with the step-halving estimate.

If $r < p + 1$ and $\varphi \neq 0$, then it follows from the relations (1.5), (1.12) and (1.13) that there exists a constant $\varepsilon_0 = \varepsilon_0(\alpha) > 0$ such that

$$n_G(\varepsilon)\, K_G(m) > n_S(\varepsilon)\, K_S(m) \tag{1.17}$$

for all $0 < \varepsilon \leqq \varepsilon_0$.

Our purpose is to minimize the number of the evaluations of the function $f(x, y)$. Therefore, we can introduce the following definition as the basis of the comparison.

Definition 1.2. We say that the G automatic error estimate is *not worse than the step-halving one* if

(I) $\quad T(x, h) = G\big(x, y(x), h\big) + O(h^{p+2})$,

and if

(II) $\quad K_G(m) \leqq K_S(m^*)$,

where

$$m^* = \min \{j \mid p^*(j) = p\}. \tag{1.18}$$

2. Special cases

In this section we study the case $K_G(m) = m$ with the aid of the condition

(III) $\quad p = p^*(m)$.

We first prove the following statement.

Statement 2.1. *The conditions* (I), (II) *and* (III) *hold the relations*

$$(\mathrm{I}) \nRightarrow (\mathrm{II}), \quad (\mathrm{II}) \nRightarrow (\mathrm{I}), \quad (\mathrm{I}) \nRightarrow (\mathrm{III}), \quad (\mathrm{III}) \nRightarrow (\mathrm{I}).$$

Proof. England's formula ([2, 6]) has $K_G(m) = m = 6$, $p = 4$ and holds (I). Merson's formula ([1, 7]) has $K_G(m) = m = 5$, $p = 4$ and holds no (I). The statement follows from these facts.

Now we prove two important lemmas.

Lemma 2.1. *If* $K_G(m) = m$ *and* $1 \leqq m \leqq 9$, *then*

$$(\mathrm{III}) \Rightarrow (\mathrm{II}).$$

Proof. From (1.6) and (1.18) we have Table 1. By using Table 1 it is easy to verify this lemma.

Table 1

m	1	2	3	4	5	6	7	8	9
$p^*(m)$	1	2	3	4	4	5	6	6	7
$K_S(m^*)$	1	2,5	4	5,5	5,5	8,5	10	10	13

Lemma 2.2. *Let* $K_G(m) = m$, *and let* G *hold* (II). *If* $m = 1, 2, 3, 5, 6$ *then* $p = p^*(m)$. *Further, if* $m = 4, 7, 8, 9$ *then* $p \geqq p^*(m) - 1$.

Proof. See again Table 1.

We can summarize the Lemmas 2.1 and 2.2 as follows.

Theorem 2.1. *If* $K_G(m) = m$ *and* $m = 1, 2, 3, 5, 6$ *then the conditions* (II) *and* (III) *are equivalent.*

3. Application for linear error estimates

The linear error estimates have the form (1.8) and $K_G(m) = m$.

We will use the following lemmas.

Lemma (O. KIS [11]). *Assume that the method*

$$y_{n+1} = y_n + h_n \sum_{i=1}^{4} c_i k_i \tag{3.1}$$

is of order 4. *Then, for arbitrary* $e_1, e_2, e_3, e_4 \in R$, *the method*

$$y_{n+1} = y_n + h_n \sum_{i=1}^{4} e_i k_i \tag{3.2}$$

cannot be of order 3.

Lemma 3.1. *There is no* G *linear error estimate such that* G *holds* (I) *and* (III).

Proof. Assume that G holds (I) and (III). Then the method

$$y_{n+1} = y_n + h_n \sum_{i=1}^{m} (c_i - d_i)\, k_i \tag{3.3}$$

is of order q and $q \geqq p^*(m) + 1$. It is a contradiction, q. e. d.

Now we can state the following theorem.

Theorem 3.1. *If $1 \leqq m \leqq 6$, then the linear error estimates of the m-point Runge-Kutta methods are worse than the step-halving one.*

Proof. If $m = 1, 2, 3, 5, 6$ then the theorem follows from Lemma 3.1 and Theorem 2.1. If $m = 4$, then it follows from Lemmas 2.2 and 3.1 that the linear error estimate

$$G = h \sum_{i=1}^{4} d_i k_i \tag{3.4}$$

of the method

$$y_{n+1} = y_n + h_n \sum_{i=1}^{4} c_i k_i \tag{3.5}$$

is not worse than the step-halving one only if the method (3.5) is of order 3, and if the method

$$y_{n+1} = y_n + h_n \sum_{i=1}^{4} (c_i - d_i) k_i \tag{3.6}$$

is of order 4. It is impossible because of Lemma of O. Kis. Thus the theorem is proved.

Corollary. *For $1 \leqq m \leqq 6$, the linear error estimates derived by Merson* ([7]), *Zonneveld* ([10]) *and England* ([2]) *are worse than the step-halving one.*

Remark 3.1. The linear estimate of Zonneveld's fifth order method is also worse than the step-halving one because $r = 5$ (see [10]).

Remark 3.2. It was earlier proved that Merson's method is bad because $r = p$ (see [1]).

4. Application for nonlinear error estimate

We know only Scraton's nonlinear error estimate ([9]). His fourth order method has the form

$$k_1 = f(x, y),$$

$$k_2 = \left(x + \frac{2}{9} h, y + \frac{2}{9} hk_1\right),$$

$$k_3 = f\left(x + \frac{h}{3}, y + \frac{h}{12} (k_1 + 3k_2)\right),$$

$$k_4 = f\left(x + \frac{3}{4} h, y + \frac{3h}{128} (23k_1 - 81k_2 + 90k_3)\right),$$

$$k_5 = f\left(x + \frac{9h}{10}, y + \frac{9h}{10000}(-345k_1 + 2025k_2 - 1224k_3 + 544k_4)\right),$$

$$y_{n+1} = y_n + h\left(\frac{17}{162}k_1 + \frac{81}{170}k_3 + \frac{32}{135}k_4 + \frac{250}{1377}k_5\right),$$

$$G = -h\frac{qr}{s},$$

where

$$q = -\frac{1}{18}k_1 + \frac{27}{170}k_3 - \frac{4}{15}k_4 + \frac{25}{153}k_5,$$

$$r = \frac{19}{24}k_1 - \frac{27}{8}k_2 + \frac{57}{20}k_3 - \frac{4}{15}k_4,$$

$$s = k_4 - k_1.$$

In his paper SCRATON states without proof that his estimate holds (I), however we assert the contrary.

Statement 4.1: *The G estimate of Scraton's method holds no* (I).

Proof. If a G estimate of a fourth order Runge-Kutta method holds (I), then for the problem

$$y' = cx^3, \qquad y(0) = 0 \qquad (c \neq 0) \tag{4.1}$$

$T(x, h) = 0$ and $G(x, y(x), h) = O(h^6)$. Applying SCRATON's method for the problem (4.1) we have $G(0, 0, h) = \frac{19c}{14580}h^4$. It is a contradiction because $G(0, 0, h) \neq O(h^6)$, q. e. d.

Corollary. *Scraton's process is worse than the step-halving estimate.*

5. Remarks

In practice we need such Runge-Kutta error estimates which are valid for $s > 1$ and need minimal computing and memory space. It follows from Theorem 3.1 that the step-halving estimate is optimal in this sense for $1 \leqq m \leqq 6$.

Finally we remark that the Definitions 1.1 and 1.2 can be extended for one-step methods.

References

[1] BÉKÉSSY, A., O. KIS es GY. TARNAY, Tanulmány R. H. Merson módszeréről, MTA Automat. Kutató Int. Közl. 4 (1969), 3–31.

[2] ENGLAND, R., Error estimates for Runge-Kutta type solutions to systems of ordinary differential equations, Computer J. 12 (1969), 166–170.

[3] GEAR, C. W., Numerical Initial Value Problems in Ordinary Differential Equations, Prentice Hall, Inc., Englewood Cliffs (N.J.) 1971.
[4] HENRICI, P., Discrete Variable Methods in Ordinary Differential Equations, J. Wiley & Sons, Inc., New York 1962.
[5] HULL, T. E., W. H. ENRIGHT, B. M. FELLEN and A. E. SEDGWICK, Comparing numerical methods for ordinary differential equations, SIAM J. Numer. Anal. **9** (1972), 603–637.
[6] LAMBERT, J. D., Computational Methods in Ordinary Differential Equations, J. Wiley & Sons, Inc., London 1973.
[7] MERSON, R. H., An operational method for the study of integration processes, in: Proceedings of Conference on Data Processing and Automatic Computing Machines, Weapons Research Establishment, Salisbury (South Australia) 1957.
[8] RALSTON, A., A First Course in Numerical Analysis, McGraw-Hill Book Comp., Inc., New York 1965.
[9] SCRATON, R. E., Estimation of the truncation error in Runge-Kutta and allied processes, Computer J. **7** (1964), 246–248.
[10] ZONNEVELD, J. A., Automatic numerical integration, Mathematisch Centrum Amsterdam 1970.
[11] KIS, O., O metode Runge-Kutta, Studia Sci. Math. Hung. **5** (1970), 433–435.

Manuskripteingang: 23. 12. 1974

VERFASSER:
Prof. Dr. AURÉL GALÁNTAI, MTA SZTAKI, Budapest

Beiträge zur Numerischen Mathematik
5 (1976), 51–56

Qualitative Untersuchungen einer allgemeinen Verfahrensklasse zur näherungsweisen Eigenwert- und Eigenvektorbestimmung

JÜRGEN JÄHNIG

1. Zur Eigenwert- und Eigenvektorberechnung von selbstadjungierten, halbbeschränkten Operatoren im Hilbert-Raum sind z. B. das Ritzsche [1] und das Bazley-Fox-Verfahren [2, 3] bekannt. Dabei werden mit dem Ritzschen Verfahren konvergente obere Eigenwertschranken und mit dem Bazley-Fox-Verfahren konvergente untere Eigenwertschranken bestimmt.

In dieser Arbeit soll eine von KUHNERT [4] angegebene allgemeine, von einem reellen Parameter abhängige Verfahrensklasse zur näherungsweisen Eigenwert- und Eigenvektorbestimmung untersucht werden.

Diese allgemeine Verfahrensklasse zeichnet sich dadurch aus, daß für alle Parameterwerte aus dem Intervall [0, 1] konvergente Näherungseigenwerte erhalten werden. Für die Parameterwerte 0 und 1 ergeben sich Ritzsche Eigenwertnäherungen und für den Parameterwert 0,5 Näherungen nach einer speziellen Variante des Bazley-Fox-Verfahrens. Das bedeutet, daß diese zwei Verfahren als Spezialfälle in der allgemeinen Verfahrensklasse enthalten sind. Aus dieser Tatsache resultiert die Frage nach Zusammenhängen zwischen dem die Verfahrensklasse erzeugenden Parameter und den Näherungseigenwerten.

2. Es soll kurz diese allgemeine Verfahrensklasse vorgestellt werden. Betrachtet wird im separablen Hilbert-Raum H die Eigenwertaufgabe

$$Au = \lambda u \tag{1}$$

mit dem selbstadjungierten, positiv definiten Operator A, der eine Zerlegung in der Form $A = A_0 + B$ gestatten soll. Dabei seien A_0 und B selbstadjungierte, positiv definite Operatoren mit den Definitionsgebieten $D(A_0)$ und $D(B)$, wobei $D(A) = D(A_0) \cap D(B) \subset D(A_0)$ gelten soll.

Der Operator A_0 besitze bekanntes, diskretes Spektrum, seine Eigenwerte — in wachsender Reihenfolge geordnet — werden mit λ_ν^0 und seine Eigenvektoren mit u_ν^0 $(\nu = 1, 2, \ldots)$ bezeichnet. Mit dem Orthoprojektor Q_n, der in H auf den durch die Elemente $u_1^0, u_2^0, \ldots, u_n^0$ aufgespannten Unterraum projiziert, werden Näherungsoperatoren

$$A_n(\alpha) = A_0 + B^{1-\alpha} Q_n B^\alpha \tag{2}$$

abhängig vom reellen Parameter $\alpha \in [0, 1]$ definiert. Dabei gilt $D(A_n(\alpha)) = D(A_0)$ für $n = 1, 2, \ldots$ Diese Näherungsoperatoren sind für beliebiges $\alpha \neq 0{,}5$ im allgemeinen nicht symmetrisch.

Die Eigenwertaufgabe

$$A_n(\alpha)\, u = \lambda u \tag{3}$$

zur Bestimmung der Eigenwerte $\lambda_\nu^{(n)}(\alpha)$ und der Eigenvektoren $u_\nu^{(n)}(\alpha)$ von $A_n(\alpha)$ wird wie folgt gelöst:

Wenn λ kein Eigenwert des Operators A_0 ist, existiert der Operator $R_\lambda = (A_0 - \lambda I)^{-1}$, und Gleichung (3) nimmt die Form

$$u + R_\lambda B^{1-\alpha} Q_n B^\alpha u = 0 \tag{4}$$

an. Benutzt man für den Operator $Q_n B^\alpha$ die Darstellung

$$Q_n B^\alpha u = \sum_{k=1}^{n} (B^\alpha u, u_k^0)\, u_k^0,$$

so hat der Operator $B^{1-\alpha} Q_n B^\alpha$ die Gestalt

$$B^{1-\alpha} Q_n B^\alpha u = \sum_{k=1}^{n} (u, B^\alpha u_k^0)\, B^{1-\alpha} u_k^0, \tag{5}$$

und Gleichung (4) geht in

$$u + \sum_{k=1}^{n} (u, B^\alpha u_k^0)\, R_\lambda B^{1-\alpha} u_k^0 = 0 \tag{6}$$

über.

Wenn u Eigenvektor von $A_n(\alpha)$ ist, gilt $\sum_{k=1}^{n} |(u, B^\alpha u_k^0)| > 0$, sonst folgt aus (6) sofort $u = 0$.

Wird (6) skalar mit $B^\alpha u_j^0$ $(j = 1, \ldots, n)$ multipliziert, so erhält man das System

$$(B^\alpha u, u_j^0) + \sum_{k=1}^{n} (B^\alpha u, u_k^0)\, (R_\lambda B^{1-\alpha} u_k^0, B^\alpha u_j^0) = 0 \qquad (j = 1, \ldots, n). \tag{7}$$

Für eine nichttriviale Lösung dieses Systems bezüglich der Unbekannten $(B^\alpha u, u_j^0)$ $(j = 1, \ldots, n)$ ist es notwendig und hinreichend, daß die Koeffizientendeterminante verschwindet, d. h., daß

$$\det \{\delta_{kj} + (R_\lambda B^{1-\alpha} u_k^0, B^\alpha u_j^0)\}_{k,j=1}^{n} = 0 \tag{8}$$

gilt. Gleichung (8) dient als Bestimmungsgleichung für die Eigenwerte $\lambda_\nu^{(n)}(\alpha)$. Damit erhält man über (7) aus (6) den dazugehörigen Eigenvektor $u_\nu^{(n)}(\alpha)$.

Nun sind noch die Eigenwerte von $A_n(\alpha)$ (und dazu die Eigenvektoren) zu bestimmen, die auch Eigenwerte von A_0 sind. Es ergeben sich dabei ähnliche Formeln.

Das Lösen der Gleichung (8) ist jedoch kein endliches algebraisches Problem. Um dies zu erreichen wurden Näherungsoperatoren zweiter Art gemäß

$$A_n^m(\alpha) = A_0^m + B^{1-\alpha} Q_n B^\alpha$$

mit

$$A_0^m = A_0 Q_m + \lambda_{m+1}^0 (I - Q_m), \qquad D(A_n^m(\alpha)) = H$$

gebildet. Die Lösung der Eigenwertaufgabe

$$A_n^m(\alpha)\, u = \lambda u \tag{9}$$

geschieht analog zur Lösung der Aufgabe (3). Dabei ist in den Gleichungen (4) bis (8) die Resolvente R_λ durch die Resolvente $R_\lambda^m = (A_0^m - \lambda I)^{-1}$ zu ersetzen.

3. Kuhnert [4] bewies folgende Resultate:

1. Für die Parameterwerte $\alpha = 0$ und $\alpha = 1$ liefert die allgemeine Verfahrensklasse Ritzsche Eigenwertnäherungen.

2. Für den Parameterwert $\alpha = 0{,}5$ realisiert die allgemeine Verfahrensklasse eine spezielle Variante des Bazley-Fox-Verfahrens.

3. Unter den Voraussetzungen

$$D(A_0) \subset D(A_0 B^\alpha), \qquad D(A_0) \subset D(A_0 B^{1-\alpha}) \tag{10}$$

konnten die Konvergenz der Näherungseigenwerte und Eigenvektoren bewiesen und Fehlerabschätzungen angegeben werden. Dazu wurde der Begriff der relativ gleichmäßigen Konvergenz von unbeschränkten Operatoren benutzt.

Diese angegebenen Konvergenzbedingungen sind im allgemeinen jedoch schwer nachprüfbar. So konnten Konvergenzaussagen für die Eigenwerte und Eigenvektoren der allgemeinen Verfahrensklasse unter der Voraussetzung, daß B ein beschränkter Operator ist, über die Untersuchung der Inversen der Näherungsoperatoren gefunden werden. Dazu folgende Aussagen. Die Beweise zu diesen und weiteren Sätzen finden sich in [5].

Satz 1. *Für genügend großes n existiert der zu $A_n(\alpha)$ inverse Operator $(A_n(\alpha))^{-1}$, und dieser ist vollstetig. Dabei gilt die Darstellung*

$$(A_n(\alpha))^{-1} = A_0^{-1}(I + B^{1-\alpha} Q_n B^\alpha A_0^{-1})^{-1}.$$

Satz 2. *Für alle Werte α ($\alpha \in [0, 1]$) konvergieren die inversen Näherungsoperatoren $(A_n(\alpha))^{-1}$ gleichmäßig gegen den Operator A^{-1} für $n \to \infty$ und auch gleichmäßig in α, d. h., es gilt*

$$\|(A_n(\alpha))^{-1} - A^{-1}\| \xrightarrow[n\to\infty]{} 0 \text{ für alle } \alpha \in [0, 1].$$

Ähnliche Aussagen lassen sich auch für die Näherungsoperatoren zweiter Art $A_n^m(\alpha)$ formulieren.

Ausgehend von Konvergenzaussagen bezüglich der Eigenwerte und Eigenvektoren bei gleichmäßig konvergenten, vollstetigen Operatoren, konnten für die allgemeine Verfahrensklasse folgende Aussagen gezeigt werden:

Satz 3. *Die Eigenwerte der Näherungsoperatoren $A_n(\alpha)$ konvergieren für alle $\alpha \in [0, 1]$ gegen die Eigenwerte des Operators A, und alle Eigenwerte von A werden als Grenzwerte von Folgen von Eigenwerten der Näherungsoperatoren erhalten.*

Für die Eigenvektoren gilt:

Aus jeder Folge von Näherungseigenvektoren läßt sich eine gegen einen Eigenvektor von A konvergente Teilfolge auswählen.

Die Wurzelunterräume der Näherungsoperatoren konvergieren gegen die Eigenunterräume von A.

Die Konvergenzaussagen für die Eigenwerte und Eigenvektoren bezüglich der Näherungsoperatoren $A_n(\alpha)$ für $n \to \infty$ behalten auch Gültigkeit für die Operatoren $A_n{}^m(\alpha)$, wenn zuerst $m \to \infty$ und danach $n \to \infty$ gehen.

Für die Eigenwerte und Eigenvektoren der allgemeinen Verfahrensklasse ergeben sich folgende Abschätzungen der Konvergenzgeschwindigkeit:

Satz 4. *Es gilt*

$$|\lambda_k{}^{(n)}(\alpha) - \lambda_k| \leqq c_k \|(I - Q_n)\, B^\alpha A_0{}^{-1}\|.$$

Dabei hängt die Konstante c_k nur vom betrachteten Eigenwert λ_k ab.

Für die Näherungseigenvektoren gilt eine ähnliche Abschätzung.

2. *Weiterhin besitzen folgende Abschätzungen Gültigkeit:*

$$|\lambda_k{}^{(n)}(\alpha) - \lambda_k| \leqq \frac{|((I - Q_n)\, B^\alpha u_k{}^{(n)},\, (I - Q_k)\, B^{1-\alpha} P_k u_k{}^{(n)})|}{(u_k{}^{(n)},\, P_k u_k{}^{(n)})}$$

(P_k bezeichnet den Orthoprojektor in H auf den Eigenunterraum zum Eigenwert λ_k); für

$$B^{1-\alpha} P_k u_k{}^{(n)} \in D(A_0) \tag{11}$$

gilt

$$|\lambda_k{}^{(n)}(\alpha) - \lambda_k| \leqq p_1(k)\, \frac{1}{\lambda_{n+1}^0},$$

und wenn außer Bedingung (11) *noch die Bedingung*

$$B^\alpha u_k{}^{(n)} \in D(A_0) \tag{12}$$

erfüllt ist, gilt

$$|\lambda_k{}^{(n)}(\alpha) - \lambda_k| \leqq p_2(k) \cdot \left(\frac{1}{\lambda_{n+1}^0}\right)^2. \tag{13}$$

Dabei sind die Konstanten $p_1(k)$ und $p_2(k)$ nur vom betrachteten Eigenwert λ_k abhängig.

Bemerkung. Setzt man z. B. die Gültigkeit der Forderung (10) voraus, so sind die Bedingungen (11) und (12) erfüllt, und es gilt die Abschätzung (13). Vergleicht man dieses Ergebnis mit Abschätzungen von Poznjak [6, 7, 8] zur Konvergenzgeschwindigkeit des Bazley-Fox-Verfahrens und mit Ergebnissen von Džiškariani [9] zum Ritzschen Verfahren, so sind diese Ergebnisse etwa von gleicher Güte.

4. Um die Bestimmungsgleichung (8) für beliebigen selbstadjungierten, beschränkten Operator B auswerten zu können, wird der Operator B durch Operatorpolynome approximiert. Mit den Operatorpolynomen

$$p_{j,\alpha}(B) = a^\alpha \sum_{k=0}^{j} \binom{\alpha}{k} \left(\frac{B - aI}{a}\right)^k,$$

wobei a als $a = \frac{b_2 - b_1}{b_2 + b_1}$, mit b_2 als oberer und b_1 als unterer Schranke des Operators B, gewählt wird, können anstelle der Eigenwertaufgaben (3) und (9) die Aufgaben

$$A_{n,j}(\alpha)\, u = \big(A_0 + p_{j,\alpha}(B)\, Q_n p_{j,1-\alpha}(B)\big)\, u = \lambda u$$

bzw.

$$A_{n,j}^m(\alpha)\, u = \big(A_0{}^m + p_{j,\alpha}(B)\, Q_n p_{j,1-\alpha}(B)\big)\, u = \lambda u$$

betrachtet werden.

Konvergenzaussagen für die Näherungseigenwerte und Eigenvektoren können in analoger Art und Weise wie für die Aufgaben (3) und (9) erhalten werden.

5. Es soll nun die Frage der Abhängigkeit der Näherungseigenwerte vom Parameter α beantwortet werden. Dazu folgende Sätze:

Satz 5. *Für alle $\alpha, \beta \in [0, 1]$ und für alle $n \geqq n_0$ gelten die Beziehungen*

$$\big\|\big(A_n(\beta)\big)^{-1} - \big(A_n(\alpha)\big)^{-1}\big\| \leqq \overline{K}\, |\beta - \alpha|\,,$$

$$|\lambda_k{}^{(n)}(\beta) - \lambda_k{}^{(n)}(\alpha)| \leqq \overline{Q}\overline{K}\, |\beta - \alpha|\,.$$

Dabei sind die Konstanten $\overline{K}$ und $\overline{Q}$ unabhängig von α und β.

Satz 6. *Für alle $\alpha, \beta \in [0, 1]$ und für alle $n \geqq n_0$ und $m \geqq m_0$ gilt*

$$\big\|\big(A_n{}^m(\beta)\big)^{-1} - \big(A_n{}^m(\alpha)\big)^{-1}\big\| \leqq \overline{\overline{K}}\, |\beta - \alpha|,$$

$$|\lambda_k{}^{(n,m)}(\beta) - \lambda_k{}^{(n,m)}| \leqq \overline{\overline{Q}}\overline{\overline{K}}\, |\beta - \alpha|\,.$$

Dabei sind die Konstanten $\overline{\overline{K}}$ und $\overline{\overline{Q}}$ unabhängig von α und β.

Im folgenden soll ein Zusammenhang zwischen den Spektren der Operatoren $A_n(\alpha)$ und $A_n(1 - \alpha)$ aufgezeigt werden.

Satz 7. *Das Spektrum von $A_n(\alpha)$ bzw. $A_n{}^m(\alpha)$ stimmt mit der Menge der konjugiert komplexen Werte des Spektrums von $A_n(1 - \alpha)$ bzw. $A_n{}^m(1 - \alpha)$ für alle $\alpha \in [0, 1]$ überein.*

Folgerung. Da die Spektren der Operatoren $A_n(\alpha)$ und $A_n{}^m(\alpha)$ für alle $\alpha \in [0, 1]$ nur aus Eigenwerten bestehen, läßt sich die Aussage von Satz 7 schärfer formulieren: *Ist λ Eigenwert des Operators $A_n(\alpha)$ bzw. $A_n{}^m(\alpha)$, so ist $\bar{\lambda}$ Eigenwert des Operators $A_n(1 - \alpha)$ bzw. $A_n{}^m(1 - \alpha)$.*

Für den nicht unwesentlichen Spezialfall, daß der Operator A einfache isolierte Eigenwerte hat, läßt sich bezüglich der Reellwertigkeit der Näherungseigenwerte folgendes aussagen:

Satz 8. *Hat der Operator A einfache, isolierte Eigenwerte, so sind von einem gewissen n_0 an alle Eigenwertnäherungen (sowohl der Operatoren $A_n(\alpha)$ als auch der Operatoren $A_n{}^m(\alpha)$) für den Eigenwert λ_i des Operators A reell.*

Die Ergebnisse dieses Abschnittes rechtfertigen folgende Schlußfolgerungen:

Die Sätze 5 und 6 sagen aus, daß die Spektren der Operatoren $A_n(\alpha)$ bzw. $A_n^m(\alpha)$ für $\alpha \in [0; 0{,}5]$ Lipschitz-stetig von Ritzschen Näherungen (obere Schranken) zu Näherungen nach dem Bazley-Fox-Verfahren (untere Schranken) verlaufen, und mit Satz 7 erhält man die Aussage, daß die Spektren von $A_n(\alpha)$ bzw. $A_n^m(\alpha)$ für $\alpha \in [0{,}5; 1]$ von den Näherungen nach dem Bazley-Fox-Verfahren Lipschitz-stetig zu Ritzschen Näherungen zurückverlaufen, und zwar spiegelbildlich in der komplexen Ebene zu obiger Kurve. Damit ist also die Kurve für $\alpha \in [0, 1]$ geschlossen. Folglich existieren mindestens ein optimaler Parameterwert $\alpha_1^*(n, i) \in [0; 0{,}5]$ und ein $\alpha_2^*(n, i) \in [0{,}5; 1]$ so, daß der Realteil des i-ten Eigenwertes des Operators $A_n(\alpha)$ gleich dem i-ten Eigenwert des Operators A ist.

Die optimalen Parameterwerte α_1^* bzw. α_2^* hängen jedoch von n und dem entsprechenden Eigenwert λ_i ab, d. h., es gilt im allgemeinen

$$\left.\begin{aligned}&\alpha_1^*(1, i) \neq \alpha_1^*(2, i) \neq \cdots \neq \alpha_1^*(n, i) \neq \alpha_1^*(n+1, i) \neq \cdots,\\ &\alpha_1^*(n, 1) \neq \alpha_1^*(n, 2) \neq \cdots \neq \alpha_1^*(n, i) \neq \alpha_1^*(n, i+1) \neq \cdots.\end{aligned}\right\} \tag{14}$$

Damit dürften sich die optimalen Parameterwerte für numerisch günstige Effekte nicht ausnutzen lassen. Das erscheint erst dann möglich, wenn es gelingt, durch entsprechende Voraussetzungen an die Operatoren die Aussagen (14) schärfer zu fassen.

Literatur

[1] RITZ, W., Über eine neue Methode zur Lösung gewisser Variationsprobleme der mathematischen Physik, J. Reine u. Angew. Math. **135** (1909), 1–61.
[2] BAZLEY, N. W., Lower Bounds for Eigenvalues, J. Math. Mech. **2** (1961), 289–307.
[3] BAZLEY, N. W., and D. W. FOX, Truncations in the method of intermediate problems for lower bounds to eigenvalues, J. Res. Nat. Bur. Standards, Sect. B, **65** (1961), 105–111.
[4] KUHNERT, F., Relations between Rayleigh-Ritz and Bazley-Weinstein methods, Mathematics Report No. 71, Dez. 1972, Battelle Advanced Studies Center, Geneva.
[5] JÄHNIG, J., Über eine allgemeine Verfahrensklasse zur Eigenwert- und Eigenvektorberechnung, Dissertation, TH Karl-Marx-Stadt 1974.
[6] Позняк, Л. Т., Об оценке скорости сходимости одного варианта промежуточных задач, Ж. вычисл. матем. и матем. физ. **8** (1968), 1117–1132.
[7] Позняк, Л. Т., О сходимости процесса Базлея-Фокса и оценке скорости этой сходимости, Ж. вычисл. матем. и матем. физ. **9** (1969), 860–872.
[8] Позняк, Л. Т., О скорости сходимости метода промежуточной задач Базлея-Фокса в обобщенной проблеме собственных значений вида $Au = \lambda Cu$, Ж. вычисл. матем. и матем. физ. **10** (1970), 326–339.
[9] ДЖИШКАРИАНИ, А. В., О быстроте сходимости приближенного метода Ритца, Ж. вычисл. матем. и матем. физ. **3** (1963), 654–663.

Manuskripteingang: 10. 2. 1975

VERFASSER:
Dr. JÜRGEN JÄHNIG, Sektion Mathematik der Technischen Hochschule Karl-Marx-Stadt

Beiträge zur Numerischen Mathematik
5 (1976), 57–68

Zur Anwendung von Gradientenverfahren zur Optimierung eines dreisektoralen Prognosemodells für die Volkswirtschaft

Heinrich Jasinski und Peter Wagner

In der vorliegenden Arbeit werden ein bedingtes und projiziertes Gradientenverfahren auf ein dreisektorales Prognosemodell für die Volkswirtschaft angewandt. Dabei werden mathematische Grundlagen und rechentechnische Realisierungen untersucht. Es werden numerische Ergebnisse angegeben.

1. Problemstellung und Grundlagen

In Zusammenarbeit mit dem Ökonomischen Forschungsinstitut Berlin haben wir konkrete Realisierungen eines von Frau Dr. Biersack benutzten dreisektoralen Prognosemodells [1] untersucht. Das Prognosemodell geht aus von einer Aufteilung der Volkswirtschaft in die Sektoren

I. materialproduzierender Sektor,

II. investitionsmittelproduzierender Sektor,

III. konsumgüterproduzierender Sektor.

Die Summe aus den Produktionen der drei Sektoren bildet das gesellschaftliche Gesamtprodukt.

Man kann ökonomisch begründen, weshalb eine Darstellung der Volkswirtschaft in einem dreisektoralen Modell zweckmäßig ist. In diesem Modell erfolgt eine Widerspiegelung des erweiterten Reproduktionsprozesses durch eine mathematische Formulierung der Wechselbeziehungen zwischen

Produktion — Ersatzfonds — Nationaleinkommen,

Investitionen — Grundfonds,

Produktion — Arbeitskräfte.

Eine Hauptaufgabe ist dabei die Modellierung der Investitionen, die die Grundlage für die erweiterte Reproduktion bilden. Als Ergebnis dieser Modellierungsaufgabe erhält man ein System von drei Differenzengleichungen (Modellgleichungen).

Die Steuerparameter $u_i(t)$ des dreisektoralen Modells werden als Investitionsanteilkoeffizienten durch das Verhältnis der Neuinvestitionen im Sektor i zur Gesamtgröße der Neuinvestitionen im produktiven Bereich definiert ($i = 1, 2, 3$). Der Steuerbereich $U_1(t)$ im Jahre t wird durch zwei Bedingungen festgelegt:

1. Setzt man voraus, daß alle produzierten Investitionen auch vollständig eingesetzt werden, so müssen alle Anteile der Neuinvestitionen in den einzelnen Sektoren der Volkswirtschaft gerade die Gesamtgröße der Neuinvestitionen ergeben. Die entsprechenden Anteilkoeffizienten, die auf eine Einheit Neuinvestitionen bezogen sind und durch die Steuerparameter $u_i(t)$ charakterisiert werden, sind in ihrer Summe gleich 1.

2. Die Steuerparameter müssen nichtnegativ sein.

Schließlich können beim dreisektoralen Prognosemodell als Zielfunktionen betrachtet werden:
— entweder die kumulative Größe des Konsumtionsfonds bei zeitlicher Summation
— oder der Konsumtionsfonds im Endjahr.

Formuliert man für dieses Modell ein Optimierungsproblem, so ist die entsprechende Zielfunktion zu maximieren.

Für ein dreisektorales Prognosemodell kann ein diskretes Optimierungsproblem formuliert werden, das durch ein System von Differenzengleichungen (Modellgleichungen), einen zulässigen Steuerbereich und eine Zielfunktion charakterisiert ist. Für Lösungsverfahren ist es oft zweckmäßig, ein entsprechendes stetiges Optimierungsproblem zu untersuchen.

Mathematisches Modell

Die Modellgleichungen sind gegeben durch

$$\Delta g_i(t) = u_i(t)\,\{c_1 g_1(t-1) + c_2 g_2(t-1)\}, \qquad i = 1, 2, 3.$$

Dabei bedeuten

t	unabhängige Variable (Zeit), $t = 1, 2, \ldots, T$, $\Delta t = 1$,
i	Sektorindex, $i = 1, 2, 3$,
$g_i(t)$	Grundfondsbestand zu Beginn des Jahres t,
$g_i(0)$	Grundfondsbestand im Basisjahr,
$u_i(t)$	Steuerparameter (= Anteil der Neuinvestitionen eines Sektors pro Einheit Neuinvestitionen insgesamt),
c_1, c_2	Konstanten (Koeffizienten der Grundfondseffektivität).

Der Steuerbereich ist gekennzeichnet durch folgende Bedingungen:

a) die Summe der drei Steuerkomponenten ist 1,

b) alle Steuerkomponenten sind nichtnegativ,

c) aus der Materialgleichung folgt

$$0 \leqq u_2(t) \leqq u_2^{\max},$$
$$u_1(t) = a_1 + a_2 u_2(t),$$
$$u_3(t) = a_3 + a_4 u_2(t)$$

mit $a_1 + a_3 = 1$, $a_2 + a_4 = -1$, a_i: Konstanten, die ökonomisch bedingt sind.

Die Zielfunktion:

$$z = \sum_{t=1}^{T} g_3(t)$$

(kumulative Größe des Konsumtionsfonds) ist zu maximieren.

Es liegt ein diskretes Modell vor, das durch Differenzengleichungen beschrieben wird. Dabei treten drei Zustands- und eine Steuerkoordinate auf.

Nun soll das stetige Modell angegeben werden, das Ausgangspunkt für die folgenden numerischen Untersuchungen ist. Wir werden die Phasenkoordinaten (Grundfonds) mit $x_i(t)$, $i = 1, 2, 3$, bezeichnen, die Zeitverzögerung zunächst nicht berücksichtigen und eine zusätzliche Phasenkoordinate $x_4(t)$ einführen, um folgende Standardform der Problemstellung zu erhalten (stetiges Modell):

$$\dot{x}_1 = (a_1 + a_2 u_2)\,(c_1 x_1 + c_2 x_2),$$

$$\dot{x}_2 = u_2(c_1 x_1 + c_2 x_2),$$

$$\dot{x}_3 = (a_3 + a_4 u_2)\,(c_1 x_1 + c_2 x_2),$$

$$\dot{x}_4 = x_3, \qquad 0 \leqq t \leqq T,$$

mit gegebenen Anfangsbedingungen $x_i(0)$, $i = 1(1)4$, für die Phasentrajektorie. Es sei

$$U = \{u_2(t) \mid u_2(t) \text{ stückweise stetig in } 0 \leqq t \leqq T,\ 0 \leqq u_2(t) \leqq u_2^{\max}\}.$$

Die Zielfunktion $J = -x_4(T)$ ist zu minimieren.

Das eben formulierte Optimierungsproblem ist ein Sonderfall folgender Grundaufgabe:

$$\dot{x}(t) = f\big(t, x(t), u(t)\big), \quad t \in [t0, t1] = T, \tag{1}$$

$$x(t0) = x0,$$

$$u(t) \in U, \tag{2}$$

$$J(u) = F\big(x(t1)\big) \overset{!}{=} \underset{u(t)\in U}{\text{Minimum}} \tag{3}$$

mit

$$x = x(t) = (x_1, \ldots, x_n)^{\mathsf{T}}, \qquad u = u(t) = (u_1, \ldots, u_m)^{\mathsf{T}},$$

$$f = f\big(t, x(t), u(t)\big) = (f_1, \ldots, f_n)^{\mathsf{T}}.$$

(^{T} bedeutet Transponierung)

Es seien

$$f_i, \frac{\partial f_j}{\partial x_j} \quad \text{und} \quad \frac{\partial f_i}{\partial u_k}, \qquad i, j = 1(1)n,\ k = 1(1)m,$$

auf $T \times R^n \times R^m$ definiert und stetig,

$$F \quad \text{und} \quad \frac{\partial F}{\partial x_j}$$

auf R^n definiert und stetig. Das System (1) sei eindeutig nach x lösbar. Wir setzen die Existenz eines optimalen Regimes für das durch (1), (2), (3) beschriebene Problem voraus. Gegeben seien der Anfangs- und Endzeitpunkt $t0$ und $t1$ und der Anfangszustand $x0$ des Systems (1). Der Endzustand $x(t1)$ sei frei.

Der zulässige Steuerbereich U_1 sei abgeschlossen, beschränkt und konvex. Für die numerischen Untersuchungen benutzen wir folgenden Steuerbereich:

$$a_i(t) \leqq u_i(t) \leqq b_i(t), \qquad i = 1(1)\,m, \quad t \in T. \tag{4}$$

Für die numerische Behandlung der formulierten Grundaufgabe kann man verschiedene Verfahren anwenden. So unterscheidet man z. B. direkte und indirekte Verfahren. Die indirekten Verfahren basieren auf der Auswertung notwendiger Optimalitätsbedingungen. Die direkten Verfahren dienen zur Konstruktion einer Folge monoton fallender Funktionalwerte oder einer Minimalfolge. Direkte Verfahren sind vor allem dann günstiger, wenn die Existenz der optimalen Steuerung nicht bewiesen ist, denn die erzeugte Folge monoton abnehmender Funktionalwerte liefert eine für die Praxis verwendbare Näherungslösung. Unter einer Minimalfolge versteht man nach Tychonoff eine Folge zulässiger Steuerungen $\{u^{(n)}\}$, so daß

$$\lim_{n\to\infty} J(u^{(n)}) = \inf_{u\in U} J(u)$$

gilt.

Zu den direkten Verfahren gehören die im vorliegenden Artikel benutzten Gradientenverfahren.

2. Das bedingte Gradientenverfahren

2.1. *Mathematische Grundlagen*

Bei den meisten Aufgaben ist das zu minimierende Zielfunktional nichtlinear. Eine positive Eigenschaft des Verfahrens besteht darin, daß die ursprüngliche Aufgabenstellung auf die Lösung einer linearen Hilfsaufgabe (HA) in jedem Schritt zurückgeführt wird. Somit ist der Vorteil des Verfahrens vor allem bei nichtlinearem Zielfunktional offensichtlich.

Die mathematische Grundlage liefert der folgende Satz:

Voraussetzungen:

a) *U beschränkte, abgeschlossene, konvexe Menge eines Hilbertraumes H.*

b) *$J(u)$ differenzierbar auf U; $J'(u)$ Lipschitz-stetig mit Konstante $M > 0$.*

c) $\alpha_n = \min\{1; \gamma_n\big(J'(u^{(n)}), u^{(n)} - \overline{u}^{(n)}\big) \mid \| u^{(n)} - \overline{u}^{(n)}\|^2\}$, *wobei $\overline{u}^{(n)}$ berechnet wird aus*

(HA) $\quad \big(J'(u^{(n)}), \overline{u}^{(n)}\big) \leqq \big(J'(u^{(n)}), u\big)$ *für alle $u \in U$.*

Es gilt die Beziehung

$$0 < \varepsilon_1 \leqq \gamma_n \leqq \frac{2 - \varepsilon_2}{M}, \qquad \varepsilon_2 > 0.$$

Definiert man rekursiv eine Folge $\{u^{(n)}\}$ *durch*

$$u^{(n+1)} = u^{(n)} + \alpha_n(\bar{u}^{(n)} - u^{(n)}),$$

so gelten die Aussagen:

a) *Die Folge* $\{J(u^{(n)})\}$ *ist monoton fallend, und es gilt*

$$\lim_{n\to\infty} (J'(u^{(n)}), u^{(n)} - \bar{u}^{(n)}) = 0.$$

b) *Ist* $J(u)$ *konvex, so ist*

$$\lim_{n\to\infty} J(u^{(n)}) = \hat{J} = \inf_{u\in U} J(u),$$

und es gilt

$$J(u^{(n)}) - \hat{J} \leqq C/n,$$

d. h., *es existiert eine Teilfolge von* $\{u^{(n)}\}$, *die schwach gegen* $\hat{u}$ *konvergiert.*

c) *Ist* $J(u)$ *streng konvex und* $J'(u) \neq 0$, *dann konvergiert* $\{u^{(n)}\}$ *schwach gegen* $\hat{u}$.

d) *Ist* $J(u)$ *gleichmäßig konvex,* $J'(u) \neq 0$, *dann konvergiert* $\{u^{(n)}\}$ *stark gegen* $\hat{u}$.

e) *Ist* $J(u)$ *konvex,* $\|J'(u)\| \geqq \varepsilon > 0$, *so folgt daraus* $u^{(n)} \to \hat{u}$.

Beweis. Siehe [4].

Bemerkungen.

1. Die Berechnung von $\bar{u}^{(n)}$ ist identisch mit dem Lösen der linearen Hilfsaufgaben (HA) in jedem Schritt.

2. Die Formel zur Berechnung von α_n ist für numerische Zwecke im allgemeinen nicht geeignet, da für die Größe γ_n nur Schranken angegeben sind, für die meistens explizit keine Werte vorliegen.

2.2. Beschreibung des Algorithmus

Ausgehend vom Satz des Abschnittes 2.1 läßt sich allgemein folgender Algorithmus zur Lösung der Grundaufgabe formulieren:

1. Ausgangspunkt der Berechnung ist die Vorgabe einer sogenannten Anfangssteuerung $u^{(1)}$ aus der Menge U der zulässigen Steuerungen.

2. Mit $u^{(1)}$ wird dann das Zustandsdifferentialgleichungssystem $\dot{x} = f(t, x, u^{(1)})$ gelöst, und man erhält $x^{(1)}$. Wegen der Vorgabe von $x(t0) = x0$ erfolgt die Integration „vorwärts".

3. Mit $u^{(1)}$ und $x^{(1)}$ wird das adjungierte Differentialgleichungssystem gelöst, und man erhält $p^{(1)}$. Nach der Berechnung von $p(t1)$ erfolgt die Integration „rückwärts".

4. Mit $u^{(1)}$, $x^{(1)}$ und $p^{(1)}$ kann schließlich der zugehörige Funktionalwert $J(u^{(1)})$ berechnet werden, ebenso der negative Gradient $-J'(u^{(1)})$.

5. Die Vergleichssteuerung $\overline{u}^{(1)}$ ergibt sich aus der Lösung der linearen Hilfsaufgabe

$$\text{(HA)} \qquad \left(J'(u^{(1)}), \overline{u}^{(1)}\right) = \min_{u \in U} \left(J'(u^{(1)}), u\right).$$

(Bemerkung. Es gilt die Beziehung $J'(u) = -H_u$, die für die numerischen Berechnungen verwendet wurde.)

6. Berechnung der neuen Steuerung erfolgt nach der Formel

$$u^{(2)} = u^{(1)} + \alpha_1(\overline{u}^{(1)} - u^{(1)}).$$

7. Bestimmung der (für die jeweilige Berechnung) günstigsten Schrittweite: Nach Einsetzen von $u^{(2)}$ in das zu minimierende Funktional ist dieses nur noch von der Schrittweite α_1 abhängig, also $J(\alpha_1)$. Es bietet sich daher an, $J(\alpha_1)$ zu minimieren, und die dabei ermittelte Schrittweite ist am günstigsten. Im Rechenprogramm wurde dazu ein Fibonacci-Suchverfahren benutzt.

8. Abbruch erfolgt, wenn die relative Abweichung zweier aufeinanderfolgender Zielfunktionalwerte kleiner als ein vorgegebener Wert ε ist. Eine Verschlechterung des Zielfunktionalwertes gegenüber dem zuletzt berechneten Zielfunktionalwert ist ausgeschlossen.

Das bedingte Gradientenverfahren besteht also im wesentlichen aus zwei Teilaufgaben:

a) Lösen der linearen Hilfsaufgabe, wobei ein lineares Funktional zu minimieren ist;

b) Berechnung der Schrittweite α_i und Ermittlung der neuen Steuerung $u^{(i+1)}$

Für das bedingte Gradientenverfahren wurde das Rechenprogramm BEGRAD aufgestellt und in Algol programmiert. Die Rechnungen wurden auf einer Rechenanlage CDC 1604 durchgeführt.

Das benutzte Lösungsverfahren läßt sich auf Grund seiner Struktur in vier Teilprogramme zerlegen:

TP 1: Integration des Systems der Zustandsdifferentialgleichungen,
TP 2: Integration des Hilfssystems,
TP 3: Berechnung der neuen Steuerung,
TP 4: Abbruchtest und entsprechende Entscheidungen,

und es wurden folgende Prozeduren verwendet:

FKT — enthält die Zustandsdifferentialgleichungen des zu optimierenden Systems,
RKU — Integration zur Berechnung der Phasentrajektorie „vorwärts“,
ZIELF — berechnet den jeweiligen Zielfunktionalwert,
ENDP — berechnet die Endwerte der adjungierten Differentialgleichungen,
FKTP — enthält die adjungierten Differentialgleichungen,
RKUP — Integration des adjungierten Systems „rückwärts“,
GRAD — Berechnung des Gradienten,
FKTAL — Berechnung des Zielfunktionals für die spezielle Aufgabe,

BENU — berechnet die Vergleichssteuerung durch Lösen der linearen Hilfsaufgabe,

FIBO — berechnet die neue Steuerung durch Lösen einer Optimierungsaufgabe bezüglich der Schrittweite.

3. Das projizierte Gradientenverfahren

3.1. Mathematische Grundlagen

Beim bedingten Gradientenverfahren wurde durch die Lösung einer linearen Hilfsaufgabe eine zulässige Vergleichssteuerung ermittelt. Die neue zulässige Steuerung ist eine konvexe Linearkombination der „alten" Steuerung und der Vergleichssteuerung. Beim projizierten Gradientenverfahren wird eine neue zulässige Steuerung $u^{(i+1)}$ durch Anwendung eines Projektionsoperators auf die nach der Gradientenmethode berechnete Steuerung $u^{(i)} - \lambda_i J'(u^{(i)})$ bestimmt. Das Iterationsverfahren hat also die Form

$$u^{(i+1)} = P_u\big(u^{(i)} - \lambda_i J'(u^{(i)})\big),$$

wobei $\lambda_i \geqq 0$ eine geeignete Schrittweite und P_u ein Projektionsoperator auf U ist. Dabei soll dieser durch folgende Beziehung definiert werden:

$$\|P_u v - v\| = \min_{u \in U} \|u - v\|, \qquad v \in H,$$

wobei U eine konvexe, beschränkte und abgeschlossene Teilmenge eines Hilbertraumes H ist.

Ist $v \in U$, dann gilt $P_u v = v$; ist $v \notin U$, dann wird v auf den Rand von U projiziert.

Für den Steuerbereich (4) hat der Projektionsoperator folgende Form:

$$P_u(v_i(t)) = \begin{cases} a_i(t), & \text{falls } v_i(t) \leqq a_i(t), \\ v_i(t), & \text{falls } a_i(t) < v_i(t) < b_i(t), \\ b_i(t), & \text{falls } b_i(t) \leqq v_i(t), \end{cases}$$

$$v \in H,\ i = 1(1)m.$$

Für die Beschränkung

$$\int_{t0}^{t1} a^{\mathsf{T}}(t)\, u(t)\, dt \leq c$$

hat die Methode des projizierten Gradienten die Form

$$u^{(i+1)}(t) = u^{(i)}(t) - \lambda_i f'(u^{(i)}) + \mu_i a(t),$$

wobei $\mu_i = 0$ ist, falls $u^{(i)} - \lambda_i f'(u^{(i)})$ zulässig ist, sonst muß aus der Bedingung

$$\int_{t0}^{t1} a^{\mathsf{T}}(t)\, u^{(i+1)}(t)\, dt = c$$

die Größe μ_i berechnet werden.

Für komplizierte Steuerbereiche ist es im allgemeinen schwierig, den Projektionsoperator zu bestimmen.

Für das projizierte Gradientenverfahren gilt folgender Satz (siehe Poljak und Levitin [4]):

Voraussetzungen:

a) *U beschränkt, abgeschlossen, konvex;*

b) *$J(u)$ differenzierbar auf U;*

c) $\|J'(u) - J'(y)\| \leqq \dfrac{M}{2} \cdot \|u - y\|$;

d) $0 < \varepsilon_1 \leqq \lambda_n \leqq \dfrac{2}{M + 2\varepsilon_2}, \quad \varepsilon_2 > 0.$

Definiert man eine Folge $\{u^{(n)}\}$ durch die oben genannte Rekursionsbeziehung, dann gelten die Behauptungen:

a) *$J(u^{(n)})$ ist monoton fallend und* $\lim\limits_{n\to\infty} \|u^{(n+1)} - u^{(n)}\| = 0.$

b) *Ist $J(u)$ konvex, dann gilt*

$$\lim_{n\to\infty} J(u^{(n)}) = \hat{J} = \inf_{u\in U} J(u),$$

wobei $J(u^{(n)}) - \hat{J} \leqq C/n$ ist, und es existiert eine Teilfolge von $\{u^{(n)}\}$, die schwach gegen $\hat{u}$ konvergiert.

c) *Falls $J(u)$ streng konvex und $J'(u) \neq 0$ auf U ist, dann konvergiert $\{u^{(n)}\}$ schwach gegen $\hat{u}$ und $\hat{u}$, ist eindeutig.*

d) *Falls $J(u)$ gleichmäßig konvex ist, $J'(u) \neq 0$, dann konvergiert $\{u^{(n)}\}$ stark gegen $\hat{u}$.*

e) *Ist $J(u)$ zweimal differenzierbar und gilt*

$$m \cdot \|y\|^2 \leqq \big(J''(u)\, y, y\big) \leqq M \cdot \|y\|^2, \qquad m > 0,$$

für alle $u \in U$, dann konvergiert $\{u^{(n)}\}$ gegen $\hat{u}$ mit der Geschwindigkeit einer geometrischen Reihe. Für $0 < \lambda_n < 2/M$ gilt

$$\|u^{(n)} - \hat{u}\| \leqq c(u^{(0)}, \varepsilon)\, (q + \varepsilon)^n$$

mit $q = \max\{|1 - \lambda_n m|, |1 - \lambda_n M|\}$, $0 \leqq q < 1$.

3.2. *Beschreibung des Algorithmus*

Bei der Anwendung des projizierten Gradientenverfahrens zur Lösung eines Optimierungsproblems mit konzentrierten Parametern besteht für verschiedene Teile des Verfahrens eine völlige Übereinstimmung mit dem bedingten Gradientenverfahren.

Deshalb werden in diesem Kapitel die Teile des Algorithmus, die in beiden Verfahren gleich sind, nur genannt, und es sei auf die entsprechenden Stellen in Kapitel 2 verwiesen.

Somit läßt sich folgender Algorithmus formulieren:

1. Vorgabe einer Anfangssteuerung,
2. Berechnung der Phasentrajektorie,
3. Berechnung der adjungierten Trajektorie,
4. Berechnung des Zielfunktionalwertes und des Gradienten,
5. $u^{(i)}$ bezeichne die „alte" Steuerung und $u^{(i+1)}$ die „neue". Zur Bestimmung von $u^{(i+1)}$ dient die Formel

$$u^{(i+1)} = P_U\big(u^{(i)} - \lambda_i J'(u^{(i)})\big).$$

Daraus geht hervor, daß in diesem Teil des Algorithmus die Schrittweite bestimmt und die Projektion durchgeführt werden muß. Zunächst einige Bemerkungen zur Schrittweite: Da oft nicht bekannt ist, welchen Wert die Lipschitz-Konstante M hat (vgl. obigen Satz), macht es sich erforderlich, für λ einen Schätzwert anzunehmen und, falls eine Verschlechterung des Funktionalwertes eintritt, diesen abzuändern, z. B. zu verkleinern. Das wiederum erfordert natürlich eine oder mehrere Iterationsschritte zusätzlich und ist offensichtlich ein numerischer Nachteil des Verfahrens.

Nach dem Festlegen der Schrittweite ist der Term, auf den der Projektionsoperator angewendet werden soll, eindeutig bestimmt. Der Projektionsoperator selbst ist direkt von der Struktur des Steuerbereiches U_1 abhängig, d. h., er muß für verschiedene U_1 jedesmal neu bestimmt werden. P_U ist also von der zu lösenden Aufgabe abhängig. Das vorliegende Rechenprogramm dient zur Lösung von Problemen mit Steuerbereichen der Form (4). Mit der ermittelten Steuerung wird der neue Zielfunktionalwert errechnet.

6. Abbruch erfolgt ebenfalls wie beim bedingten Gradientenverfahren, wenn die relative Abweichung zweier aufeinanderfolgender Funktionalwerte kleiner als ein vorgegebener Wert ε ist.

Das projizierte Gradientenverfahren besteht im wesentlichen aus zwei Teilaufgaben:

a) Bestimmung der Schrittweite;

b) Ermittlung der neuen Steuerung durch Projektion.

Für das projizierte Gradientenverfahren wurde das Rechenprogramm PROGRAD aufgestellt und ebenfalls in der speziellen ALGOL-Version für die CDC 1604 programmiert.

Der Unterschied beider Verfahren liegt nur bei der Berechnung der neuen Steuerung, also im TP 3. Es werden auch die gleichen Prozeduren verwendet, mit Ausnahme von BENU und FIBO, die zur Berechnung der neuen Steuerung dienten. Zur Ermittlung der neuen Steuerung wird die Schrittweite zunächst mit h festgelegt. Aus der Prozedur GRAD erhält man den Gradienten in Abhängigkeit von $p^{(0)}$

und $x^{(0)}$, so daß

$$u^{(1)} = u^{(0)} + hH_u(x^{(0)}, p^{(0)})$$

berechnet werden kann. Die Steuerung $u^{(1)}$ liegt möglicherweise nicht im vorgegebenen Steuerbereich U_1. Deshalb erfolgt nun die Projektion.

Mit der so ermittelten Steuerung wird mittels ZIELF das Differentialgleichungssystem integriert und der Funktionalwert bestimmt. Da bei dem projizierten Gradientenverfahren eine Verschlechterung des Funktionalwertes eintreten kann, folgt nicht unmittelbar TP 4, sondern es wird vorher getestet, ob $J^{(1)} > J^{(0)}$ ist. Wenn ja, dann bedeutet das Verschlechterung, und es besteht die Möglichkeit, durch Änderung der Schrittweite eine Verbesserung zu erzielen.

4. Anwendung der Gradientenverfahren zur Optimierung des dreisektoralen Modells

Das dreisektorale Modell wurde mit den folgenden gegebenen Größen untersucht:

$$\begin{aligned}
x_1(0) &= 119580,\\
x_2(0) &= 19356,\\
x_3(0) &= 78286,\\
x_4(0) &= 0,\\
c_1 &= -0{,}097,\\
c_2 &= 0{,}919,\\
a_1 &= 0{,}511,\\
a_2 &= 0{,}190,\\
a_3 &= 0{,}489,\\
a_4 &= -1{,}190,\\
u_2^{\max} &= 0{,}411
\end{aligned}$$

für $T = 10$.

Die Ergebnisse der Berechnungen mittels des Verfahrens von KRYLOV-ČERNOUS'KO sind ausführlich in der Arbeit [2] angegeben. Wir erhielten folgende optimale Steuerung:

$$u \operatorname{opt}_2(t) = \begin{cases} u_2^{\max} & \text{für } 0 \leqq t < 5, \\ 0 & \text{für } 5 \leqq t \leqq 10. \end{cases} \tag{5}$$

Der Wert des Zielfunktionals beträgt -959629. (Der maximale Wert der kumulativen Größe des Konsumtionsfonds ist 959629.)

Das bedingte Gradientenverfahren wurde, ebenso wie das projizierte, am Beispiel des dreisektoralen Prognosemodells erprobt. Dazu war es notwendig, die Unterprogramme FKT, FKTP, ENDP und FKTAL entsprechend zu formulieren. Außerdem muß die Anfangssteuerung $u^{(0)}$ vorgegeben werden.

Mit dem bedingten Gradientenverfahren wurden folgende Aufgaben gelöst:

Beispiel 1. $u_2^{(0)}(t) = 0,\ t = 0(1)10$

Iteration	Zielfunktionalwert
0	−911992
1	−959629
2	−959629

Beispiel 2. $u_2^{(0)}(t) = u_2^{\max} = 0{,}411,\ t = 0(1)10$

Iteration	Zielfunktionalwert
0	−782749
1	−914502
2	−959245
3	−959629

Beispiel 3. $u_2^{(0)}(t) = \begin{cases} 0{,}411 & \text{für } t = 0(1)2, \\ 0 & \text{für } t = 3(1)10 \end{cases}$

Iteration	Zielfunktionalwert
0	−950666
1	−959627
2	−959629

Beispiel 4. $u_2^{(0)}(t) = 0{,}2,\ t = 0(1)10$

Iteration	Zielfunktionalwert
0	−909005
1	−950666
2	−959629
3	−959629

Bei der Anwendung des bedingten Gradientenverfahrens ergaben sich keine Schwierigkeiten bezüglich der Konvergenz. Bei den Testrechnungen mit verschiedenen Anfangssteuerungen wurde nach wenigen Iterationen stets die optimale Steuerung (5) berechnet.

Das projizierte Gradientenverfahren lieferte mit den Anfangssteuerungen des Beispiels 1 folgende Ergebnisse:

Iteration	Zielfunktionalwert
0	−911992
1	−959629
2	−959629

Mit der vorliegenden Arbeit wollen wir einen Beitrag zur Anwendung mathematischer Methoden auf praktische Probleme bringen. Eine Auswertung der Ergebnisse aus ökonomischer Sicht erfolgte in [2]. Numerische Untersuchungen zu verbesserten dreisektoralen Modellen wurden von uns in [3] geführt.

Literatur

[1] BIERSACK, B., Dynamisches Modell zur Prognostizierung materieller Grundproportionen, Beiträge zur Theorie und Praxis des ÖFI 2/71.
[2] JASINSKI, H., und P. WAGNER, Über eine Anwendung eines numerischen Verfahrens zur Optimierung von Systemen mit konzentrierten Parametern auf ein dreisektorales Prognosemodell, in: III. Internationale wiss. Tagung „Mathematik und Kybernetik in der Ökonomie", Verlag Die Wirtschaft, Berlin 1974.
[3] JASINSKI, H., und P. WAGNER, Zur Optimierung eines dreisektoralen Prognosemodells für die Volkswirtschaft, Wiss. Z. TH Merseburg **16** (1974), Heft 3.
[4] ЛЕВИТИН, Е. С., и Б. Т. Поляк, Методы минимизации при наличии органичений, Ж. вычисл. матем. и. матен. физ. **6** (1966), 787–823.

Manuskripteingang: 4. 11. 1974

VERFASSER:

Dr. rer. nat. HEINRICH JASINSKI und Dr. rer. nat. PETER WAGNER, Sektion Mathematik und Rechentechnik der Technischen Hochschule „Carl Schorlemmer" Leuna–Merseburg

Beiträge zur Numerischen Mathematik
5 (1976), 69–76

Über ein Differenzenverfahren zur Lösung spezieller Integrodifferentialgleichungen

Horst Kretzschmar

Zu Beginn der 60iger Jahre gab Marčuk [1] (vgl. auch Tichonov, Samarskij [2]) eine Methode an, wie auf einer Mindestanzahl von Stützstellen[1]) ein Differenzenoperator konstruiert werden kann, der eine vorgegebene Differentialgleichung mit höherer Ordnung approximiert. Diese Methode wird im allgemeinen als sehr effektiv angesehen, da die Erhöhung der Approximationsordnung der entsprechenden Differenzengleichung keinen wesentlichen numerischen Mehraufwand bei deren rechnerischen Realisierung nach sich zieht. In dem vorliegenden Artikel wird diese Idee aufgegriffen und auf den Fall von Integrodifferentialgleichungen verallgemeinert, wobei ersichtlich wird, daß die entstehenden Differenzengleichungen qualitativ neue Merkmale aufweisen; es wird ferner gezeigt, daß diese Schemata auch vom Standpunkt der Stabilität (im Sinne von Gawurin [3]) zur numerischen Lösung von Integrodifferentialgleichungen sehr geeignet sind.

1. Aufgabenstellung

Gegeben sei die „Modell"-Gleichung

$$-\big(p(x)\,u'(x)\big)' + q(x)\,u(x) + \int_0^1 K(x,t)\,u(t)\,dt = f(x) \qquad (0 < x < 1). \tag{1}$$

Wir suchen eine Lösung der Gleichung (1) unter den Randbedingungen

$$u(0) = u(1) = 0, \tag{2}$$

wobei wir der Einfachheit wegen annehmen wollen, daß die Funktionen $p(x) \geqq p_0 > 0$, $q(x) \geqq 0$, $f(x)$ und $K(x,t)$ genügend glatt (hinreichend oft stetig differenzierbar) sind. Ferner sei $K(x,t)$ als hinreichend betragsklein vorausgesetzt, so daß die Aufgabe (1), (2) eine eindeutige (glatte) Lösung besitzt (man vgl. auch Michlin [5]).

[1]) Hierunter ist zu verstehen, daß zur Approximation einer k-ten Ableitung $k+1$ Stützstellen verwendet werden.

2. Über eine Integraldarstellung der Ausgangsaufgabe

Durch zweimaliges Durchintegrieren der Integrodifferentialgleichung (1) erhalten wir eine Gleichung, die keine Differentialausdrücke, sondern nur noch Integralausdrücke enthält und einer späteren numerischen Behandlung zugänglicher ist.

Satz 1. *Es seien* $0 \leqq x_{k-1} \leqq x_{k-1/2} < x_k < x_{k+1/2} \leqq x_{k+1} \leqq 1$ *gegebene Punkte des Intervalls* $0 \leqq x \leqq 1$. *Dann gilt folgende Identität:*

$$\frac{u(x_{k+1}) - u(x_k)}{\int\limits_{x_k}^{x_{k+1}} \frac{dx}{p(x)}} - \frac{u(x_k) - u(x_{k-1})}{\int\limits_{x_{k-1}}^{x_k} \frac{dx}{p(x)}} - \frac{1}{\int\limits_{x_k}^{x_{k+1}} \frac{dx}{p(x)}} \int\limits_{x_k}^{x_{k+1}} \frac{dx}{p(x)} \int\limits_{x_{k+1/2}}^{x} \Phi(s)\, ds$$

$$+ \frac{1}{\int\limits_{x_{k-1}}^{x_k} \frac{dx}{p(x)}} \int\limits_{x_{k-1}}^{x_k} \frac{dx}{p(x)} \int\limits_{x_{k-1/2}}^{x} \Phi(s)\, ds - \int\limits_{x_{k-1/2}}^{x_{k+1/2}} \Phi(s)\, ds = 0 \tag{3}$$

mit

$$\Phi(s) = q(s)\, u(s) - f(s) + \int\limits_0^1 K(s, t)\, u(t)\, dt. \tag{4}$$

Der Beweis dieser Behauptung ist im Fall $K(s, t) \equiv 0$ von Marčuk [1] angegeben worden (man vgl. auch Babuška, Prager und Vitásek [4]); für $K(s, t) \not\equiv 0$ verläuft die Beweisführung analog.

3. Konstruktion von Differenzengleichungen

Wir geben jetzt einige Möglichkeiten an, wie sich durch Approximation der in Formel (3) stehenden Integrale durch Quadraturformeln Differenzengleichungen gewinnen lassen, die geeignet sind, die Aufgabe (1), (2) näherungsweise zu lösen.

Beispiel 1. Es sei $p(x) \in C^3[0 \leqq x \leqq 1]$; $q(x), f(x) \in C^2[0 \leqq x \leqq 1]$ und $K(x, t) \in C^2[0 \leqq x, t \leqq 1]$.[1]) Ferner gelte wie oben $p(x) \geqq p_0 > 0$, $q(x) \geqq 0$, und $K(x, t)$

[1]) $C^n[\Omega]$ — Raum der auf der Punktmenge Ω n-mal stetig differenzierbaren Funktionen.

sei hinreichend betragsklein. Wir ersetzen näherungsweise für $k = 1, 2, \ldots, n-1$ $(h = 1/n)$

$$\int_{x_k}^{x_{k+1}} \frac{dx}{p(x)} \approx \frac{h}{p(x_{k+1/2})}, \quad \int_{x_k}^{x_{k+1}} \frac{dx}{p(x)} \int_{x_{k+1/2}}^{x} \Phi(s)\, ds \approx 0, \quad \int_{x_{k-1/2}}^{x_{k+1/2}} \Phi(s)\, ds \approx h\Phi(x_k),$$

wobei

$$\Phi(x_k) \approx q(x_k)\, u(x_k) - f(x_k) + h \sum_{i=0}^{n-1} \alpha_{k,i}^{(1)} K(x_k, x_i)\, u(x_i) \qquad (k = 0, 1, \ldots, n)$$

ist.[1]) Setzen wir diese Näherungen in die Identität (3) ein, so erhalten wir eine Differenzengleichung der Form

$$A_h y_h - B_h g_h = 0 \tag{5}$$

mit

$$A_h = L_{1h} + B_h Q_h + h B_h K_h, \quad B_h = \operatorname{diag}[0, 1, 1, \ldots 1, 0],$$

$$Q_h = \operatorname{diag}[q_0, q_1, \ldots, q_n],$$

$$L_{1h} = \frac{1}{h^2} \begin{bmatrix} 1 & & & & \\ -p_{1/2} & (p_{1/2} + p_{3/2}) & -p_{3/2} & & 0 \\ \cdot & \cdot & \cdot & \cdot & \cdot \\ 0 & -p_{n-3/2} & (p_{n-3/2} + p_{n-1/2}) & -p_{n-1/2} & \\ & & & & 1 \end{bmatrix},$$

$$K_h = \begin{bmatrix} 1/2K_{0,0} & K_{0,1} & K_{0,2} & \ldots & K_{0,n-1} & 1/2K_{0,n} \\ 1/2K_{1,0} & K_{1,1} & K_{1,2} & \ldots & K_{1,n-1} & 1/2K_{1,n} \\ \cdot & \cdot & \cdot & & \cdot & \cdot \\ \cdot & \cdot & \cdot & & \cdot & \cdot \\ \cdot & \cdot & \cdot & & \cdot & \cdot \\ 1/2K_{n,0} & K_{n,1} & K_{n,2} & \ldots & K_{n,n-1} & 1/2K_{n,n} \end{bmatrix}, \quad g_h = (f_0, f_1, \ldots, f_n)^{\mathsf{T}},$$

$$y_h = (y_0, y_1, \ldots, y_n)^{\mathsf{T}}, \qquad y_k \approx u(x_k), \qquad y_0 = y_n = 0,$$

$$p(x_{k+1/2}) = p_{k+1/2}, \quad f(x_k) = f_k, \quad q(x_k) = q_k, \quad K(x_k, x_i) = K_{k,i}$$

$$(i, k = 0, \ldots, n).$$

Beispiel 2 (n sei durch 2 teilbar). Es sei jetzt $p(x) \in C^5[0 \leqq x \leqq 1]$; $q(x), f(x) \in C^4[0 \leqq x \leqq 1]$, $K(x, t) \in C^4[0 \leqq x, t \leqq 1]$ und hinreichend betragsklein; $p(x)$

[1]) $\alpha_{k,i}^{(j)}$ bezeichnet die Approximationsgewichte der Trapezregel $(j = 1)$ (der Simpsonregel $(j = 2)$).

$\geqq p_0 > 0$, $q(x) \geqq 0$. Für $k = 1, 2, \ldots, n-1$ setzen wir

$$\int_{x_k}^{x_{k+1}} \frac{dx}{p(x)} \approx \frac{h}{6}\left(\frac{1}{p(x_k)} + \frac{4}{p(x_{k+1/2})} + \frac{1}{p(x_{k+1})}\right), \tag{6}$$

$$\int_{x_k}^{x_{k+1}} \frac{dx}{p(x)} \int_{x_{k+1/2}}^{x} \Phi(s)\,ds \approx \frac{h^2}{48}\left[-\frac{1}{p(x_k)}\bigl(3\Phi(x_k) + \Phi(x_{k+1})\bigr) + \frac{1}{p(x_{k+1})}\bigl(\Phi(x_k) + 3\Phi(x_{k+1})\bigr)\right], \tag{7}$$

$$\int_{x_{k-1/2}}^{x_{k+1/2}} \Phi(s)\,ds \approx \frac{h}{24}\bigl(\Phi(x_{k-1}) + 22\Phi(x_k) + \Phi(x_{k+1})\bigr), \tag{8}$$

$$\Phi(x_k) \approx q(x_k)\,u(x_k) - f(x_k) + h\sum_{i=0}^{n} \alpha_{k,i}^{(2)} K(x_k, x_i)\,u(x_i).$$

Unter Zuhilfenahme der Formeln (6), (7) und (8) ergibt sich aus der Identität (3) das System

$$A_h y_h - B_h g_h = 0 \tag{9}$$

mit

$$A_h = L_{2h} + B_h Q_h + h B_h K_h,$$

$$L_{2h} = \frac{1}{h^2}\begin{bmatrix} 1 & & & & 0 \\ -\overline{p}_{1/2} & (\overline{p}_{1/2} + \overline{p}_{3/2}) & -\overline{p}_{3/2} & & \\ \cdot & \cdot & \cdot & \cdot & \cdot \\ & & -\overline{p}_{n-3/2} & (\overline{p}_{n-3/2} + \overline{p}_{n-1/2}) & -\overline{p}_{n-1/2} \\ 0 & & & & 1 \end{bmatrix},$$

$$\overline{p}_{k-1/2} = \frac{6}{\dfrac{1}{p_{k-1}} + \dfrac{4}{p_{k-1/2}} + \dfrac{1}{p_k}}, \qquad Q_h = \operatorname{diag}[q_0, q_1, \ldots, q_n],$$

$$K_h = \frac{1}{3}\begin{bmatrix} K_{0,0} & 4K_{0,1} & \ldots & 2K_{0,n-2} & 4K_{0,n-1} & K_{0,n} \\ \cdot & \cdot & & \cdot & \cdot & \cdot \\ \cdot & \cdot & & \cdot & \cdot & \cdot \\ \cdot & \cdot & & \cdot & \cdot & \cdot \\ K_{n,0} & 4K_{n,1} & \ldots & 2K_{n,n-2} & 4K_{n,n-1} & K_{n,n} \end{bmatrix},$$

$$B_h = \begin{bmatrix} 0 & 0 & 0 & & & 0 \\ b_{1,0} & b_{1,2} & b_{1,3} & & & \\ \cdot & \cdot & \cdot & \cdot & \cdot & \cdot \\ & & b_{n-1,n-2} & & b_{n-1,n-1} & b_{n-1,n} \\ & 0 & 0 & & 0 & 0 \end{bmatrix},$$

$$b_{k,k-1} = \frac{1}{24} + \frac{1}{48}\,\overline{p}_{k-1/2}\left(\frac{3}{p_{k-1}} - \frac{1}{p_k}\right),$$

$$b_{k,k} = \frac{11}{12} + \frac{1}{48}\,\overline{p}_{k-1/2}\left(\frac{1}{p_{k-1}} - \frac{3}{p_k}\right) + \frac{1}{48}\,\overline{p}_{k+1/2}\left(\frac{1}{p_{k+1}} - \frac{3}{p_k}\right),$$

$$b_{k,k+1} = \frac{1}{24} + \frac{1}{48}\,\overline{p}_{k+1/2}\left(\frac{3}{p_{k+1}} - \frac{1}{p_k}\right) \qquad (k = 1, \ldots, n-1),$$

$$g_h = (f_0, f_1, \ldots, f_n)^{\mathsf{T}}, \quad y_h = (y_0, y_1, \ldots, y_n)^{\mathsf{T}}, \quad y_0 = y_n = 0.$$

4. Einige Eigenschaften der Differenzenoperatoren A_h

Wir bringen zunächst die Aufgabe (1), (2) in die Form

$$Au = f, \tag{10}$$

wobei A einen Operator bezeichnet, der durch die linke Seite der Gleichung (1) und die Randbedingungen (2) definiert wird und den reellen Hilbertraum $H = L^2[0, 1]$ mit dem Skalarprodukt

$$(u, v) = \int_0^1 u(x)\, v(x)\, dx \quad (u, v \in H)$$

und der Norm $\|u\| = (u, u)^{1/2}$ in sich abbildet. Es sei ferner H_h ein (vom Parameter h abhängiger) Hilbertraum mit dem Skalarprodukt

$$(y_h, v_h) = \sum_{i=0}^{n} y_i v_i h$$

und der Norm $\|y_h\| = (y_h, y_h)^{1/2}$ $(y_h, v_h \in H_h)$. Die Operatoren A_h der Systeme (5) bzw. (9) betrachten wir als Abbildungen des Raumes H_h in sich. Wir setzen ferner voraus, daß es lineare Operatoren φ_h gibt, so daß $\varphi_h u = u_h \in H_h$ gilt, wenn $u \in H$ ist. Schließlich betrachten wir neben dem Schema (5) (bzw. (9)) das „gestörte" System

$$(A_h + \Gamma_h)\, \tilde{y}_h = (B_h g_h + \delta_h) \tag{11}$$

mit der Lösung $\tilde{y}_h \in H_h$. Die durch Γ_h und δ_h bezeichneten Störungen des Operators A_h bzw. der rechten Seite $B_h g_h$ der Gleichung (11) sollen derart sein, daß

$$\lim_{h\to 0} \frac{\|\Gamma_h\|}{h^2\|A_h\|} = \lim_{h\to 0} \frac{\|\delta_h\|}{\|B_h g_h\|} = 0$$

gilt, wobei $\|A_h\|^2 = \lambda_{\max}(A_h{}^{\mathsf{T}} A_h)$ ist und $\lambda_{\max}(A_h{}^{\mathsf{T}} A_h)$ den größten Eigenwert des Operators $A_h{}^{\mathsf{T}} A_h$ bezeichnet; die Größe $\|\Gamma_h\|$ definieren wir entsprechend.

Dann besitzen die Operatoren A_h folgende Eigenschaften:

1⁰. Die Schemata (5) bzw. (9) approximieren die Aufgabe (1), (2), und es gilt

$$\|A_h u_h - A_h y_h\| = \begin{cases} O(h^2) & \text{im Fall des Beispiels 1,} \\ O(h^4) & \text{im Fall des Beispiels 2.} \end{cases} \tag{12}$$

2⁰. Die Folgen

$$\|A_h^{-1}\|, \quad h^2\,\|A_h^{-1}\| \cdot \|A_h\| \tag{13}$$

sind für $h \to 0$ gleichmäßig beschränkt, wenn nur für $h \leqq h_0$ die Bedingung

$$Q_0 + K_0 < 8p_0 \tag{14}$$

erfüllt ist $\left(Q_0 = \max\limits_{0\leqq x\leqq 1} q(x),\, K_0 = \max\limits_{0\leqq x,t\leqq 1} |K(x,t)|,\, p_0 = \min\limits_{0\leqq x\leqq 1} p(x)\right)$.

Bemerkung. Die Behauptung 1⁰ fällt im Fall $K(x, t) \equiv 0$ mit einem Resultat zusammen, daß z. B. bei Babuška [4] zu finden ist. Im Fall $K(x, t) \not\equiv 0$ erhalten wir in der Formel (4) einen nichtverschwindenden Integralanteil, der sowohl bei Beispiel 1 als auch bei Beispiel 2 mit der bezüglich h gleichen Ordnung approximiert wird wie die übrigen Integralanteile der Identität (3). Damit ist die Behauptung 1⁰ offensichtlich. Zur Verifizierung der Behauptung 2⁰ betrachten wir wieder zunächst den Fall $K(x, t) \equiv 0$ und benutzen ein von Samarskij [6] formuliertes Ergebnis. Er zeigte, daß für $h \leqq h_0$

$$\|L_{\alpha h}\| < \frac{4P_0}{h_2}, \quad \|L_{\alpha h}^{-1}\| \leqq 8p_0 \quad \left(P_0 = \max_{0\leqq x\leqq 1} p(x),\, \alpha = 1, 2\right) \tag{15}$$

gilt. Mit diesem Resultat und der Forderung (14) lassen sich dann leicht die Abschätzungen (13) zeigen.

Schließlich folgt aus der Approximationsbedingung 1⁰ und der Stabilitätsbedingung 2⁰ die Konvergenz der Näherungslösung $\tilde{y}_h$ gegen die Lösung der Aufgabe (1), (2); es gilt

$$\frac{\|u_h - \tilde{y}_h\|}{\|\tilde{y}_h\|} = \begin{cases} O(h^2) & \text{im Fall des Beispiels 1,} \\ O(h^4) & \text{im Fall des Beispiels 2.} \end{cases}$$

(Man vgl. Gawurin [3].)

5. Numerische Beispiele

Beispiel 1. $p(x) = q(x) = 1$, $K(x, t) = 1/10$, $f(x) = x^2 + 121/60$, $u(x) = x - x^2$. Offensichtlich sind hier die Funktionen $p(x), q(x), f(x)$ und $K(x, t)$ dergestalt, daß das Schema (9) die Aufgabe (1), (2) exakt approximiert, das Schema (5) dagegen nicht.

Tabelle 1

	Lösung der Gleichung			
	(5)	(5)	(9)	
x	für			genaue Lösung
	$h = 1/10$	$h = 1/30$	$h = 1/10$	
0,1	0,09000678	0,09000105	0,09000000	0,09000000
0,2	0,16001198	0,16000187	0,16000000	0,16000000
0,3	0,21001564	0,21000242	0,21000000	0,21000000
0,4	0,24001781	0,24000272	0,24000000	0,24000000
0,5	0,25001851	0,25000278	0,25000000	0,25000000
0,6	0,24001777	0,24000261	0,24000000	0,24000000
0,7	0,21001559	0,21000223	0,21000000	0,21000000
0,8	0,16001193	0,16000167	0,16000000	0,16000000
0,9	0,09000675	0,09000092	0,09000000	0,09000000
	$1{,}8 \cdot 10^{-5}$	$4{,}4 \cdot 10^{-6}$	kleiner als 10^{-8}	abs. Fehler

Beispiel 2. $p(x) = q(x) = 1$, $K(x, t) = 10$, $f(x) = x - x^2 + 11/3$, $u(x) = x - x^2$

Tabelle 2

	Lösung der Gleichung			
	(5)	(5)	(9)	
x		für		genaue Lösung
	$h = 1/10$	$h = 1/30$	$h = 1/10$	
0,1	0,09039019	0,09004393	0,09000000	0,09000000
0,2	0,16069468	0,16007774	0,16000002	0,16000000
0,3	0,21090803	0,21010164	0,21000004	0,21000000
0,4	0,24103520	0,24011575	0,24000004	0,24000000
0,5	0,25107745	0,25012027	0,25000005	0,25000000
0,6	0,24103521	0,24011526	0,24000004	0,24000000
0,7	0,21090806	0,21010085	0,21000003	0,21000000
0,8	0,16069170	0,16007697	0,16000003	0,16000000
0,9	0,09039302	0,09004371	0,09000002	0,09000000
	$1 \cdot 10^{-3}$	$1{,}2 \cdot 10^{-4}$	$5 \cdot 10^{-8}$	abs. Fehler

Obwohl auch bei diesem Beispiel die Lösung der Aufgabe (1), (2) durch das Schema (9) exakt approximiert wird, ist eine Verschlechterung der Genauigkeit der Näherungslösung gegenüber Beispiel 1 zu verzeichnen. Dieser Umstand ist dadurch bedingt, daß die Koeffizientenfunktionen $p(x)$, $q(x)$ und $K(x, t)$ so gewählt wurden, daß die Stabilitätsbedingung (14) verletzt ist.

Literatur

[1] Марчук, Г. И., Методы расчета ядерных реакторов, Госатомиздат, Москва 1961.
[2] Тихонов, А. Н., и. А. А. Самарский, Об однородных разностных схемах, Ж. вычисл. матем. и матем. физ. **1** (1961), 5–63.
[3] Гавурин, М. К., Лекции по методам вычислений, Наука, Москва 1971.
[4] Babuška, I., M. Prager and E. Vitásek, Numerical Processes in Differential Equations, SNTL, Prague 1966/Wiley, London (russ. Übers. Moskau 1969).
[5] Михлин, С. Г., Вариационные методы в математической физике, изд. 2-е, Наука, Москва 1970.
[6] Самарский, А. А., Введение в теорию разностных схем, Наука, Москва 1971.
[7] Kretzschmar, H., Über ein Differenzenverfahren zur Lösung von speziellen Integrodifferentialgleichungen, Dissertation, TH Karl-Marx-Stadt 1974.

Manuskripteingang: 20. 1. 1975

VERFASSER:

Dr. rer. nat. Horst Kretzschmar, Sektion Mathematik der Technischen Hochschule Karl-Marx-Stadt

Beiträge zur Numerischen Mathematik
5 (1976), 77–92

Ein Verfahren zur Berechnung dicht benachbarter Eigenwerte

WILGARD LANG

0. Einleitung

In der Dissertation von LOBER [5] wird eine Möglichkeit vorgestellt, zwei benachbarte Eigenwerte eines selbstadjungierten Operators zu berechnen. Bei LOBER ergibt sich diese Möglichkeit aus der Anwendung eines projektionsiterativen Verfahrens auf eine nichtlineare Gleichung, die von KUHNERT aufgestellt wurde [2], deren jede Lösung eine Lösung des Eigenwertproblems für einen selbstadjungierten Operator liefert. Bei der Anwendung eines speziellen projektionsiterativen Verfahrens ergibt sich im Verlauf der Rechnung in jedem Schritt die Notwendigkeit, die Lösungen quadratischer Gleichungen im Bereich der reellen Zahlen zu finden. Durch die Verwendung beider Lösungen ergeben sich zwei Folgen von Elementen aus einem Teilraum des Ursprungsraumes, die gegen voneinander verschiedene Lösungen der gegebenen nichtlinearen Gleichungen konvergieren. In [5] sind zwar Konvergenzbedingungen angegeben, die aber über die Möglichkeit der Anwendbarkeit keine Aussagen machen und nur in sehr wenigen Fällen erfüllbar sind, da sie mehr der Beweisführung als der behandelten Problematik Rechnung tragen.

In der vorliegenden Arbeit soll näher betrachtet werden, warum und wann es sinnvoll ist, beide Lösungen der quadratischen Gleichungen zu benutzen und in welcher Weise.

Der Einfachheit der Darstellung wegen soll ein großer Teil der Betrachtungen für symmetrische Matrixoperatoren durchgeführt werden. Eine Verallgemeinerung auf selbstadjungierte Operatoren mit diskretem Spektrum ist unmittelbar und auf beliebige selbstadjungierte Operatoren mit gewissen Einschränkungen möglich. In Abschnitt 1 werden auf die Störungstheorie zurückgehende Möglichkeiten angegeben, das Eigenwertproblem für einen selbstadjungierten Operator zu lösen, für die zu einem Eigenvektor ein Näherungselement bekannt ist.

Auf das schon erwähnte projektionsiterative Verfahren wird in Abschnitt 2 eingegangen. Da sich sowohl beim projektionsiterativen Verfahren als auch bei dem in Abschnitt 1 angegebenen Vorgehen die Möglichkeit ergibt, zwei Lösungen einer quadratischen Gleichung zu betrachten, wird in Abschnitt 3 diese zweite auftretende Lösung näher untersucht und in Abschnitt 4 eine Strategie zur Berechnung dicht benachbarter Eigenwerte vorgeschlagen, wobei für einen der zugehörigen Eigenvektoren eine Näherung vorhanden ist.

1. Möglichkeiten der Darstellung der Lösung des Eigenwertproblems für einen selbstadjungierten Operator

Von GAWURIN [1] und KUHNERT [2, 3] wurde das Eigenwertproblem für selbstadjungierte Operatoren in reellen Hilberträumen betrachtet. Dabei ergab sich die Möglichkeit, ausgehend von einer Näherung φ_0 für einen Eigenvektor eines selbstadjungierten Operators A ein Gleichungssystem

$$\left.\begin{aligned}(A_0 - \lambda_0 I)\,u &= -\sigma_0 + (\sigma_0, u)\,u,\\ (u, \varphi_0) &= 0\end{aligned}\right\} \tag{1}$$

aufzuschreiben [2], dessen Lösung u mit Hilfe der Formeln

$$\left.\begin{aligned}\lambda &= \lambda_0 + (u, \sigma_0),\\ \varphi &= \varphi_0 + u\end{aligned}\right\} \tag{2}$$

einen Eigenwert λ und den zugehörigen Eigenvektor φ des Operators liefert. Dabei gilt

$$\left.\begin{aligned}\lambda_0 &= (A\varphi_0, \varphi_0), \quad \|\varphi_0\| = 1,\\ A_0 &= A - (\sigma_0, \cdot)\,\varphi_0 - (\varphi_0, \cdot)\,\sigma_0,\\ \sigma_0 &= A\varphi_0 - \lambda_0\varphi_0.\end{aligned}\right\} \tag{3}$$

Es kann gezeigt werden [7], daß die Lösung des Gleichungssystems (1) unter Verwendung der Relationen (2) und (3) äquivalent ist der Lösung des Eigenwertproblems

$$(A - \lambda I)\,\varphi = 0;$$

d. h., jede Lösung des Systems (1) ergibt mit (2) einen Eigenvektor und den zugehörigen Eigenwert des Operators A ausgehend von ein und demselben Element φ_0, und umgekehrt ist für jedes Paar (Eigenvektor, Eigenwert) eine Darstellung der Form (2) möglich, wobei das Element u das Gleichungssystem (1) erfüllt. Für Matrixoperatoren ist das unmittelbar zu sehen.

Auf die Gleichungen (1) wurden schon verschiedene Näherungsverfahren angewandt (KUHNERT [2], LANG [7]), die aber nur darauf abzielten, den Eigenvektor φ mit zugehörigem Eigenwert zu berechnen, für den das Element φ_0 eine Näherung darstellt. Das bedeutet, lediglich die normmäßig kleinste Lösung der Gleichungen (1) zu finden. Dabei wurde das System (1) in der Form

$$x = Tx \equiv -R_0\sigma_0 - \frac{(R_0\sigma_0, \sigma_0)}{1 - (x, R_0\sigma_0)}\,R_0x, \quad (x, \varphi_0) = 0 \tag{1'}$$

betrachtet, die zu (1) äquivalent ist, wobei mit R_0 der Operator bezeichnet wird, der durch

$$(A_0 - \lambda_0 I)\,R_0 x = x \quad \text{für} \quad (x, \varphi_0) = 0,$$

$$R_0(A_0 - \lambda_0 I)\,x = x \quad \text{für} \quad x \in D(A), \quad (x, \varphi_0) = 0,$$

und

$$R_0\varphi_0 = 0$$

definiert ist und dessen Existenz gesichert sei; siehe dazu [3].

Als eine andere Möglichkeit der Darstellung zeigte GAWURIN [1], daß Eigenvektor und zugehöriger Eigenwert eines selbstadjungierten Operators A als Reihe darstellbar sind in der Form

$$\left.\begin{aligned}\varphi &= \varphi_0 - \sum_{k=1}^{\infty} \mu^{k-1} R_0{}^k \sigma_0,\\ \lambda &= \lambda_0 - \sum_{k=1}^{\infty} \mu^{k-1} (R_0{}^k \sigma_0, \sigma_0),\end{aligned}\right\} \tag{4}$$

bzw. mit $\lambda = \lambda_0 + \mu$ ergibt sich

$$\mu + \sum_{k=1}^{\infty} \mu^{k-1} (R_0{}^k \sigma_0, \sigma_0) = 0, \tag{5}$$

wenn das Element φ_0 mit $\|\varphi_0\| = 1$ eine genügend gute Näherung für den Eigenvektor φ ist. Bricht man die Reihe für den Eigenvektor φ in den Beziehungen (4) nach $k = 2$ ab, so erhält man

$$\bar{\varphi} = \varphi_0 - R_0\sigma_0 - \mu R_0{}^2\sigma_0,$$

eine neue Näherung für den Eigenvektor φ, wobei der Wert μ aus der Gleichung (5), in der die Reihe ebenfalls nach $k = 2$ abgebrochen wurde, zu berechnen ist. Daraus ergibt sich mit dem Wert $\mu = \bar{\mu}$

$$\bar{\mu} = -\frac{(R_0\sigma_0, \sigma_0)}{1 + \|R_0\sigma_0\|^2}$$

für den Näherungseigenvektor

$$\bar{\varphi} = \varphi_0 - R_0\sigma_0 + \frac{(R_0\sigma_0, \sigma_0)}{1 + \|R_0\sigma_0\|^2} R_0{}^2\sigma_0.$$

Zur Berechnung des Wertes μ kann aber auch eine quadratische Gleichung herangezogen werden, die sich ergibt, wenn die Gleichung (5) nach $k = 3$ abgebrochen wird. Das bedeutet keine zusätzliche Berechnung des Elementes $R_0{}^3\sigma_0$, da für das Skalarprodukt

$$(R_0{}^3\sigma_0, \sigma_0) = (R_0{}^2\sigma_0, R_0\sigma_0)$$

gilt. Aus der Beziehung, die aus (5) entsteht, nämlich

$$\mu(1 + \|R_0\sigma_0\|^2) + (R_0\sigma_0, \sigma_0) + \mu^2(R_0{}^2\sigma_0, R_0\sigma_0) = 0,$$

erhält man

$$\mu_{1,2} = -\frac{1 + \|R_0\sigma_0\|^2}{2(R_0{}^2\sigma_0, R_0\sigma_0)} \pm \frac{\sqrt{(1 + \|R_0\sigma_0\|^2)^2 - 4(R_0\sigma_0, \sigma_0)(R_0{}^2\sigma_0, R_0\sigma)}}{2(R_0{}^2\sigma_0, R_0\sigma)}. \tag{6}$$

Es ergeben sich also zwei Möglichkeiten:

$$\bar{\varphi}(\mu_1) = \varphi_0 - R_0\sigma_0 - \mu_1 R_0^2\sigma_0$$

und

$$\bar{\varphi}(\mu_2) = \varphi_0 - R_0\sigma_0 - \mu_2 R_0^2\sigma_0,$$

die im folgenden näher untersucht werden sollen. In den Arbeiten [1, 2, 3, 7] wurde lediglich das Element $\bar{\varphi}(\mu_1)$ betrachtet, es stellt eine Näherung für den Eigenvektor φ dar ebenso wie das Element φ_0.

Versucht man, die Lösung des Gleichungssystems (1′) mit Hilfe eines einfachen Projektionsverfahrens anzunähern, so ergeben sich für den Ansatz

$$z_P = \alpha R_0\sigma_0 + u \quad \text{mit} \quad (u, R_0\sigma_0) = 0$$

eine Reihenentwicklung für das Element u, die der Reihe in den Beziehungen (4) entspricht, und daraus nach deren Abbruch die gleichen Elemente

$$z_{1,2} = -R_0\sigma_0 - \mu_{1,2} R_0^2\sigma_0.$$

Dabei wird

$$\bar{\varphi}(\mu_1) = \varphi_0 + z_1$$

eine Näherung für den Eigenvektor φ sein.

Um Vergleichsmöglichkeiten für die Elemente z_1 und z_2 zu erhalten, sollen an den Werten μ_1 und μ_2 Vereinfachungen dergestalt getroffen werden, daß die Wurzelausdrücke durch Näherungswerte ersetzt werden. Unter der Voraussetzung, daß

$$\frac{4\,|(R_0\sigma_0, \sigma_0)\,(R_0^2\sigma_0, R_0\sigma_0)|}{(1 + \|R_0\sigma_0\|^2)^2} < 1 \tag{7}$$

gilt, erhält man anstelle der Werte μ_1 und μ_2 Näherungswerte $\tilde{\mu}_1$ und $\tilde{\mu}_2$

$$\left.\begin{aligned} \mu_1 &\approx \tilde{\mu}_1 = -\frac{(R_0\sigma_0, \sigma_0)}{1 + \|R_0\sigma_0\|^2}, \\ \mu_2 &\approx \tilde{\mu}_2 = -\frac{1 + \|R_0\sigma_0\|^2}{(R_0^2\sigma_0, R_0\sigma_0)} + \frac{(R_0\sigma_0, \sigma_0)}{1 + \|R_0\sigma_0\|^2}. \end{aligned}\right\} \tag{8}$$

Daraus ergeben sich die Elemente $\tilde{z}_1$ bzw. $\tilde{z}_2$ in der Form

$$\left.\begin{aligned} z_{1,2} \approx \tilde{z}_{1,2} &= -R_0\sigma_0 - \tilde{\mu}_{1,2} R_0^2\sigma_0 \\ &\text{und damit} \\ \tilde{\varphi}_{1,2} &= \varphi_0 + \tilde{z}_{1,2}. \end{aligned}\right\} \tag{9}$$

2. Die Anwendung eines projektionsiterativen Verfahrens

In der Arbeit [5] wird auf das Gleichungssystem (1′) ein spezielles projektionsiteratives Verfahren angewandt, in dem als die die Iterationsvorschrift erzeugende Funktion die Funktion $F(x, y) = T(Px + Qy)$ dient und $Px = (x, h)\,h$ mit $h = \dfrac{R_0\sigma_0}{\|R_0\sigma_0\|}$

sowie $Q = I - P$ sein soll [4]. Daraus ergibt sich die Rekursionsformel nach der Vorschrift

$$x_n = T(Px_n + Qx_{n-1})$$

in der Form

$$x_n = -R_0\sigma_0 + \frac{a_n\big(1 - (R_0\sigma_0, x_{n-1})\big) + (R_0\sigma_0, \sigma_0)}{\|R_0\sigma_0\|^2} R_0^2\sigma_0 + a_n R_0 x_{n-1}, \tag{10}$$

in der die Bezeichnung a_n für den folgenden Quotienten steht:

$$a_n = \frac{(R_0\sigma_0, \sigma_0)}{(R_0\sigma_0, x_n) - 1}.$$

Multipliziert man die Gleichung (10) skalar mit dem Element $R_0\sigma_0$, so ergibt sich die Möglichkeit, eine quadratische Gleichung für die Zahlen a_n zu erhalten, die benutzt werden können, um die Elemente x_n mit Hilfe der Formel (10) zu berechnen. Die genannte quadratische Gleichung hat die Form

$$\begin{aligned} a_n^2 &+ \frac{(R_0\sigma_0, \sigma_0)(R_0^2\sigma_0, R_0\sigma_0) - \|R_0\sigma_0\|^4 - \|R_0\sigma_0\|^2}{(R_0^2\sigma_0, R_0\sigma_0)\big(1 - (x_{n-1}, R_0\sigma_0)\big) + \|R_0\sigma_0\|^2 (x_{n-1}, R_0^2\sigma_0)} a_n \\ &- \frac{\|R_0\sigma_0\|^2 (R_0\sigma_0, \sigma_0)}{(R_0^2\sigma_0, R_0\sigma_0)\big(1 - (x_{n-1}, R_0\sigma_0)\big) + \|R_0\sigma_0\|^2 (x_{n-1}, R_0^2\sigma_0)} = 0. \end{aligned} \tag{11}$$

Ausgehend von einem Element x_{n-1} erhält man aus dieser Gleichung zwei Lösungen $a_n^{(1)}$ und $a_n^{(2)}$, aus denen sich demzufolge zwei Elemente $x_n^{(1)}$ und $x_n^{(2)}$ unter Verwendung der Formel (10) berechnen lassen.

In [5] wird der folgende Iterationsprozeß beschrieben und gezeigt, daß die Folgen $(x_n^{(1)})$ und $(x_n^{(2)})$ konvergieren:

$$\left.\begin{aligned} x_0 &= 0, \\ x_n^{(1)} &= -R_0\sigma_0 + \frac{a_n^{(1)}\big(1 - (x_{n-1}^{(1)}, R_0\sigma_0)\big) + (R_0\sigma_0, \sigma_0)}{\|R_0\sigma_0\|^2} R_0^2\sigma_0 + a_n^{(1)} R_0 x_{n-1}^{(1)}, \\ x_n^{(2)} &= -R_0\sigma_0 + \frac{a_n^{(2)}\big(1 - (x_{n-1}^{(2)}, R_0\sigma_0)\big) + (R_0\sigma_0, \sigma_0)}{\|R_0\sigma_0\|^2} R_0^2\sigma_0 + a_n^{(2)} R_0 x_{n-1}^{(2)}, \\ a_n^{(1)} &= A_{n-1}^{(1)} - \sqrt{C_{n-1}^{(1)}} \quad \text{und} \quad a_n^{(2)} = A_{n-1}^{(2)} + \sqrt{C_{n-1}^{(2)}}, \end{aligned}\right\} \tag{12}$$

wobei A_{n-1} und C_{n-1} die entsprechenden Ausdrücke aus den quadratischen Gleichungen mit $x_{n-1}^{(1)}$ bzw. $x_{n-1}^{(2)}$ sind.

Der Iterationsprozeß konvergiert sehr langsam, und in jedem Schritt müssen je eine Lösung zweier quadratischer Gleichungen berechnet werden. Der Iterationsprozeß spaltet sich nach dem ersten Schritt in zwei voneinander getrennte und unabhängige Iterationsprozesse auf, so daß die entsprechenden Folgen der Elemente

$$\varphi_n^{(1)} = \varphi_0 + x_n^{(1)} \quad \text{und} \quad \varphi_n^{(2)} = \varphi_0 + x_n^{(2)}$$

gegen zwei voneinander verschiedene Eigenvektoren des Operators A konvergieren. Die Bedingungen für die Konvergenz lauten [5]:

$$\|\sigma_0\| < \frac{\varrho}{5}, \quad |\lambda - \lambda_0| < \varrho - \|\sigma_0\|,$$

$$|(x_n{}^{(2)}, R_0\sigma_0)| > \frac{36}{25}, \quad (R_0{}^2\sigma_0, R_0\sigma_0)^2 > \frac{1}{50\varrho^2},$$

$$|(Qx_n{}^{(2)}, R_0{}^2\sigma_0)\,\|R_0\sigma_0\|^2 + (R_0{}^2\sigma_0, R_0\sigma_0)| > \frac{3}{8\varrho},$$

wobei ϱ der Abstand des Eigenwertes λ, für dessen Eigenvektor das Element φ_0 eine Näherung darstellt, vom übrigen Spektrum des Operators A ist.

Zur Konvergenzverbesserung wird in [5] ein kombiniertes Verfahren vorgeschlagen, durch dessen Anwendung quadratische Konvergenz eintritt. Ausgehend von einem Element $x_0 = 0$ werden im Verlauf des kombinierten Verfahrens nach den Formeln (12) die Elemente $x_1{}^{(1)}$ und $x_1{}^{(2)}$ berechnet und daraus durch je einen Newton-Iterationsschritt die Elemente $x_{1N}^{(1)}$ und $x_{1N}^{(2)}$. Daran schließt sich wieder ein Schritt des projektionsiterativen Verfahrens an, wobei aber jetzt für jedes der beiden Elemente eine quadratische Gleichung aufgebaut und gelöst werden muß. Das vereinfachte kombinierte Verfahren, das auch in [5] betrachtet wird, besteht nun darin, mit Hilfe des projektionsiterativen Verfahrens, d. h. durch Verwendung der beiden Lösungen der quadratischen Gleichung, die sich aus $x_0 = 0$ ergibt, nur die Elemente $x_1{}^{(1)}$ und $x_1{}^{(2)}$ zu berechnen und diese Elemente durch Anwendung eines Newton-Verfahrens zu verbessern. Es kommt also darauf an, schon nach dem ersten Schritt des projektionsiterativen Verfahrens genügend gute Näherungen für Lösungen von (1′) zu erhalten, so daß das Newton-Verfahren konvergiert; ein solcher Nachweis ist in [5] nicht enthalten.

Für die Elemente $x_1{}^{(1)}$ und $x_1{}^{(2)}$ ergibt sich

$$x_1{}^{(1,2)} = -R_0\sigma_0 + \frac{(R_0\sigma_0, \sigma_0) + a_1{}^{(1,2)}}{\|R_0\sigma_0\|^2} R_0{}^2\sigma_0,$$

mit

$$b_{1,2} = -\frac{(R_0\sigma_0, \sigma_0) + a_1{}^{(1,2)}}{\|R_0\sigma_0\|^2} \tag{13}$$

wird daraus

$$x_1{}^{(1,2)} = -R_0\sigma_0 - b_{1,2}R_0{}^2\sigma_0.$$

Man erhält für die Werte $a_1{}^{(1,2)}$ aus der quadratischen Gleichung

$$a_1{}^{(1,2)} = -\frac{a}{2} + \frac{b(1+b)}{2c} \mp \frac{\sqrt{(b(1+b) - ac)^2 + 4abc}}{2c}, \tag{14}$$

wobei die folgenden Bezeichnungen eingeführt wurden:

$$a = (R_0\sigma_0, \sigma_0), \quad b = \|R_0\sigma_0\|^2, \quad c = (R_0{}^2\sigma_0, R_0\sigma_0).$$

Im folgenden sollen einige Untersuchungen zur Charakterisierung der Elemente $x_1^{(1)}$ und $x_1^{(2)}$ durchgeführt werden. Zunächst wird wieder der Wurzelausdruck durch einen Näherungsausdruck ersetzt. Unter der Voraussetzung

$$\frac{2ac}{b(1+b)} < 1 \tag{15}$$

erhält man für die Wurzel

$$\sqrt{(b(1+b)-ac)^2+4abc} \approx b(1+b)\left(1+\frac{ac(1-b)}{b(1+b)^2}\right)$$

und näherungsweise für die Werte b_1 und b_2

$$b_1 \approx \tilde{b}_1 = -\frac{a}{1+b} = \tilde{\mu}_1, \tag{16}$$

$$b_2 \approx \tilde{b}_2 = -\left(\frac{1+b}{c}+\frac{a}{b(1+b)}\right) = \tilde{\mu}_2 - \frac{a}{b}.$$

Für die entsprechenden Elemente ergibt sich

$$x_1^{(1,2)} \approx z^{(1,2)} = -R_0\sigma_0 - \tilde{b}_{1,2}R_0^2\sigma_0 \quad \text{und} \quad \varphi^{(1,2)} = \varphi_0 + z^{(1,2)} \tag{17}$$

Das Element $z^{(1)}$ stimmt sowohl mit dem Element $\tilde{z}_1$ aus der Formel (9) als auch mit einem Element z_2 überein, das man mit Hilfe der sukzessiven Approximation, beginnend mit $z_0 = 0$, angewandt auf die Gleichung (1') erhält [2]. Die Elemente $\varphi_0 + z^{(1)}$ und $\varphi_0 + x_1^{(1)}$ stellen also wieder, etwas verbesserte, Näherungen für denselben Eigenvektor dar wie das Element φ_0.

Über die Bedeutung der Elemente $x_1^{(2)}$ bzw. $z^{(2)}$ und z_2 bzw. $\tilde{z}_2$ kann an dieser Stelle noch nichts ausgesagt werden; die dazu nötigen Betrachtungen werden im nächsten Abschnitt am Spezialfall, daß der Operator A eine symmetrische Matrix ist, durchgeführt werden.

3. Die Bedeutung der zweiten Lösung der quadratischen Gleichung

Als Hilbertraum werde jetzt der N-dimensionale Vektorraum H_N benutzt; in ihm sei eine symmetrische $(N \times N)$-Matrix A gegeben, deren Eigenwerte $v_1 < v_2 < \cdots < v_N$ seien mit den zugehörigen orthonormierten Eigenvektoren $g_1, g_2, \ldots, g_N$, die gleichzeitig als Basis im Raum verwendet werden. Skalarprodukt und Norm im Raum H_N sind

$$(x, y) = \sum_{i=1}^{N} x_i y_i \quad \text{und} \quad \|x\| = \sqrt{(x, x)},$$

wenn $x = \sum_{i=1}^{N} x_i g_i$ und $y = \sum_{i=1}^{N} y_i g_i$ die entsprechenden Elemente aus H_N sind. Es sei

$$\varphi_0 = \sum_{i=1}^{N} a_i g_i \quad \text{mit} \quad \sum_{i=1}^{N} a_i^2 = 1$$

eine Näherung für den Eigenvektor g_k. Entsprechend den Formeln (3) ergeben sich daraus $A\varphi_0$, λ_0, σ_0, A_0 und schließlich das Gleichungssystem

$$\left.\begin{aligned}(A_0 - \lambda_0 I)\, u &= \sigma_0\,, \\ (u, \varphi_0) &= 0\end{aligned}\right\} \tag{18}$$

zur Berechnung des Elementes $u = R_0\sigma_0$.

In ausführlicherer Form hat das Gleichungssystem (18) die Gestalt

$$\begin{bmatrix} p_1(1-2a_1^2) & \dots & -a_1a_i(p_1+p_i) & \dots & -a_1a_N(p_1+p_N) \\ \vdots & & \vdots & & \vdots \\ -a_1a_i(p_1+p_i) & \dots & p_i(1-2a_i^2) & \dots & -a_ia_N(p_i+p_N) \\ \vdots & & \vdots & & \vdots \\ -a_1a_N(p_1+p_N) & \dots & -a_ia_N(p_i+p_N) & \dots & p_N(1-2a_N^2) \\ a_1 & \dots & a_i & \dots & a_N \end{bmatrix} \begin{bmatrix} u_1 \\ \vdots \\ u_i \\ \vdots \\ u_N \end{bmatrix} = \begin{bmatrix} a_1p_1 \\ \vdots \\ a_ip_i \\ \vdots \\ a_Np_N \\ 0 \end{bmatrix}, \tag{19}$$

wobei $p_i = v_i - \lambda_0$ für alle i gilt [7].

Nach einigen elementaren Umformungen der i-ten Zeile erhält man unter Einbeziehung der letzten Zeile für die i-te Komponente des Elementes $R_0\sigma_0$ die Beziehung

$$(R_0\sigma_0)_i = a_i + \frac{a_i}{p_i}\,(R_0\sigma_0, \sigma_0) = a_i\left(1 + \frac{a}{p_i}\right). \tag{20}$$

Auf gleiche Weise ergibt sich für das Element $R_0^2\sigma_0$ aus dem Gleichungssystem

$$(A_0 - \lambda_0 I)\, u = R_0\sigma_0\,,$$

$$(u, \varphi_0) = 0$$

für die i-te Komponente

$$(R_0^2\sigma_0)_i = \frac{a_i}{p_i}\left(1 + \|R_0\sigma_0\|^2 + \frac{(R_0\sigma_0, \sigma_0)}{p_i}\right) = \frac{a_i}{p_i}\left(1 + b + \frac{a}{p_i}\right). \tag{21}$$

Mit den Beziehungen (8), (9), (16) und (17) ergibt sich

$$\tilde{\varphi}_2 = \varphi_0 + \tilde{z}_2 = \varphi_0 - R_0\sigma_0 + \left(\frac{1+b}{c} - \frac{a}{1+b}\right) R_0^2\sigma_0\,,$$

$$\varphi^{(2)} = \varphi_0 + z^{(2)} = \varphi_0 - R_0\sigma_0 + \left(\frac{1+b}{c} + \frac{a}{b(1+b)}\right) R_0^2\sigma_0\,.$$

Für die i-te Komponente erhält man daraus mit den Relationen (20) und (21)

$$(\tilde{\varphi}_2)_i = \frac{a_i}{p_i^2}\left[\frac{(1+b)\left((1+b)^2 - 2ac\right) p_i + a\left((1+b)^2 - ac\right)}{c(1+b)}\right],$$

$$(\varphi^{(2)})_i = \frac{a_i}{p_i^2}\left[\frac{(1+b)\left((1+b)^2 b + ac(1-b)\right) p_i + a\left((1+b)^2 b + ac\right)}{bc(1+b)}\right].$$

Zur Charakterisierung der Veränderung der Komponenten bezüglich der Eigenvektoren in den Elementen $\varphi^{(2)}$ bzw. $\tilde{\varphi}_2$ gegenüber denen in der Näherung φ_0 werden die Quotienten $(\varphi^{(2)})_i/a_i$ bzw. $(\tilde{\varphi}_2)_i/a_i$ betrachtet. Dazu dienen die Funktionen

$$f(p) = \frac{p(1+b)\big((1+b)^2 b + ac(1-b)\big) + a\big(b(1+b)^2 + ac\big)}{p^2 bc(1+b)}$$

mit

$$f(p_i) = (\varphi^{(2)})_i/a_i$$

bzw.

$$\tilde{f}(p) = \frac{p(1+b)\big((1+b)^2 - 2ac\big) + a\big((1+b)^2 - ac\big)}{p^2 c(1+b)}$$

mit

$$\tilde{f}(p_i) = (\tilde{\varphi}_2)_i/a_i\,.$$

Die Funktion $f(p)$ besitzt für $p = 0$ einen Pol, für

$$p_0 = -\frac{a}{1+b}\cdot\frac{1+\dfrac{ac}{b(1+b)^2}}{1+\dfrac{ac(1-b)}{b(1+b)^2}} \approx -\frac{a}{1+b}$$

eine Nullstelle und für

$$p_e = -\frac{2a}{1+b}\cdot\frac{1+\dfrac{ac}{b(1+b)^2}}{1+\dfrac{ac(1-b)}{b(1+b)^2}} \approx -\frac{2a}{1+b}$$

einen Extremwert.

Wenn das Element φ_0 eine gute Näherung für den Eigenvektor g_k ist, gilt

$$p_k = v_k - \lambda_0 \approx \tilde{\mu}_1 \approx -\frac{a}{1+b} \approx p_0;$$

das folgt aus den Beziehungen (5) und (8) und bedeutet, daß für den Wert $p = p_k$ fast die Nullstelle der Funktion $f(p)$ erreicht wird. Demzufolge wird der Quotient $(\varphi^{(2)})_k/a_k$ sehr klein gegenüber den anderen gleichartigen Quotienten, für die die Werte p_i betragsmäßig klein werden, weil die Funktion $f(p)$ für den Wert $p = 0$ einen Pol besitzt.

Ein prinzipiell gleiches Verhalten zeigt die Funktion $\tilde{f}(p)$; sie besitzt ebenfalls für $p = 0$ einen Pol, es ist $\tilde{f}(p) = 0$ für den Wert

$$\tilde{p}_0 = -\frac{a}{1+b}\cdot\frac{1-\dfrac{ac}{(1+b)^2}}{1-\dfrac{2ac}{(1+b)^2}} \approx -\frac{a}{1+b},$$

und für

$$\tilde{p}_e = -\frac{2a}{1+b} \cdot \frac{1 - \dfrac{ac}{(1+b)^2}}{1 - \dfrac{2ac}{(1+b)^2}} \approx -\frac{2a}{1+b}$$

besitzt sie einen Extremwert.

Die Funktionen $|f(p)|$ und $|\bar{f}(p)|$ haben im Prinzip den Verlauf, wie er in Abb. 1 charakterisiert wird.

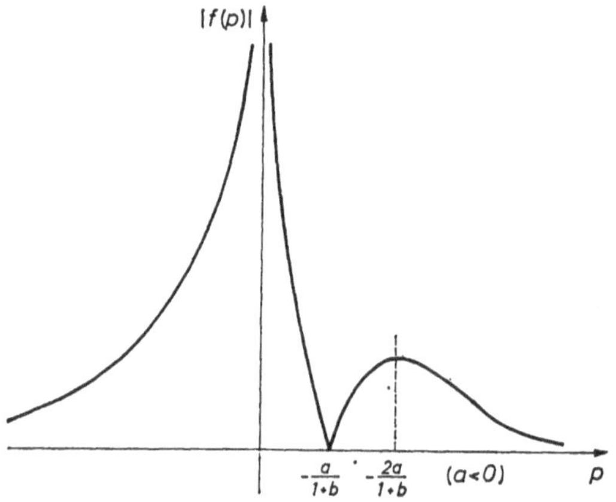

Abb. 1

Die bisherigen Betrachtungen wurden für die Näherungswerte $\bar{\mu}_1$, $\bar{\mu}_2$ anstelle von μ_1, μ_2 und $\bar{b}_1$, $\bar{b}_2$ anstelle von b_1, b_2 durchgeführt. Für die exakten Werte b_1, b_2 werden die Rechnungen zu kompliziert, aber für die Werte μ_1, μ_2 ergibt sich die folgende Aussage. Es sei

$$\bar{\varphi} = \bar{\varphi}(\mu_2) = \varphi_0 - R_0\sigma_0 - \mu_2 R_0^2 \sigma_0;$$

dann wird

$$\frac{(\bar{\varphi})_i}{a_i} = -\frac{1}{p_i}\left(a + \mu_2\left(1 + b + \frac{a}{p_i}\right)\right)$$

für alle Indizes i, und man erhält $(\bar{\varphi})_k = 0$ für $a_k \neq 0$, falls

$$a + \mu_2\left(1 + b + \frac{a}{p_k}\right) = 0$$

gilt, d. h.

$$p_k = -\frac{a\mu_2}{a + \mu_2(1+b)}.$$

Wird in die letzte Relation der Wert μ_2 aus der Beziehung (6) eingesetzt in der Form

$$\mu_2 = -\frac{1+b}{2c} - \frac{\sqrt{(1+b)^2 - 4ac}}{2c} = \beta\left(1 + \sqrt{1-\alpha}\right),$$

so ergibt sich

$$p_k = -\frac{a\beta\left(1+\sqrt{1-\alpha}\right)}{a + \beta\left(1+\sqrt{1-\alpha}\right)(1+b)} = \beta\left(1 - \sqrt{1-\alpha}\right) = \mu_1.$$

Daraus folgt, wie auch aus dem Vorhergehenden: Wenn das Element φ_0 eine sehr gute Näherung für den Eigenvektor g_k ist (d. h., es gilt $|a_k| \approx 1$, $p_k \approx \mu_1$), wird die Komponente bezüglich des Eigenvektors g_k in dem Element $\bar{\varphi}$ verschwindend klein. Ob nun die Elemente $\bar{\varphi}(\mu_2)$ bzw. $\tilde{\varphi}_2$ Näherungen für einen anderen Eigenvektor darstellen, hängt wesentlich von der Verteilung der übrigen Eigenwerte des Operators A und der Größe der Komponenten in Richtung der zugehörigen Eigenvektoren ab. Aus der Skizze des Kurvenverlaufs der Funktionen $|f(p)|$ bzw. $|\tilde{f}(p)|$ läßt sich ablesen, daß nur Komponenten bezüglich Eigenvektoren vergrößert werden können, deren zugehörige Eigenwerte in einer gewissen Nachbarschaft des Eigenwertes v_k liegen, wenn das Element $\bar{\varphi}_0$ eine Näherung für den Eigenvektor g_k darstellt.

Im nächsten Abschnitt wird eine Strategie vorgeschlagen, wie die zweite Lösung einer der quadratischen Gleichungen ausgenutzt werden kann, um dicht benachbarte Eigenwerte und deren Eigenvektoren zu berechnen.

4. Ein Algorithmus zur Berechnung dicht benachbarter Eigenwerte

An den Beispielen, die in [5] angegeben sind, ist zu sehen, daß die Folgen, die durch Anwendung des projektionsiterativen Verfahrens entstehen, sehr langsam konvergieren. Bei den Beispielen für die kombinierten Verfahren wird im wesentlichen ein Schritt des projektionsiterativen Verfahrens bzw. die Lösungen der entsprechenden quadratischen Gleichung benutzt, um eine Näherung für einen anderen Eigenvektor zu erhalten, der dann wie die Ausgangsnäherung iterativ verbessert wird.

In der Praxis hat sich aber gezeigt, daß die Pseudostöriteration eines der effektivsten Verfahren [3] zur Verbesserung einer gegebenen Eigenvektornäherung ist. Deshalb wird die folgende Strategie vorgeschlagen; sie ist besonders geeignet für den Fall, daß eine Näherung für einen Eigenvektor bekannt (zur Problematik der Bestimmung einer solchen Näherung siehe [6]) und von Interesse ist, ob es in der Nähe des zugehörigen Eigenwertes noch weitere Eigenwerte gibt.

Im wesentlichen besteht der Algorithmus aus drei Etappen.

I. Ausgehend von einer normierten Näherung φ_0 für einen Eigenvektor wird die Pseudostöriteration nach den Formeln

$$\left.\begin{aligned} \lambda_n &= (A\varphi_n, \varphi_n), \\ \sigma_n &= A\varphi_n - \lambda_n\varphi_n, \\ L_n &= (\varphi_n, \cdot)\,\sigma_n + (\sigma_n, \cdot)\,\varphi_n, \\ A_n &= A - L_n, \\ u &= R_n\sigma_n \quad \text{aus} \quad \begin{cases} (A_n - \lambda_n I)\,u = \sigma_n, \\ \qquad (u, \varphi_n) = 0, \end{cases} \\ \varphi_{n+1} &= \frac{\varphi_n - R_n\sigma_n}{\|\varphi_n - R_n\sigma_n\|}, \qquad n = 0, 1. 2, \ldots, \end{aligned}\right\} \tag{22}$$

durchgeführt [1, 2, 3, 7], bis die linken Seiten der Beziehungen (7) oder (15) genügend klein sind, so daß der Fehler, der bei der Verwendung der Näherungsausdrücke entsteht, keinen wesentlichen Einfluß hat.

Um einen Vergleich mit den Bedingungen in [5] zu ermöglichen, sollen hier einige Betrachtungen über hinreichende Bedingungen für das Erfülltsein der Relationen (7) und (15) angestellt werden.

Satz. *Unter der Bedingung* $\|\sigma_n\| < \varrho/3$ *ist sowohl die Relation* (7) *als auch die Relation* (15) *erfüllt.*

Beweis. Für die Norm des Operators R_n gilt

$$\|R_n\| \leqq \frac{1}{\varrho - 2\,\|\sigma_n\|},$$

daraus ergibt sich für den Fall $\|\sigma_n\| < \varrho/3$, daß $\|R_n\| < 3/\varrho$ gilt. Weiter wird damit

$$\|R_n\sigma_n\| \leqq \|R_n\|\,\|\sigma_n\| < 1.$$

Damit wird entsprechend (7)

$$\frac{4\,|(R_n\sigma_n, \sigma_n)\,(R_n{}^2\sigma_n, R_n\sigma_n)|}{(1 + \|R_n\sigma_n\|^2)^2} < \|R_n\sigma_n\|\,\|R_n\|\,\|\sigma_n\| < 1.$$

Entsprechend (15) wird

$$\frac{2\,|(R_n\sigma_n, \sigma_n)\,(R_n{}^2\sigma_n, R_n\sigma_n)|}{\|R_n\sigma_n\|^2\,(1 + \|R_n\sigma_n\|^2)} < \|R_n\|\,\|\sigma_n\| < 1.$$

Die im Satz angegebene Bedingung ist schwächer als die in [5] angegebenen, dort wurde unter anderem $\|\sigma_n\| < \varrho/5$ gefordert.

II. Damit ist eine Situation erreicht, in der es sinnvoll ist, zu untersuchen, ob sich in der Nähe des gesuchten Eigenwertes noch weitere Eigenwerte des Operators A befinden. Die einleitende Durchführung einiger Schritte der Pseudostöriteration hat den Vorteil, daß neben einer Verbesserung der Näherung φ_0 störende Komponenten bezüglich Eigenvektoren entfernt liegender Eigenwerte stark verkleinert werden.

Die Untersuchung der Umgebung des Eigenwertes kann eingeleitet werden durch einen Schritt des projektionsiterativen Verfahrens oder durch die Bestimmung beider Lösungen der quadratischen Gleichung für die Werte μ_1 und μ_2. Dazu können die Formeln (16) oder (8) benutzt werden. Man erhält dann aus den Beziehungen (17) oder (9) die Vektoren $\tilde{\varphi}_1$, $\tilde{\varphi}_2$ oder $\tilde{\varphi}_1$, $\varphi^{(2)}$, von denen $\tilde{\varphi}_1$ eine Näherung für den Eigenvektor ist, für den schon das Element φ_0 eine Näherung darstellte.

III. Nachdem das Element $\varphi^{(2)}$ oder $\tilde{\varphi}_2$ normiert worden ist, können entsprechend

$$\lambda_0{}^{(2)} = (A\varphi_0{}^{(2)}, \varphi_0{}^{(2)})$$

und der Defekt

$$\sigma_0{}^{(2)} = A\varphi_0{}^{(2)} - \lambda_0{}^{(2)}\varphi_0{}^{(2)} \tag{23}$$

berechnet werden.

An dem Wert $\lambda_0{}^{(2)}$, der eine Aussage darüber liefert, für welchen Eigenvektor das Element $\varphi_0{}^{(2)}$ eine Näherung darstellen kann, und der Norm des Defektes ist erkennbar, ob $\varphi_0{}^{(2)}$ als Näherung für einen Eigenvektor zu einem benachbarten Eigenwert benutzt werden kann.

Es sei $I = [\lambda_n - d, \lambda_n + d]$ das Intervall, für das untersucht werden soll, ob es weitere Eigenwerte des Operators A enthält. Ist

$$I \cap [\lambda_0{}^{(2)} - \|\sigma_0{}^{(2)}\|, \lambda_0{}^{(2)} + \|\sigma_0{}^{(2)}\|] = \emptyset,$$

so kann mit Sicherheit angenommen werden, daß in dem Intervall I außer einem einfachen Eigenwert, für den λ_n ein Näherungswert ist, keine weiteren Eigenwerte des Operators A liegen. Der Eigenwert, für dessen zugehörigen Eigenvektor das Element $\varphi_0{}^{(2)}$ eine Näherung sein kann, muß in dem Intervall

$$I_0 = [\lambda_0{}^{(2)} - \|\sigma_0{}^{(2)}\|, \lambda_0{}^{(2)} + \|\sigma_0{}^{(2)}\|]$$

liegen [3].

IV. Verbesserungen der Näherungsvektoren $\varphi^{(1)}$, $\varphi^{(2)}$ oder $\tilde{\varphi}_1$, $\tilde{\varphi}_2$ erhält man am effektivsten wieder durch Anwendung der Pseudostöriteration.

Als Demonstrationsbeispiel soll ein einfaches Matrizeneigenwertproblem dienen. Die Matrix A besitze die folgenden Eigenwerte:

$$v_1 = 1, \quad v_2 = 2, \quad v_3 = 2{,}2, \quad v_4 = 4.$$

Der normierte Anfangsnäherungsvektor φ_0 hat in Richtung der Eigenvektoren die Komponenten a_1, a_2, a_3, a_4 mit den Werten

$$\varphi_0 = (a_1, a_2, a_3, a_4) = (0{,}1;\, 0{,}9;\, 0{,}412305 62;\, 0{,}1).$$

Als Näherung für den Eigenwert ergibt sich

$$\lambda_0 = (A\varphi_0, \varphi_0) = 2{,}044,$$

und die Norm des Defektes $\sigma_0 = A\varphi_0 - \lambda_0\varphi_0$ wird

$$\|\sigma_0\| = 0{,}234230444.$$

An den Komponenten erkennt man, daß der Vektor φ_0 eine Näherung für den Eigenvektor g_2 darstellt. Um zu untersuchen, ob in der Nähe des zugehörigen Eigenwertes noch ein weiterer Eigenwert liegt, und ihn gegebenenfalls zu berechnen, werden drei Fälle betrachtet.

1. Mit der Anfangsnäherung φ_0 wird ein Schritt der Etappe I ausgeführt, und daraus ergibt sich eine verbesserte Näherung für den Eigenvektor g_2. Dieser Vektor wird nach der Normierung

$$\varphi_{\mathrm{II}} = (0{,}004644169;\, 0{,}991741215;\, -0{,}128146984;\, -0{,}002478789)$$

mit

$$\lambda_{\mathrm{II}} = 2{,}003275050 \quad \text{und} \quad \|\sigma_{\mathrm{II}}\| < 0{,}026.$$

In der anschließenden Etappe II erhält man die neuen Elemente $\tilde{\varphi}_1$, $\tilde{\varphi}_2$, $\varphi^{(1)}$, $\varphi^{(2)}$, wenn nur die Näherungsformeln (8), (9) und (16), (17) verwendet werden; die genauen Elemente stimmen im wesentlichen mit den Näherungselementen überein. Die Elemente $\tilde{\varphi}_1$ und $\varphi^{(1)}$ entsprechen bis auf Rundungsfehler dem Eigenvektor g_2 und werden deshalb nicht nochmals aufgeschrieben. Für die Elemente $\tilde{\varphi}_2$ und $\varphi^{(2)}$ ergibt sich

$$\tilde{\varphi}_2 = (-0{,}006966844;\, 0{,}002198766;\, -0{,}999971551;\, -0{,}001877592)$$

mit

$$\tilde{\lambda}_2 = 2{,}199947134 \quad \text{und} \quad \|\tilde{\sigma}_2\| < 0{,}00903,$$

$$\varphi^{(2)} = (-0{,}006966861;\, 0{,}000014282;\, -0{,}999973968;\, -0{,}001877596)$$

mit

$$\lambda^{(2)} = 2{,}199948098 \quad \text{und} \quad \|\sigma^{(2)}\| < 0{,}00902.$$

In der Etappe III werden die schon angegebenen Werte $\tilde{\lambda}_2$, $\|\tilde{\sigma}_2\|$ und $\lambda^{(2)}$, $\|\sigma^{(2)}\|$ berechnet, und man erkennt, daß sich im Intervall [2,190; 2,209] ein weiterer Eigenwert befindet [3]. Um die Eigenvektornäherung $\tilde{\varphi}_2$ oder $\varphi^{(2)}$, die diesem Eigenwert entspricht, zu verbessern, genügt ein Schritt der Pseudostöriteration entsprechend Etappe IV.

2. Hierbei wird angenommen, daß der Vektor φ_0 bereits eine genügend gute Näherung für den Eigenvektor g_2 ist, so daß sofort die Etappe II durchgeführt werden kann. Mit den Werten für die Ausdrücke

$$(R_0\sigma_0, \sigma_0) = a = 0{,}057724011,$$

$$\|R_0\sigma_0\|^2 = b = 0{,}626897583,$$

$$(R_0^2\sigma_0, R_0\sigma_0) = c = 4{,}784509134$$

sind zwar die Relationen (7) und (15) erfüllt, aber die Abweichungen der Näherungswerte von den genauen Werten sind noch relativ groß. Es ergeben sich die folgenden Vektoren (nach entsprechender Normierung):

$$\bar{\varphi}(\mu_1) = (-0{,}000573006;\, 0{,}997897693;\, 0{,}064804488;\, 0{,}000494795),$$

$$\varphi_1^{(1)} = (0{,}001025348;\, 0{,}999982190;\, 0{,}005864781;\, -0{,}000415534),$$

$$\tilde{\varphi}_1 = (0{,}000197230;\, 0{,}999336520;\, 0{,}034620835;\, 0{,}000056188)$$

und

$$\bar{\varphi}(\mu_2) = (-0{,}024512717;\ -0{,}464756013;\ 0{,}884989974;\ 0{,}013888091),$$

$$\tilde{\varphi}_2 = (-0{,}024403716;\ -0{,}473034277;\ 0{,}880597476;\ 0{,}013824516),$$

$$\varphi_1^{(2)} = (-0{,}022698278;\ -0{,}581887490;\ 0{,}812851163;\ 0{,}012834462),$$

$$\varphi^{(2)} = (-0{,}022711761;\ -0{,}577822895;\ 0{,}815742809;\ 0{,}012877015).$$

Untersucht man in der Etappe III, ob das Element $\bar{\varphi}(\mu_2)$ eine Näherung für einen Eigenvektor zu einem benachbarten Eigenwert ist, so werden zuerst die Werte nach den Formeln (23) berechnet:

$$\lambda(\mu_2) = 2{,}156426324 \quad \text{und} \quad \|\sigma(\mu_2)\| = 0{,}090727504.$$

Das Intervall $I = [1{,}5;\ 2{,}5]$ sei das uns interessierende Umgebungsintervall für den Eigenwert $v_2 = 2$, und es soll daraufhin untersucht werden, ob es weitere Eigenwerte der Matrix A enthält. Der Eigenwert, für dessen zugehörigen Eigenvektor das Element $\bar{\varphi}(\mu_2)$ eine Näherung ist, liegt im Intervall I_0,

$$I_0 = [2{,}06;\ 2{,}25].$$

Weil der Durchschnitt $I \cap I_0$ nicht leer ist, wird angenommen, daß der Vektor $\bar{\varphi}(\mu_2)$ eine Näherung für den Eigenvektor g_3 ist, dessen zugehöriger Eigenwert in dem interessierenden Umgebungsintervall des Eigenwertes v_2 liegt. Der Vektor $\bar{\varphi}(\mu_2)$ kann in der Etappe IV mit Hilfe der Formeln (22) verbessert werden. Nach einem Iterationsschritt ergibt sich

$$\bar{\varphi}_1(\mu_2) = -(0{,}001032669;\ 0{,}144745070;\ 0{,}989468374;\ 0{,}000367003)$$

mit

$$\lambda_1(\mu_2) = 2{,}195808735 \quad \text{und} \quad \|\sigma_1(\mu_2)\| = 0{,}028678407.$$

Es zeigt sich, daß mit dem gleichen Aufwand wie im Fall 1 bei weitem nicht die Genauigkeit erzielt wird. Hier müßten noch ein bis zwei Iterationsschritte der Pseudostöriteration durchgeführt werden, um ein befriedigendes Ergebnis zu erhalten. Der Vektor $\bar{\varphi}(\mu_1)$ hat ebenfalls noch nicht die erforderliche Genauigkeit erreicht und muß weiter iterativ verbessert werden.

3. Dieser Fall soll lediglich der Demonstration des Vorteils dienen, der entsteht, wenn als Ausgangselement für die Etappe II eine bessere Näherung für einen Eigenvektor gewählt wird. Es sei dies das Element $\tilde{\varphi}_1$, ein Ergebnis der Durchführung der Etappe II im Fall 2,

$$\tilde{\varphi}_1 = (0{,}000197230;\ 0{,}999336520;\ 0{,}034620835;\ 0{,}000056188)$$

mit

$$\tilde{\lambda}_1 = 2{,}00026526 \quad \text{und} \quad \|\tilde{\sigma}_1\| < 0{,}00035.$$

Die Näherungen für den Eigenvektor g_2 fallen hier wieder fast mit diesem zusammen. Die übrigen Vektoren sind

$$\tilde{\varphi}_2 = (-0{,}001080356;\ 0{,}000058057;\ 0{,}999999403;\ 0{,}000153967)$$

mit

$$\tilde{\lambda}_2 = 2{,}199998642 \quad \text{und} \quad \|\tilde{\sigma}_2\| < 0{,}00133,$$

$$\varphi^{(2)} = (-0{,}001079623;\ 0{,}000048979;\ 0{,}999999423;\ 0{,}000153907)$$

mit

$$\lambda^{(2)} = 2{,}199998727 \quad \text{und} \quad \|\sigma^{(2)}\| < 0{,}00133.$$

Es ergibt sich, daß das Eigenwertintervall I_0 des benachbarten Eigenwertes $v_3 = 2{,}2$ auf $I_0 = [2{,}198; 2{,}201]$ verbessert werden kann und daß die Elemente $\tilde{\varphi}_2$ und $\varphi^{(2)}$ schon sehr gute Näherungen für den Eigenvektor g_3 darstellen.

An diesen wenigen Beispielen läßt sich schon erkennen, daß es wesentlich günstiger ist, vor Beginn des projektionsiterativen Verfahrens bzw. der Bestimmung der Elemente $\bar{\varphi}(\mu_1)$ und $\bar{\varphi}(\mu_2)$ eine möglichst gute Näherung für einen Eigenvektor mit Hilfe der Pseudostöriteration zu erzeugen. Man kann dann durch einmaliges Durchlaufen der Etappen II, III, IV den zweiten Eigenvektor mit dem zugehörigen Eigenwert in der erforderlichen Genauigkeit erhalten.

Der Prozeß kann wiederholt werden, um eventuell weiter benachbarte Eigenwerte zu gewinnen, wenn man die Komponenten bezüglich der schon bekannten Eigenvektoren in jedem Schritt abspaltet.

In der vorliegenden Arbeit wird immer vorausgesetzt, entsprechend den theoretischen Grundlagen aus [1, 2, 3], daß der Eigenwert, für dessen zugehörigen Eigenvektor das Element φ_0 ein Näherungsvektor ist, ein einfacher isolierter Eigenwert ist. Obwohl hierzu keine theoretischen Untersuchungen vorliegen, hat sich an praktischen Beispielen gezeigt, daß die genannte Vorgehensweise auch sehr gute Ergebnisse für mehrfache Eigenwerte liefert [5].

Literatur

[1] Гавурин, М. К., О методе ложных возмущений для разыскания собственных значений, Ж. вычисл. матем. и матем. физ. 1 (1961), 757—770.

[2] Kuhnert, F., Über die genäherte Berechnung von Eigenwerten durch Pseudostöriteration, in: Beiträge zur Analysis und angewandten Mathematik, VEB Deutscher Verlag der Wissenschaften, Berlin 1968, S. 71—80.

[3] Kuhnert, F., Die Pseudostöriteration zur Bestimmung von Eigenwerten und Eigenvektoren, VEB Deutscher Verlag der Wissenschaften, Berlin 1971.

[4] Курпель, М. С., Проекционного-итеративные методы решения операторных уравнений, Наукова думка, Киев 1968.

[5] Lober, R., Simultane Berechnung zweier isolierter einfacher Eigenwerte selbstadjungierter Operatoren, Dissertation, TH Karl-Marx-Stadt 1974.

[6] Meyer, A., und W. Lang, Die Konstruktion eines geeigneten Startvektors für die Pseudostöriteration mit Hilfe des Jacobi-Verfahrens, Beiträge Numer. Math. 5 (1976), 119—127.

[7] Lang, W., Numerische Aspekte der Pseudostöriteration, Dissertation, TH Karl-Marx-Stadt 1972.

Manuskripteingang: 27. 1. 1975

VERFASSER:

Dr. rer. nat. Wilgard Lang, Sektion Mathematik der Technischen Hochschule Karl-Marx-Stadt

Beiträge zur Numerischen Mathematik
5 (1976), 93–106

Stabilitätsuntersuchungen bei Verfahren zur Bestimmung unterer Eigenwertschranken

UWE LÖBEL

1. Einleitung

Nur in seltenen Fällen lassen sich die Eigenwerte eines positiv-definiten, selbstadjungierten Operators A in einem Hilbertraum H analytisch bestimmen. Es war deshalb wichtig, Verfahren zu entwickeln, die konvergente Schranken für die gesuchten Eigenwerte liefern. Bekannt ist das Ritz-Verfahren [10] zur Bestimmung oberer Schranken. Untere Schranken liefern beispielsweise die Verfahren von BAZLEY und FOX [2], KNAUER [5] und LEHMANN [7]. Während beim Bazley-Fox-Verfahren, basierend auf Ideen von WEINSTEIN [12], ARONSZAJN [1] und WEYL [13], durch Weglassen eines positiven Teils von A untere Schranken gewonnen werden, erhalten KNAUER und LEHMANN diese durch Abschätzung des Rayleigh-Quotienten nach unten. Umfangreiche Literatur liegt zu den genannten Verfahren bezüglich Konvergenz- und Fehlerbetrachtungen vor [4, 6, 11]. Mit ihrer Anwendung auf konkrete Aufgabenstellung entsteht aber sofort das Problem der numerischen Realisierung. Darunter wollen wir, die Methodik MICHLINS [9] übernehmend, folgende Etappen verstehen:

(1) Auswahl des Systems der Koordinatenfunktionen,

(2) Aufstellung und Lösung des zum Ausgangsproblem gehörigen Matrixeigenwertproblems,

(3) Beachtung des Einflusses der Eingangsfehler, die bei (2) entstehen, auf die Genauigkeit der Näherungslösung.

Es ist klar, daß bei Anwendung der Verfahren notwendigerweise (1) und (2) ausgeführt werden. Weit weniger Aufmerksamkeit wurde dagegen bisher dem Problem (3) geschenkt, welches in die allgemeine Problematik der Verfahrensstabilität eingebettet werden kann.

In dieser Arbeit werden nun einige Ergebnisse von Stabilitätsuntersuchungen bei zwei Varianten des Bazley-Fox-Verfahrens und beim Verfahren von KNAUER dargestellt. Insbesondere wird auf den Zusammenhang zwischen (1) und (3) eingegangen. Als Stabilitätsdefinition wird die von MICHLIN [9] bei Aufgaben zur Spektrumsbestimmung zugrunde gelegt. Bezüglich (2) setzen wir die Existenz und Anwendung numerisch stabiler Algorithmen voraus.

Da diese Arbeit lediglich Übersichtscharakter trägt, wird auf eine Beweisführung der theoretischen Aussagen weitgehend verzichtet. Diese werden lediglich durch einige numerische Testbeispiele, gerechnet auf der Rechenanlage R 300 der TH Karl-Marx-Stadt, illustriert. Als Modellfälle wurden die folgenden beiden Eigenwertprobleme gewöhnlicher Differentialoperatoren im $L_2[0, \pi]$ gewählt:

$$\text{(B 1)} \quad \begin{cases} Au = -u'' + e^x u = \lambda u(x), \\ u(0) = u(\pi) = 0, \end{cases}$$

$$\text{(B 2)} \quad \begin{cases} Au = u^{(4)} - (e^x u')' = \lambda u(x), \\ u(0) = u(\pi) = u''(0) = u''(\pi) = 0. \end{cases}$$

Werden Zahlen in halblogarithmischer Schreibweise dargestellt, dann gibt die Zahl hinter l den Exponenten an.

2. Stabilitätsdefinition

Die grundlegende Definition der Verfahrensstabilität bei Aufgaben zur Spektrumsbestimmung von Michlin [9], S. 221, wird in leicht abgeänderter Bezeichnungsweise für den speziellen Hilbertraum $H_n = R^n$ übernommen. Es seien U_n und V_n symmetrische, positiv-definite Matrizen und es bezeichne λ_k^n den k-ten Eigenwert (in wachsender Ordnung numeriert) der Gleichung

$$(U_n - \lambda V_n)\, w^{(n)} = 0. \tag{2.1}$$

Die zu (2.1) gehörige gestörte Gleichung sei

$$\big((U_n + \Gamma_n) - \mu(V_n + \Delta_n)\big)\, z^{(n)} = 0, \tag{2.2}$$

wobei Γ_n und Δ_n symmetrische Matrizen sind. Ihre Elemente stellen Eingangsfehler dar, die beispielsweise bei Problem (2) von (2.1) entstehen.

Definition (D 2.1) (Michlin). Ein Verfahren zur Bestimmung des k-ten Eigenwertes von (2.1) heißt *stabil*, wenn von n unabhängige Konstanten p, q, r (die von k abhängen können) existieren, so daß bei

$$\|\Gamma_n\| \leqq r \quad \text{und} \quad (V_n + \Delta_n) > 0 \tag{2.3}$$

folgende Bedingungen erfüllt sind:

1. $(U_n + \Gamma_n) > 0.$
2. Ist μ_k^n der k-te Eigenwert von (2.2), dann gelte für den relativen Fehler von λ_k^n

$$\left|\frac{\lambda_k^n}{\mu_k^n} - 1\right| \leqq p \cdot \|\Gamma_n\| + q \cdot \|\Delta_n\|. \tag{2.4}$$

Um nicht ständig auf die Literatur verweisen zu müssen, werden zunächst noch einige wichtige Klassen von Elementesystemen im Hilbertraum definiert.

Definition (D 2.2) (vgl. [9], S. 9). Es seien

$$u_1, u_2, \ldots, u_n, \ldots \tag{2.5}$$

Elemente des Hilbertraumes H; $H_k = \text{span}\{u_1, \ldots, u_{k-1}, u_{k+1}, \ldots\}$. Das System (2.5) heißt *minimal* in H, wenn $u_k \notin H_k$ für alle k gilt. Es heißt *nichtminimal* im entgegengesetzten Fall.

Definition (D 2.3) (vgl. [9], S. 11). Das System (2.5) heißt *stark minimal* in H, falls $\lim\limits_{n\to\infty} \lambda_{\min}(G_n) \geqq m > 0$ mit $m =$ konstant und G_n die Gramsche Matrix des Systems $\{u_1, \ldots, u_n\}$ ist.

Definition (D 2.4) (vgl. [9], S. 13). Das System (2.5) heißt *fast orthonormiert* in H, wenn Konstanten m und M existieren, so daß für alle n und $k \leqq n$ die Ungleichungen $m \leqq \lambda_k^n \leqq M$ gelten, wobei $\lambda_k^n \in \sigma(G_n)$ ist.

3. Darstellung der Verfahren von Bazley-Fox und Knauer

Zum Verständnis der Stabilitätsaussagen im folgenden Kapitel genügt eine kurze Beschreibung der Verfahren. Betrachtet wird ein selbstadjungierter, positiv-definiter Operator A mit $\overline{D(A)} = H$, H separabler Hilbertraum. A besitze ein reines Punktspektrum. λ_i und u_i bezeichnen die Eigenwerte bzw. Eigenelemente von A.

3.1. *Das Verfahren von Bazley-Fox*

A genüge den zusätzlichen Voraussetzungen:

(V 3.1) A gestatte die Zerlegung in eine Summe

$$A = A_0 + B.$$

A_0 (Basisoperator) sei ein selbstadjungierter, positiv-definiter Operator mit bekannter Spektraldarstellung. Für die Eigenwerte von A_0 gelten die Relationen

$$0 < \lambda_{10} \leqq \lambda_{20} \leqq \cdots \leqq \lambda_{\infty 0} \leqq \infty.$$

$\{u_{10}, u_{20}, \ldots\}$ bezeichne die dazugehörige Folge orthonormierter Eigenelemente. B (Zusatzoperator) sei symmetrisch und positiv-definit. Bezüglich der Definitionsgebiete gelte

$$D(A) = D(B) \cap D(A_0) = D(A_0).$$

(V 2.2) B sei relativ beschränkt zu A_0, d. h., es existiere eine Konstante a, so daß für alle $u \in D(A_0)$

$$(Bu, u) \leq a(A_0 u, u)$$

gilt.

Die Grundidee des Verfahrens besteht nun darin, zum Basisoperator A_0 Zwischenoperatoren A_n so zu konstruieren, daß die Ungleichungen $A_0 \leqq A_n \leqq A_{n+1} \leqq A$

und für die Eigenwerte dieser Operatoren die analogen Relationen $\lambda_{i0} \leqq \lambda_{in} \leqq \lambda_{i,n+1} \leqq \lambda_i$ $(1 \leqq i \leqq n)$ gelten.

Dazu wird durch Vervollständigung von $D(B)$ in der Metrik $[u, v] = (Bu, v)$, $\|u\|^2 = (Bu, u)$ für alle $u, v \in D(B)$ der Raum H_B eingeführt. Es bezeichne P_n den Orthoprojektor in H_B auf $M_n = \text{span}\{p_1, \ldots, p_n\}$. Die Folge $\{p_i\}_{i=1}^{\infty}$ bilde dabei in H_B ein vollständiges System linear unabhängiger Elemente. P_n hat die Gestalt

$$P_n u = \sum_{i,j=1}^{n} (Bu, p_i)\, b_{ij} p_j, \qquad u \in H_B.$$

Die Konstanten b_{ij} sind die Elemente der Matrix S_n^{-1}, wenn

$$S_n \equiv \{(Bp_i, p_j)\}_{i,j=1}^{n} \tag{3.1}$$

die Gramsche Matrix des Systems $\{p_i\}_{i=1}^{\infty}$ in H_B bezeichnet. Die Zwischenoperatoren A_n werden dann definiert durch

$$A_n = A_0 + BP_n, \qquad D(A_n) = D(A_0). \tag{3.2}$$

3.1.1. Variante 1: Spezielle Wahl der Koordinatenfunktionen

Im allgemeinen ist die numerische Behandlung des zu (3.2) gehörigen Eigenwertproblems nicht möglich (vgl. [4]). Es ist jedoch aus der bisherigen Darlegung des Verfahrens ersichtlich, daß die unteren Schranken λ_{in} wesentlich von der Wahl der Koordinatenfunktionen $\{p_i\}_{i=1}^{n}$ abhängig sind. Folgender Satz gibt Auskunft, wie durch eine spezielle Wahl der Koordinatenfunktionen die mit (3.2) verknüpfte Aufgabe zur Bestimmung der $\lambda_{in} \in \sigma(A_n)$ durch ein Matrixeigenwertproblem gelöst werden kann.

Satz (S 3.1) (vgl. [8], S. 7). *Werden die Koordinatenfunktionen p_i gemäß*

$$Bp_i = u_{i0} \qquad (1 \leqq i \leqq n) \tag{3.3}$$

bestimmt, dann läßt sich das Spektrum von A_n wie folgt charakterisieren:

a) *n Eigenwerte von A_n sind Lösungen von*

$$(S_n^{-1} + D_{n0} - \lambda I_n)\, a^{(n)} = 0 \tag{3.4}$$

mit S_n, definiert durch (3.1), $D_{n0} = \text{diag}\,(\lambda_{10}, \ldots, \lambda_{n0})$, $a^{(n)} \in R^n$ *und I_n Einheitsmatrix im R^n und*

b) *die restlichen Eigenwerte von A_n stimmen mit denen von A_0, die größer oder gleich λ_{n+10} sind, überein.*

3.1.2. Variante 2: Trunkation des Basisoperators

Bei dieser Variante zur Konstruktion von Zwischenoperatoren wird die in vielen Fällen schwierige Aufgabe der Bestimmung der Koordinatenfunktionen p_i aus (3.3) nicht vorausgesetzt. Es sei $m \geqq n$. A_0 wird verändert und auf ganz H fortgesetzt:

$$A_{0m} u = A_0 Q_{m0} u + \lambda_{m+1,0}(I - Q_{m0})\, u;$$

Q_{m0} Orthoprojektor in H auf span $\{u_{10}, \ldots, u_{m0}\}$.

Mit dieser „Trunkation“ (engl. Verstümmelung, Abschneidung) von A_0 werden Zwischenoperatoren konstruiert der Art

$$A_{nm} = A_{0m} + BP_n, \qquad D(A_{nm}) = H.$$

$\lambda_{m+1,0}$ ist Eigenwert unendlicher Vielfachheit von A_{nm}. Zu den restlichen Eigenwerten gehören Eigenelemente aus dem Unterraum M_N ($N = m + n$), der aufgespannt wird durch das System

$$\{u_{10}, \ldots, u_{m0}, Bp_1, \ldots, Bp_m\}. \tag{3.5}$$

In [8] wird folgender Satz bewiesen:

Satz (S 3.2). *Die Eigenwerte* $\lambda \neq \lambda_{m+1,0}$ *des Operators* A_{nm} *sind Lösungen des Matrixeigenwertproblems*

$$(D - \mu C)\, c^{(N)} = 0 \tag{3.6}$$

mit

$$\mu = \frac{1}{\lambda - \lambda_{m+1,0}}, \quad c^{(N)} \in R^N, \quad D = \begin{bmatrix} D_{m0} & 0 \\ 0 & S_n \end{bmatrix},$$

wobei $D_{m0} = \operatorname{diag}\left(1/(\lambda_{10} - \lambda_{m+1,0}), \ldots, 1/(\lambda_{m0} - \lambda_{m+1,0})\right)$, S_n *definiert durch* (3.1) *und* C *die Gramsche Matrix des Systems* (3.5) *ist.*

3.2. Das Verfahren von Knauer

(V 3.3) Mit $\{v_i\}_{i=1}^{\infty} \subset D(A)$ sei ein vollständiges Orthonormalsystem in H bekannt. Ferner seien bekannt die (in wachsender Ordnung numerierten) Ritz-Näherungen λ_{kR} und w_{kR} ($1 \leqq k \leqq n$) der Eigenwerte und zugehörigen orthonormierten Eigenelemente von A aus

$$Q_n A Q_n w_{kR} = \lambda_{kR} w_{kR}$$

mit Q_n als Orthoprojektor in H auf $V_n = \operatorname{span}\{v_1, \ldots, v_n\}$ und $w_{kR} = \sum_{i=1}^{n} c_i^k v_i$.

(V 3.4) Außerdem seien bekannt Konstanten α_{n+1} und τ, die die Bedingungen

$$0 < \alpha_{n+1} \leqq \min_{\substack{y \perp V_n \\ \|y\|=1}} (Ay, y)$$

und

$$\max_{\substack{v \in V_n \\ \|v\|=1}} (Av, v) \leqq \tau \cdot \alpha_{n+1}$$

erfüllen.

(V 3.5) Bezüglich der Konvergenz der unteren Schranken wird die Bedingung

$$\max_{\substack{u \in V_n \\ \|u\|=1}} \frac{\|(A - Q_n A)\, u\|}{\|Au\|} \leqq \varepsilon_n \xrightarrow[n \to \infty]{} 0$$

mit mindestens $O(1/n)$ gestellt.

Die untere Schranke $\nu_k \leqq \lambda_k$ wird nach KNAUER durch Abschätzung des Rayleigh-Quotienten für den k-ten Eigenwert von A nach unten als kleinster Eigenwert des Matrixproblems

$$C_k{}^n a^{(k)} = \nu a^{(k)} \tag{3.7}$$

mit

$$C_k{}^n = \begin{bmatrix} \lambda_{nR} & 0 & & r_k \\ 0 & \ddots & & \vdots \\ & & \lambda_{nR} & r_n \\ r_k & \dots & r_n & \alpha_{n+1} \end{bmatrix}, \quad a^{(k)} \in R^{n-k+2},$$

ermittelt. Die Elemente r_i $(1 \leqq k \leqq i \leqq n)$ bezeichnen dabei die Ritzschen Defekte

$$r_i = (\|Aw_{iR}\|^2 - \lambda_{iR}^2)^{1/2}. \tag{3.8}$$

4. Stabilitätsaussagen

4.1. Stabilität bei Variante 1 des Bazley-Fox-Verfahrens

Das durch Eingangsfehler (Rundungsfehler werden im Sinne der Wilkinsonschen inversen Abschätzung ebenfalls als Eingangsfehler aufgefaßt) gestörte Problem zu (3.4) sei

$$\left((S_n + \Gamma_n{}^s)^{-1} + D_{n0} - \mu I_n\right) b^{(n)} = 0. \tag{4.1}$$

Dabei ist $\Gamma_n{}^s$ eine symmetrische Matrix der Eingangsfehler γ_{ij} mit

$$|\gamma_{ij}| \leqq \frac{1}{2} \cdot 10^{-l} \tag{4.2}$$

(l eine noch zu bestimmende Zahl).

Das Stabilitätsproblem liegt bei Variante 1 im wesentlichen in der Frage: Existiert für alle n eine von n unabhängige Konstante K, so daß

$$\|S_n{}^{-1}\| \leqq K$$

gilt?

Lemma (L 4.1). *Der Operator B sei beschränkt mit*

$$0 < m \cdot I \leqq B \leqq M \cdot I \qquad (m, M \textit{ konstant}). \tag{4.3}$$

Dann gelten die Beziehungen

$$0 < m \cdot I_n \leqq S_n{}^{-1} \leqq M \cdot I_n. \tag{4.4}$$

Beweis. Die Ungleichung (4.3) ist für alle $u \in H$ äquivalent den Ungleichungen

$$0 < \frac{1}{M}(u, u) \leqq (B^{-1}u, u) \leqq \frac{1}{m}(u, u).$$

Mit $u = \sum_{i=1}^{n} t_i u_{i0}$ und $t = (t_1, \ldots, t_n)^{\mathsf{T}} \in R^n$ folgen dann wegen (3.3) die Relationen

$$\frac{1}{M}(t, t) \leqq (S_n t, t) \leqq \frac{1}{m}(t, t), \tag{4.5}$$

woraus für S_n^{-1} unmittelbar die Behauptung folgt, q. e. d.

Bemerkung (B 4.1). Das Koordinatensystem $\{p_i\}_{i=1}^{\infty}$ aus (3.3) ist wegen (4.5) nach (D 2.4) fast orthonormal in H_B. Diese Eigenschaft garantiert die gleichmäßige Beschränktheit von $\|S_n^{-1}\|$ bezüglich n.

Mit (L 4.1) ist die folgende Aussage leicht nachweisbar.

Satz (S 4.1) (vgl. [8], S. 16). *Der Operator B sei beschränkt, es gelte* (4.3). *Wird der Fehlerexponent l so gewählt, daß*

$$\alpha = M \cdot \frac{n}{2} \cdot 10^{-l} < 1 \tag{4.6}$$

für beliebiges, aber festes n gilt, dann ist die Bestimmung des k-ten Eigenwertes von A_n aus (3.4) *stabil im Sinne von* (D 2.1). *Der relative Fehler der Eigenwerte des zu* (3.4) *gehörigen gestörten Problems* (4.1) *läßt sich abschätzen durch*

$$\left|\frac{\lambda_k^n}{\mu_k^n} - 1\right| \leqq \frac{M \cdot \alpha}{1 - \alpha} \cdot \frac{1}{\mu_k^n}.$$

Es sei nun der Operator B unbeschränkt, beispielsweise werde beim Eigenwertproblem

$$Au = u^{(4)} - u'' = \lambda u \quad \text{mit} \quad u(0) = u(\pi) = u''(0) = u''(\pi) = 0$$

B gewählt als $Bu = -u''$ mit $u(0) = u(\pi) = 0$. Wegen $\lambda_{i0} = i^4$ und $u_{i0} = \sqrt{\frac{2}{\pi}} \cdot \sin ix$, $p_i = u_{i0}/i^2$ und damit $S_n = \operatorname{diag}(1, 1/4, \ldots, 1/n^2)$ gilt $\lim_{n \to \infty} \lambda_{\min}(S_n) = 0$.

Bemerkung (B 4.2). Obiges Beispiel zeigt, daß das Koordinatensystem $\{p_i\}_{i=1}^{\infty}$ aus (3.3) für unbeschränkte Operatoren B im allgemeinen nicht stark minimal in H_B ist. Diese Aussage kann verschärft werden:

Das System $\{p_i\}_{i=1}^{\infty}$ aus (3.3) mit unbeschränktem Operator B ist in H_B minimal.

Beweis. Nach Satz 1.2 (vgl. [9], S. 10) ist hierfür notwendig und hinreichend zu zeigen, daß ein zum System $\{p_i\}_{i=1}^{\infty}$ biorthogonales System in H_B existiert. Da $\{u_{i0}\}_{i=1}^{\infty} \subset H_B$ ist, gilt wegen (3.3) $[p_i, u_{j0}] = (Bp_i, u_{j0}) = (u_{i0}, u_{j0}) = \delta_{ij}$, q. e. d.

Diese Eigenschaft des Koordinatensystems $\{p_i\}_{i=1}^{\infty}$ (oder so ausgedrückt: S_n ist fast singulär) ist wesentlich für die Stabilitätsaussage.

Satz (S 4.2) (vgl. [8], S. 21). *Bei unbeschränktem Operator B ist die Bestimmung des k-ten Eigenwertes von A_n aus* (3.4) *nicht stabil im Sinne von* (D 2.1).

Für weitere Stabilitätsuntersuchungen ist in diesem Fall der folgende Satz von Bedeutung.

Satz (vgl. [9], S. 12). *Es sei das System $w_1, \ldots, w_n, \ldots$ in H minimal. Dann existieren Konstanten a_i derart, daß das System $a_1 \cdot w_1, \ldots, a_n \cdot w_n, \ldots$ stark minimal in H ist.*

Eine solche (stabilisierende!) Folge $\{a_i\}_{i=1}^{\infty}$ wird in (S 4.3) angegeben.

Satz (S 4.3) (vgl. [8], S. 25). *Werden die Koordinatenfunktionen p_i aus*

$$Bp_i = A_0^{t/s} u_{i0}, \qquad 1 \leqq i \leqq n, \tag{4.7}$$

bestimmt und gelten die Beziehungen

$$0 < m \cdot I \leqq B \leqq c \cdot A_0^t, \qquad c > 0, t \in (0, 1], \tag{4.8}$$

und

$$2t \leqq s \leqq 2, \tag{4.9}$$

dann ist die Bestimmung des k-ten Eigenwertes von A_n aus

$$\left(S_n^{-1} + D_{n0}^{1-2t/s} - \sigma(S_n^{-1} + D_{n0}^{1-2t/s} + D_{n0}^{-2t/s})\right) a^{(n)} = 0 \tag{4.10}$$

mit $\sigma = \lambda/(\lambda + 1)$ stabil im Sinne von (D 2.1).

Bemerkung (B 4.3).

1. Die „stabilisierende" Folge $\{a_i\}_{i=1}^{\infty}$ ist wegen (4.7), (4.8) und (4.9) gleich der Folge $\{\lambda_{i0}^{t/s}\}_{i=1}^{\infty}$.

2. Die Parameter t und s werden in Abhängigkeit von einer in [8] angegebenen Fehlerabschätzung gewählt. Da mit (4.8) auch (V 3.2) erfüllt ist ($A_0^t \leqq b \cdot A_0$ für $0 < t \leqq 1$) kann also stets $t = 1$ und wegen (4.9) $s = 2$ gesetzt werden.

3. Die Konvergenzgeschwindigkeit dieser Variante wird bei Bestimmung der p_i aus (4.7) gegenüber der aus (3.3) nicht geändert.

Numerische Testergebnisse (B unbeschränkt)
Vorgelegt sei Beispiel (B 2). Tabelle 1 gibt einige Eigenwertschranken nach (3.4), (4.10) und zum Vergleich die oberen Schranken nach RITZ (Stabilitätsforderungen wurden dabei erfüllt) jeweils ohne und mit Störungen γ_{ij} an. Diese wurden gewählt als

$$\gamma_{ij} = \begin{cases} -0{,}005, & i = j, \\ 0{,}005, & i \neq j. \end{cases}$$

Gerechnet wurde mit 8 Mantissenstellen und 12 Koordinatenfunktionen.

Tabelle 1

λ_{i12}	(3.4)	(4.10) $\frac{t}{s} = \frac{1}{2}$	RITZ
$i = 1$	.72454 $l1$	.72454 $l1$	.72459 $l1$
	.49 $l2$	.747 $l1$	.72433 $l1$
$i = 6$	.15464 $l4$	.15461 $l4$	.1546643 $l4$
	.1184 $l4$	.15479 $l4$	.1546639 $l4$
$i = 12$	.21458 $l5$	.2156 $l5$	.2179849 $l5$
	.2061 $l5$	.2147 $l5$	.2179848 $l5$

Besonders deutlich sichtbar wird die Instabilität der Eigenwerte nach (3.4) für $i = 1$. Hier ist $\lambda_{1,12} < 0$!

Da die Störungen grob sind, können die nach (4.10) erzielten Ergebnisse durchaus als befriedigend in der Genauigkeit eingeschätzt werden.

4.2. *Stabilität bei Variante 2 des Bazley-Fox-Verfahrens*

Zunächst wird die Lage der Eigenwerte der Matrizen C und D charakterisiert. Dazu werden die beiden folgenden Hilfssätze benötigt.

Lemma (L 4.2) (vgl. [8], S. 30). *Das System*

$$U = \{u_1, \ldots, u_n, \ldots\} \subset H \tag{4.11}$$

sei in H nichtminimal. U enthalte eine fast orthonormale (Riesz-Fischer)-Basis $V = \{u_i\}_{i=l+1}^{\infty}$, so daß sich l voneinander linear unabhängige Elemente $\{u_i\}_{i=1}^{l}$ als Linearkombinationen der Basiselemente ergeben. Dann ist Null mindestens l-facher Eigenwert der Gramschen Matrix $G(U)$ des Systems U.

Lemma (L 4.3) (vgl. [8], S. 31). *Es gelten die Voraussetzungen von* (L 4.2). *Dann existieren mindestens l Folgen von Eigenwerten der Gramschen Matrizen $G(U_{n+l})$ der Systeme $U_{n+l} = \{u_1, \ldots, u_l, \ldots, u_{n+l}\}$ $(n \geqq l)$ mit der Eigenschaft*

$$\lambda_i^{n+l} \geqq \lambda_i^{n+1+l} \geqq \cdots \geqq \lambda_i^{\infty} = 0 \qquad (1 \leqq i \leqq l). \tag{4.12}$$

Da das System (3.5) die Voraussetzungen von (L 4.2) erfüllt ($\{u_{i0}\}_{i=1}^{\infty}$ ist orthonormal in H, $\{Bp_i\}_{i=1}^{\infty}$ ist Folge linear unabhängiger Elemente in H), bestehen die in

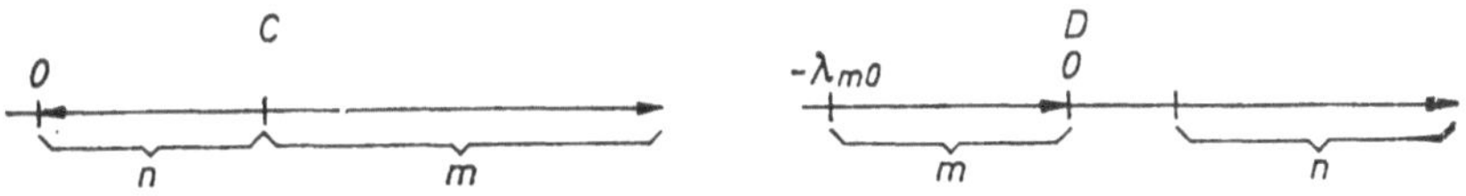

Abb. 1

Abb. 1 angegebenen Lagerelationen der Eigenwerte von C. Dabei deuten die Pfeile auf wachsendes m und n hin. Die Skizze ist für stark minimale Systeme $\{p_i\}_{i=1}^{\infty}$ in H_B gezeichnet (beispielsweise für $p_i = u_{i0}$). Mit dieser Darstellung wird (3.6) charakterisiert als ein allgemeines, schlecht konditioniertes Matrixeigenwertproblem.

Satz (S 4.4) (vgl. [8], S. 37). *Unabhängig von der Wahl der Koordinatenfunktionen $\{p_i\}_{i=1}^{\infty} \subset H_B$ existieren stets Eigenwerte von A_{nm}, die sich bei der Bestimmung aus* (3.6) *als instabil erweisen.*

Numerische Testergebnisse

In der Tabelle 2 werden für (B 1) bzw. (B 2) obige Aussagen bestätigt. Dabei sind $n = m = 6$ und $p_i = u_{i0}$. Eingangsfehler werden allein durch Rundungsfehler repräsentiert. Außerdem sind in dieser Tabelle die „ε-stabilen" Eigenwerte von (3.6) nach dem Deflationsalgorithmus von Fix-Heiberger [3], die zugehörigen ε-Schran-

Tabelle 2

Beispiel (B1)

Variante 2 nach Fix-Heiberger-Algorithmus							Variante 2	Variante 1	RITZ
i/n_2	6	5	4	3	2	1	0	$n = 12$	$n = 12$
1	.490 *l*1	.4898 *l*1	.4879 *l*1	.48969 *l*1	.4877 *l*1	.52 *l*1	.72 *l*1	.48966 *l*1	.48966 *l*1
3	.161 *l*2	.1603 *l*2	.1602 *l*2	.16001 *l*2	.1531 *l*2	.14 *l*2	.34 *l*2	.16019 *l*2	.16019 *l*2
6	.502 *l*2	.4236 *l*2	.4233 *l*2	.42331 *l*2	.4231 *l*2	.42 *l*2	.62 *l*2	.43218 *l*2	.43220 *l*2
$\varepsilon(C)$	.1 *l*-2	.1 *l*-3	.1 *l*-5	.1 *l*-6	.2 *l*-8	.4 *l*-9	.4 *l*-10		

Beispiel (B2)

								$\frac{t}{s} = \frac{1}{2}$	
1	.78 *l*2	.617 *l*2	.819 *l*1	.7785 *l*1	.7220 *l*1	.712 *l*1	.15 *l*6	.72454 *l*1	.72459 *l*1
3	.30 *l*3	.296 *l*3	.143 *l*3	.1415 *l*3	.1414 *l*3	.984 *l*2	.33 *l*2	.14137 *l*3	.14138 *l*3
6	.21 *l*4	.154 *l*4	.154 *l*4	.1533 *l*4	.1533 *l*4	.152 *l*4	.16 *l*4	.15462 *l*4	.15466 *l*4
$\varepsilon(C)$	.1 *l*-3	.3 *l*-5	.1 *l*-5	.1 *l*-6	.1 *l*-7	.4 *l*-9	.4 *l*-10		

ken ($\varepsilon = 1/\text{cond}(C)$), die unteren Schranken nach Variante 1 sowie die Ritzschen oberen (stabilen!) Schranken angegeben.

Zu den numerischen Ergebnissen in Tabelle 2:

1. n_2 gibt die Anzahl der nach dem Fix-Heiberger-Algorithmus abgespaltenen „Fast-Null"-Eigenwerte der Matrix C an.

2. Für $n_2 = 0$ (herkömmliche Methode zur Lösung von (3.6)) wird eindrucksvoll sowohl für (B 1) als auch für (B 2) die Aussage von (S 4.4) bestätigt.

3. Für $n_2 = 3$ bei (B 1) bzw. $n_2 = 2$ bei (B 2) sind die ε-stabilen Eigenwerte brauchbare Näherungen, jedoch kann dabei die Schrankeneigenschaft („untere Schranke zu sein") für alle Eigenwerte nicht mehr garantiert werden.

4. Bei nur geringer Änderung von ε treten große Änderungen in den Ergebnissen auf. Aber selbst wenn es gelänge, ein optimales ε zu bestimmen, was ohnehin noch ein offenes Problem ist, bleiben die oben beschriebenen Nachteile.

4.3. *Stabilität des Verfahrens von Knauer*

Es ist klar, daß für die Stabilität der Eigenwertschranken nach KNAUER die Stabilität des Ritz-Verfahrens notwendig ist. Deshalb werden zunächst die Untersuchungsergebnisse von DOWBYSCH [9], S. 223–229, zur Stabilität des Ritz-Verfahrens bei Eigenwertaufgaben zusammengefaßt.

Satz (S 4.5) [9]. *Das Ritz-Verfahren zur Bestimmung der ersten n oberen Schranken λ_{kR} $(1 \leqq k \leqq n)$ für die Eigenwerte des Operators A und der dazugehörigen Eigen-*

unterräume ist dann und nur dann stabil, wenn das Koordinatensystem stark minimal in H_A ist.

Wegen (V 3.3) ist nach Folgerung 4.2 (vgl. [9], S. 18) das System $\{v_i\}_{i=1}^{\infty}$ stark minimal in H_A, so daß nach (S 4.5) das Ritz-Verfahren mit (V 3.3) stabil im Sinne von (D 2.1) ist.

Es erhebt sich nun die Frage: Wie wirken sich Eingangsfehler bei der Bestimmung der λ_{jR}, w_{jR} und r_j auf die unteren Schranken von (3.7) aus?

Das zu (3.7) gehörige gestörte System sei

$$(C_k^n + \Gamma_k^n - \tilde{\nu} I_{n-k+2})\, b^{(k)} = 0 \qquad (1 \leqq k \leqq n) \tag{4.11}$$

mit $b^{(k)} \in R^{n-k+2}$ und der symmetrischen Fehlermatrix

$$\Gamma_k^n = \begin{bmatrix} \tilde{\lambda}_{kR} - \lambda_{kR} & & 0 & \tilde{r}_k - r_k \\ & \ddots & & \vdots \\ & & \tilde{\lambda}_{nR} - \lambda_{nR} & \tilde{r}_n - r_k \\ \tilde{r}_k - r_k & \dots & \tilde{r}_n - r_n & 0 \end{bmatrix}.$$

Die Zahlen $\tilde{\lambda}_{jk}$ sind dabei die gestörten Ritz-Näherungen aus

$$\big(Q_n(A + T_n) - \tilde{\lambda}_{jR} I\big)\, \tilde{w}_{jR} = 0 \tag{4.12}$$

mit T_n als beschränktem symmetrischen Störoperator in H:

$$\|T_n\| \leqq K_1 \qquad (K_1 \text{ unabhängig von } n).$$

Die gestörten Defekte $\tilde{r}_j$ werden definiert als

$$\tilde{r}_j^2 = \big|\, \|\widetilde{A\tilde{w}_{jR}}\|^2 - \tilde{\lambda}_{jR}^2 \big| \tag{4.13}$$

mit

$$\|\widetilde{A\tilde{w}_{jR}}\|^2 \equiv (M_n \tilde{c}^{(j)}, \tilde{c}^{(j)}) + (\Delta_n \tilde{c}^{(j)}, \tilde{c}^{(j)})$$
$$= \|A\tilde{w}_{jR}\|^2 + (\Delta_n \tilde{c}^{(j)}, \tilde{c}^{(j)}).$$

Es wird vorausgesetzt, daß der Fehler der Normberechnung beschränkt sei durch $\|\Delta_n\| \leqq K_2$, K_2 unabhängig von n. Mit den beschriebenen Eingangsfehlern wird in [8] eine Fehlerabschätzung der Art

$$|\nu_K - \tilde{\nu}_K| \leqq K = K(K_1, K_2, \lambda_{kR})$$

hergeleitet, womit zumindestens qualitativ die Stabilität im Sinne von (D 2.1) des Verfahrens von KNAUER nachgewiesen wäre. Es erwies sich jedoch als vorteilhaft, hinreichende Bedingungen an die Größenordnung der zulässigen Eingangsfehler für die Stabilität des Verfahrens während des aktuellen Rechenvorganges zu überprüfen. Diese sind im folgenden Satz formuliert.

Satz (S 4.6) (vgl. [8]). *Das Verfahren von Knauer zur Bestimmung unterer Eigenwertschranken ist stabil im Sinne von* (D 2.1), *wenn die oberen Schranken K_1 und K_2 der* *zulässigen Störungen so bestimmt werden, daß*

$$\tilde{\lambda}_{i+1,R} - \tilde{\lambda}_{iR} \geqq \tilde{r}_{i+1} - \tilde{r}_i \tag{4.14}$$

und

$$\alpha_{n+1} \geqq \tilde{\lambda}_{iR} + \sum_{j=i+1}^{n} \tilde{r}_j \tag{4.15}$$

gelten.

In der Tabelle 3 sind für die Beispiele (B1) bzw. (B2) einige der ungestörten Eigenwertschranken sowie die absoluten Fehler der durch die Eingangsfehler

Tabelle 3 Beispiel (B1)

i	Variante 1	$\Delta(\lambda_i)$	Knauer	$\Delta(\nu_i)$	Ritz	$\Delta(\lambda_{iR})$
1	.48966674 *l*1	0.07	.48966681 *l*1	0.0008	.48966681 *l*1	0.0007
2	.10045176 *l*2	0.37	.10045188 *l*2	0.0074	.10045190 *l*2	0.0064
5	.32263140 *l*2	1.05	.32263658 *l*2	0.0087	.32263803 *l*2	0.0055
6	.43218540 *l*2	1.07	.43219911 *l*2	0.0102	.43220234 *l*2	0.0054
11	.12800691 *l*3	0.98	.12762216 *l*3	0.11	.12884479 *l*3	0.0065
12	.14931198 *l*3	0.56	.15109406 *l*3	0.26	.15110084 *l*3	0.0051
	$\frac{t}{s} = \frac{1}{2}$		Beispiel (B2)			
1	.72454898 *l*1	0.23	.72457782 *l*1	0.0027	.72459371 *l*1	0.0026
2	.41817237 *l*2	1.15	.41820861 *l*2	0.0056	.41821842 *l*2	0.0055
5	.79802700 *l*3	1.07	.79802431 *l*3	0.0054	.79804086 *l*3	0.0051
6	.15461314 *l*4	1.84	.15466121 *l*4	0.0051	.15466436 *l*4	0.0045
11	.15469297 *l*5	7.23	.15489520 *l*5	0.01	.15493321 *l*5	0.006
12	.21564667 *l*5	88	.21727330 *l*5	0.06	.21798492 *l*5	0.007

$\gamma_{ij} = \begin{cases} -0.005, & i = j, \\ 0.005, & i \neq j, \end{cases}$ gestörten Eigenwerte nach Variante 1, nach Knauer und nach Ritz aufgeschrieben. Gerechnet wurde mit 8 Mantissenstellen und 12 Koordinatenfunktionen. Da (B1) und (B2) vom „Bazley-Fox-Typ" sind, wurde α_{n+1} (beim Knauer-Verfahren) gewählt als $\alpha_{n+1} = \lambda_{n+1,0}$.

Bemerkenswert ist in Tabelle 3, daß neben der Bestätigung der theoretischen Stabilitätsaussagen von (S 4.6) der Fehlereinfluß auf die Eigenwertschranken beim Verfahren von Knauer gegenüber dem beim Bazley-Fox-Verfahren der Variante 1 bedeutend geringer ist.

5. Schlußbemerkungen

Wie wichtig Stabilitätsuntersuchungen auch bei Verfahren zur Bestimmung unterer Eigenwertschranken bestimmter Operatoren sind, zeigen anschaulich die in den Tabellen angegebenen Ergebnisse numerischer Experimente. Bei Anwendung dieser

Verfahren nützen selbst schöne theoretische Konvergenzaussagen und Fehlerabschätzungen nur sehr wenig, wenn nach der Phase ihrer numerischen Realisierung völlig unsichere bzw. unbrauchbare Ergebnisse geliefert werden. Wir fassen die erhaltenen Resultate zusammen. Im Sinne der Michlinschen Definition (D 2.1) sind stabil:

1. das Verfahren von Bazley-Fox-Variante 1 bei beschränktem Zusatzoperator B (das Koordinatensystem ist fast orthonormal in H_B),

2. das Verfahren von Bazley-Fox-Variante 1 bei unbeschränktem Zusatzoperator, wenn das Koordinatensystem aus dem modifizierten Ansatz (4.7) bestimmt und das daraus resultierende Matrixeigenwertproblem geeignet umgeformt werden zu (4.10) (das Koordinatensystem ist dann stark minimal in H_B) und

3. das Verfahren von Knauer (das Ritzsche Koordinatensystem $\{v_i\}_{i=1}^{\infty}$ ist stark minimal in H_A).

Instabil im Sinne von (D 3.1) ist das Verfahren von Bazley-Fox-Variante 1 bei unbeschränktem Zusatzoperator B, wenn das Koordinatensystem aus dem vom Verfahren her gegebenen Ansatz (3.3) bestimmt wird.

Bemerkenswert ist bei Variante 2 des Bazley-Fox-Verfahrens, daß unabhängig von der Wahl des Koordinatensystems, stets instabile Eigenwerte von (3.6) existieren.

Die nach dem Abspaltungsprinzip von Fix-Heiberger durchgeführten numerischen Experimente zeigen zwar einige Lichtblicke bezüglich der Berechenbarkeit ε-stabiler Eigenwerte, jedoch können keine Empfehlungen mit Gewähr dafür gegeben werden, daß die Eigenwerte gerade die ersten n interessierenden Schranken sind und daß sie bei Vorgabe einer Zahl ε auch hohen Genauigkeitsansprüchen genügen. Die Bestimmung eines optimalen ε ist dabei noch ein offenes Problem.

Beim Stand der gegenwärtigen Forschung sind bezüglich der Stabilitätseigenschaften im Sinne von (D 2.1) die Verfahren von Bazley-Fox-Variante 1 (mit eventueller Modifikation) und von Knauer gleichberechtigt, auf konkret gegebene Probleme angewendet zu werden, währenddem Variante 2 nicht zu empfehlen ist. Je nach Aufgabenstellung, etwa „nur untere Schranken interessieren“ oder „zweiseitige Abschätzungen werden benötigt“, Lösbarkeit der Probleme (3.3), Konvergenzverhalten, Rechenaufwand usw. werden bei den im Sinne von (D 3.1) stabilen Verfahren letztlich darüber entschieden, welches Verfahren zur Anwendung kommt.

Literatur

[1] Aronszajn, N., The Rayleigh-Ritz and the Weinstein methods for approximation to eigenvalues, Proc. Nat. Acad. Sci. USA **34** (1948), 474–480, 594–601.

[2] Bazley, N. W., and D. W. Fox, Truncations in the method of intermediate problems for lower bounds to eigenvalues, J. Res. Nat. Bur. Standards, Sect. B, **65** (1961), 105–111.

[3] Fix, G., and R. Heiberger, An algorithm for the ill-conditioned generalized eigenvalue problem, SIAM J. Numer. Anal. **9** (1972), 79–88.

[4] Gould, S. H., Variational Methods for Eigenvalue Problems, University of Toronto Press, Toronto 1966.

[5] Knauer, B., Untere Schranken für die Eigenwerte selbstadjungierter, positiv definiter Operatoren, Numer. Math. **17** (1971), 166–171.
[6] Kuhnert, F., Zur Fehlerabschätzung beim Weinstein-Bazley-Fox-Verfahren, Vortrag 3. TMP 1966, TH Karl-Marx-Stadt.
[7] Lehmann, J. N., Hilfsmittel zur optimalen Eigenwerteinschließung. Ein Pendant zum Rayleigh-Ritz-Verfahren, Ж. вычисл. матем. и матем. физ. **11** (1971), 1374–1389.
[8] Löbel, U., Stabilitätsuntersuchungen bei den Verfahren von Bazley-Fox und Knauer zur Bestimmung unterer Eigenwertschranken selbstadjungierter Operatoren im Hilbertraum, Dissertation, TH Karl-Marx-Stadt 1974.
[9] Michlin, S. G., Numerische Realisierung von Variationsmethoden, Akademie-Verlag, Berlin 1969 (Übersetzung aus dem Russischen).
[10] Ritz, W., Über eine neue Methode zur Lösung gewisser Variationsprobleme der mathematischen Physik, J. Reine u. Angew. Math. **135** (1909), 1–61.
[11] Weinelt, W., Über die Konvergenzgeschwindigkeit und Fehlerabschätzung beim Bazley-Fox-Verfahren, Dissertation, TH Karl-Marx-Stadt 1969.
[12] Weinstein, A., The intermediate problems and the maximum-minimum theorem of eigenvalues, J. Math. Mech. **12** (1963), 235–245.
[13] Weyl, H., Raminification old and new of the eigenvalue problem, Bull. Amer. Math. Soc. **56** (1950), 115–139.

Manuskripteingang: 23. 1. 1975

VERFASSER:

Dr. rer. nat. Uwe Löbel, Sektion Mathematik der Technischen Hochschule Karl-Marx-Stadt

Beiträge zur Numerischen Mathematik
5 (1976), 107–117

Segmentapproximation mit Interpolationsrandbedingungen

Holger Mettke

1. Einleitung

Das Problem der Segmentapproximation wurde erstmals umfassend von Lawson [4] für die Approximation durch rationale Funktionen behandelt. Meinardus [6] verallgemeinerte diese Theorie auf allgemeine nichtlineare Approximationen. Er erzielte dabei im wesentlichen analoge Aussagen. Darüber hinaus gab Meinardus [7] eine Möglichkeit an, gute Ausgangsnäherungen für die Segmentapproximation mit Polynomen zu gewinnen. Ein allgemeiner Einschließungssatz für die Minimalabweichung wurde von Collatz [2] erhalten.

Die vorliegende Arbeit beschäftigt sich mit der Segmentapproximation durch gleichgradige Polynome. An die beste Approximation werden jedoch zusätzlich Nebenbedingungen derart gestellt, daß die (im allgemeinen stückweise stetige) Fehlerfunktion der besten Approximation an den Randpunkten des Approximationsintervalls Nullstellen bestimmter Vielfachheiten besitzt. Damit ergibt sich folgende Aufgabenstellung (in der Bezeichnungsweise lehnen wir uns an Meinardus [7] an):

Gegeben sei ein abgeschlossenes Intervall $[a, b]$ der reellen Achse, das durch die Punkte $t_1, \ldots, t_{n-1}$, $n \geqq 2$, mit

$$a =: t_0 < t_1 \leqq \cdots \leqq t_{n-1} < t_n := b \tag{1.1}$$

in Segmente unterteilt ist. C^r sei der Raum der auf $[a, b]$ r-mal stetig differenzierbaren Funktionen, P_r der Raum der auf $[a, b]$ definierten Polynome vom Höchstgrad r. Weiter seien m, m_1, m_2 gegebene natürliche Zahlen mit $0 \leqq m_1, m_2 \leqq m$ und $q := \max(m_1, m_2)$. Eine vorgegebene Funktion $f \in C^q$ werde in jedem Segment $[t_{k-1}, t_k]$, $k = 2(1)n-1$, durch Polynome aus P_m, in den Segmenten $[t_0, t_1]$ bzw. $[t_{n-1}, t_n]$ durch Polynome aus K_{m_1} bzw. K_{m_2} im Sinne von Tschebyscheff approximiert. Dabei bedeuten:

$$K_{m_1} := \{p \in P_m \mid p^{(i)}(a) = f^{(i)}(a),\ i = 0(1)m_1\},$$

$$K_{m_2} := \{p \in P_m \mid p^{(i)}(b) = f^{(i)}(b),\ i = 0(1)m_2\}.$$

Offensichtlich ist

$$K_{m_1} = K_{m_1}(f), \quad K_{m_2} = K_{m_2}(f).$$

Es werden folgende Bezeichnungen für die Minimalabweichungen in den einzelnen Segmenten eingeführt:

$$\left.\begin{aligned} \varrho_1(f;\, t_0, t_1) &:= \min_{p \in K_{m_1}} \max_{x \in [t_0, t_1]} |f(x) - p(x)|\,, \\ \varrho_k(f;\, t_{k-1}, t_k) &:= \min_{p \in P_m} \max_{x \in [t_{k-1}, t_k]} |f(x) - p(x)|\,, \qquad k = 2(1)n - 1\,, \\ \varrho_n(f;\, t_{n-1}, t_n) &:= \min_{p \in K_{m_2}} \max_{x \in [t_{n-1}, t_n]} |f(x) - p(x)|\,. \end{aligned}\right\} \tag{1.2}$$

Im Fall $m_1 = m$ ist die Größe $\varrho_1(f;\, t_0, t_1)$ durch

$$\varrho_1(f;\, t_0, t_1) = \max_{x \in [t_0, t_1]} \left| f(x) - \sum_{i=0}^{m} \frac{1}{i!} f^{(i)}(a)\,(x - a)^i \right| \tag{1.3}$$

gegeben. Entsprechend gilt bei $m_2 = m$

$$\varrho_n(f;\, t_{n-1}, t_n) = \max_{x \in [t_{n-1}, t_n]} \left| f(x) - \sum_{i=0}^{m} \frac{1}{i!} f^{(i)}(b)\,(x - b)^i \right|. \tag{1.4}$$

Gesucht ist eine Segmentierung derart, daß der Ausdruck

$$H(t_1, \ldots, t_{n-1}) := \max_{1 \leq k \leq n} \varrho_k(f;\, t_{k-1}, t_k) \tag{1.5}$$

so klein wie möglich wird. Eine solche Segmentierung wird *beste Segmentierung* genannt. Wir setzen:

$$\varrho(f;\, n) := \inf H(t_1, \ldots, t_{n-1})\,, \tag{1.6}$$

wobei das Infimum über alle möglichen Segmentierungen (1.1) von $[a, b]$ zu nehmen ist. Weiterhin gelte von nun an die Voraussetzung $\varrho(f;\, n) > 0$. Diese Forderung ist für alle Funktionen f erfüllt, die keine Polynomsplinefunktionen m-ten Grades mit höchstens $n - 1$ verschiedenen Knoten im Intervall (a, b) sind.

Im folgenden Kapitel 2 werden Aussagen über Existenz, Eindeutigkeit und Charakterisierung einer besten Approximation in der Menge K_{m_1} bzw. K_{m_2} für eine gegebene Funktion aus C^{m_1} bzw. C^{m_2} gemacht. Kapitel 3 gibt Existenz- und Charakterisierungsaussagen für das oben formulierte Segmentproblem an. Man erhält analoge Aussagen wie Lawson [4] bzw. Meinardus [6]. Anschließend wird der Spezialfall $m_1 = m_2 = m$ gesondert behandelt, weil sich hierfür zusätzlich die Eindeutigkeit der Minimallösung nachweisen läßt. In einem abschließenden Kapitel werden einige Erfahrungen bei der rechentechnischen Realisierung eines Lösungsalgorithmus vermittelt und numerische Beispiele angegeben.

Die vorgelegte Aufgabenstellung ergab sich für den Verfasser bei der Untersuchung von Zusammenhängen zwischen Tschebyscheff-Approximation und Quadraturformeln vom offenen Typ (siehe Mettke [8]).

2. Polynomapproximation mit Interpolationsrandbedingungen

Wir betrachten zuerst die Polynomapproximation mit Interpolationsrandbedingungen an einem Randpunkt des Approximationsintervalls. Die gewonnenen Ergebnisse werden im nächsten Kapitel bei der Approximation in den Randsegmenten verwendet.

Die Polynomapproximation mit Interpolationsnebenbedingungen an gewissen Punkten des Approximationsintervalls wurde erstmals von PASZKOWSKI [9], später von DEUTSCH [3] und von LOEB, MOURSUND, SCHUMAKER und TAYLOR [5] behandelt. BROSOWSKI [1] betrachtete ein allgemeineres Problem, in das sich Interpolationsnebenbedingungen einordnen lassen.

Wir beschränken uns auf den Fall, daß als Interpolationsstellen nur Randpunkte des Intervalls in Frage kommen. Diese im Vergleich zu den oben genannten Arbeiten eingeschränkte Aufgabenstellung hat zur Folge, daß die Aussagen (Existenz, Eindeutigkeit, Charakterisierung) einer besten Approximation analog den Aussagen bei Approximationen ohne Nebenbedingungen formuliert werden können. Sie sind aus den Ergebnissen von [5] ableitbar, man kann sie aber auch wie folgt gewinnen:

Eine vorgegebene Funktion $f \in C^{m_1}$ ist im Intervall $[a, b]$ durch Polynome aus $K_{m_1}(f)$ bestmöglich zu approximieren. (Im Fall $m_1 = m$ ist die ,,beste Approximation" aus K_{m_1} bereits durch das entsprechende Taylorpolynom eindeutig festgelegt). Die Minimalabweichung einer besten Approximation für f bezüglich K_{m_1} bezeichnen wir mit $\varrho(f)$.

Die (nichtleere) Mannigfaltigkeit K_{m_1} läßt sich durch eine Transformation in einen linearen Teilraum von P_m überführen: Es sei $y \in K_{m_1}$ beliebig, aber fest. Dann ist $K^0_{m_1}$ mit

$$K^0_{m_1} := K_{m_1} - y = \{p \in P_m \mid p^{(i)}(a) = 0, i = 0(1)m_1\}$$

ein $(m - m_1)$-dimensionaler Teilraum von P_m. Wie man leicht sieht, ist $K^0_{m_1}$ jedoch kein Haarscher Unterraum.

Unter Berücksichtigung dieser Transformation und der Interpolationseigenschaften der Elemente aus K_{m_1} lassen sich die folgenden Aussagen in analoger Weise wie die Sätze der Polynomapproximation ohne Nebenbedingungen beweisen. Die Beweise werden deshalb nicht mit angegeben.

Satz 2.1. *Es sei $f \in C^{m_1}$. Dann existiert mindestens eine beste Approximation p^* für f bezüglich K_{m_1}. Die Menge der besten Approximationen ist konvex.*

Satz 2.2. *Das Polynom p^* ist genau dann eine beste Approximation für $f \in C^{m_1}$ bezüglich K_{m_1}, wenn die Fehlerfunktion $f(x) - p^*(x)$ mindestens $(m - m_1)$-mal auf dem Approximationsintervall alterniert.*

Obere und untere Schranken für die Minimalabweichung $\varrho(f)$ lassen sich durch die folgende Aussage gewinnen:

Satz 2.3. *Es sei $f \in C^{m_1}$, $p \in K_{m_1}$. Falls $f(x) - p(x)$ die Werte $(-1)^i\lambda_i$, $\lambda_i > 0$, an $m - m_1 + 1$ Punkten $a < x_1 < \cdots < x_{n-m_1+1} < b$ annimmt, dann gilt*

$$\min_i \lambda_i \leqq \varrho(f) \leqq \|f - p\|. \tag{2.1}$$

Die Sätze 2.2 und 2.3 gestatten es, eine beste Approximation in K_{m_1} mit Hilfe einer Modifikation des Remes-Verfahrens zu bestimmen.

Satz 2.4. *Es sei $f \in C^{m_1}$. Dann existiert für f genau eine beste Approximation p^* bezüglich K_{m_1}.*

Bemerkung. Die Aussagen bleiben erhalten, wenn man anstelle von K_{m_1} die Menge K_{m_2} betrachtet. Darüber hinaus erhält man analoge Aussagen, wenn gleichzeitig an beiden Randpunkten des Approximationsintervalls Nullstellenforderungen an die Fehlerfunktion der besten Approximation gestellt werden.

3. Segmentapproximation mit Interpolationsrandbedingungen

Wir wenden uns wieder der Aufgabenstellung zu, die in der Einleitung formuliert wurde, und betrachten in diesem Kapitel den Fall $0 \leqq m_1, m_2 < m$. Zuerst stellen wir Aussagen über die in (1.2) definierten Minimalabweichungen $\varrho_k(f; t_{k-1}, t_k)$, $k = 1(1)n$, zusammen.

Aussage 3.1. *Die Minimalabweichung $\varrho_k(f; t_{k-1}, t_k)$, $k = 1(1)n$, ist monoton nichtwachsend in t_{k-1} und monoton nichtfallend in t_k. Dabei gilt für $\varrho_n(f; t_{n-1}, t_n)$ und $\varrho_1(f; t_0, t_1)$ entsprechend nur der erste bzw. zweite Teil der Aussage.*

Beweis. Für $\varrho_k(f; t_{k-1}, t_k)$, $k = 2(1)n - 1$, wurde die Behauptung von LAWSON [4], Lemma 2, bewiesen. Für $\varrho_1(f; t_0, t_1)$ kann die Monotonie in t_1 in analoger Weise gezeigt werden. Die Interpolationsrandbedingungen haben auf den Beweisgedanken keinen Einfluß. Das gleiche gilt für den Monotonienachweis von $\varrho_n(f; t_{n-1}, t_n)$ bezüglich t_n.

Aussage 3.2. *Die Minimalabweichung $\varrho_k(f; t_{k-1}, t_k)$, $k = 1(1)n$, hängt stetig von t_{k-1} und t_k ab.*

Beweis. Für $k = 2(1)n - 1$ ist der Beweis von MEINARDUS [6], S. 185, angegeben worden. Im Fall $k = 1$ braucht nur die Stetigkeit in der Variablen t_1 gezeigt zu werden (für $k = n$ entsprechend nur in t_{n-1}). Auch hierauf läßt sich der Beweisgedanke von MEINARDUS ohne Schwierigkeiten anwenden. Wir verzichten deshalb auf eine Ausführung.

Folgerung 3.3. *Die Funktion $H(t_1, \ldots, t_{n-1})$ nach* (1.5) *ist eine stetige Funktion ihrer Argumente, sofern diese der Beziehung* (1.1) *genügen.*

Nun sind wir in der Lage, die Existenz einer besten Segmentierung, d. h. einer Segmentierung (1.1), für die

$$\max_{1 \leqq k \leqq n} \varrho_k(f; t_{k-1}, t_k) = \varrho(f; n) \tag{3.1}$$

gilt, zu beweisen.

Satz 3.4. *Es existiert eine beste Segmentierung mit* (1.1).

Beweis. Die Funktion $H(t_1, \ldots, t_{n-1})$ nimmt wegen Folgerung 3.3 auf der Abschließung von (1.1), also auf $a = t_0 \leqq t_1 \leqq \cdots \leqq t_n = b$ ihr Minimum an. Es ist noch zu zeigen, daß ein Minimalpunkt existiert, der sogar (1.1) erfüllt. Wir nehmen an, es gelte $t_0 = t_1$. Dann ist $\varrho_1(f; t_0, t_1) = 0$. Wegen $a < b$ existiert ein Index r, $2 \leqq r \leqq n$, mit $t_{r-1} < t_r$ und

$$\varrho_r(f; t_{r-1}, t_r) = \max_{1 \leqq k \leqq n} \varrho_k(f; t_{k-1}, t_k).$$

Ohne Beschränkung der Allgemeinheit sei $r = 2$. Dann kann man ein δ mit $0 < \delta < |t_2 - t_1|$ wählen, so daß

$$\begin{aligned} 0 &= \varrho_1(f; t_0, t_1) \leqq \varrho_1(f; t_0, t_1 + \delta) \leqq \varrho_2(f; t_1 + \delta, t_2) \leqq \varrho_2(f; t_1, t_2) \\ &= \max_{1 \leqq k \leqq n} \varrho_k(f; t_{k-1}, t_k) \end{aligned}$$

(wegen Aussagen 3.1 und 3.2) ist. Folglich nimmt H ihren Minimalwert auch an der Stelle $a = t_0 < t_1 + \delta \leqq t_2 \leqq \cdots \leqq t_{n-1} \leqq t_n = b$ an, d. h., diese Menge ist ebenfalls beste Segmentierung. Für $t_{n-1} = t_n$ ist der Beweis ebenso zu führen.

Wir geben jetzt einen Charakterisierungssatz der besten Segmentapproximation an, der als Grundlage für einen Lösungsalgorithmus dienen kann. Dazu benötigen wir zwei weitere Aussagen:

Aussage 3.5. *Für eine beliebige Segmentierung* (1.1) *gilt*

$$\min_{1 \leqq k \leqq n} \varrho_k(f; t_{k-1}, t_k) \leqq \varrho(f; n) \leqq \max_{1 \leqq k \leqq n} \varrho_k(f; t_{k-1}, t_k). \tag{3.2}$$

Beweis. Es seien

$$\left.\begin{aligned} &a = t_0 < t_1 \leqq \cdots \leqq t_{n-1} < t_n = b \\ \text{und} \\ &a = \underline{t}_0 < \underline{t}_1 \leqq \cdots \leqq \underline{t}_{n-1} < \underline{t}_n = b \end{aligned}\right\} \tag{3.3}$$

zwei gegebene Segmentierungen. Dann existiert ein Index r, $1 \leqq r \leqq n$, mit $[\underline{t}_{r-1}, \underline{t}_r] \supseteq [t_{r-1}, t_r]$. Ohne Beschränkung der Allgemeinheit sei die zweite Segmentierung von (3.3) eine beste, also gelte

$$\varrho(f; n) = \max_{1 \leqq k \leqq n} \varrho_k(f; \underline{t}_{k-1}, \underline{t}_k).$$

Wir nehmen an, die linke Ungleichung von (3.2) sei falsch für die erste Segmentierung von (3.3):

$$\lambda := \min_{1 \leqq k \leqq n} \varrho_k(f; t_{k-1}, t_k) > \varrho(f; n).$$

Dann gilt für den Index r wegen der Monotonie von ϱ_r (Aussage 3.1)

$$\varrho(f; n) \geqq \varrho_r(f; \underline{t}_{r-1}, \underline{t}_r) \geqq \varrho_r(f; t_{r-1}, t_r) \geqq \lambda > \varrho(f; n).$$

Widerspruch. Die rechte Ungleichung von (3.2) ist klar.

Aussage 3.6. *Es existiert eine Segmentierung*

$$a = t_0 < t_1 < \cdots < t_{n-1} < t_n = b$$

mit

$$\varrho_k(f; t_{k-1}, t_k) = \varrho(f; n), \qquad k = 1(1)n. \tag{3.4}$$

Beweis. Analog Meinardus [6], S. 186/187, zeigen wir durch Induktion die Existenz einer Segmentierung mit

$$\varrho_k(f; t_{k-1}, t_k) = \varrho_{k+1}(f; t_k, t_{k+1}), \qquad k = 1(1)n-1. \tag{3.5}$$

Wegen Aussage 3.5 ist dann die Behauptung bewiesen.

Es sei $n = 2$. Es ist $\varrho_1(f; t_0, t_1)$ stetig und monoton nichtfallend in t_1, und es gilt

$$\lim_{t_1 \to t_0} \varrho_1(f; t_0, t_1) = 0;$$

$\varrho_2(f; t_1, t_2)$ ist monoton nichtwachsend und stetig in t_1, und es gilt

$$\lim_{t_1 \to t_2} \varrho_2(f; t_1, t_2) = 0.$$

Dann existiert ein $t_1 \in (t_0, t_2)$ mit $\varrho_1(f; t_0, t_1) = \varrho_2(f; t_1, t_2)$.

Es sei nun die Behauptung für $n = r$ richtig. Für festes t_r sei

$$\tilde{\varrho}(f; r) = \inf \max_{1 \leqq k \leqq n} \varrho_k(f; t_{k-1}, t_k),$$

wobei das Infimum über alle möglichen Segmentierungen $a = t_0 \leqq t_1 \leqq \cdots \leqq t_r$ zu nehmen ist. $\tilde{\varrho}(f; r)$ ist stetig in t_r und monoton nichtfallend. $\varrho_{r+1}(f; t_r, b)$ ist stetig in t_r und monoton nichtwachsend. Ferner gilt

$$\lim_{t_r \to b} \varrho_{r+1}(f; t_r, b) = \lim_{t_r \to a} \tilde{\varrho}(f; r) = 0.$$

Folglich existiert ein $t_r \in (a, b)$ mit $\tilde{\varrho}(f; r) = \varrho_{r+1}(f; t_r, b)$. Nach Induktionsvoraussetzung gibt es eine Segmentierung $a = t_0 \leqq \cdots \leqq t_r$ mit

$$\varrho_k(f; t_{k-1}, t_k) = \tilde{\varrho}(f; r) \quad \text{für} \quad k = 1(1)r.$$

Es sei $t_{k-1} = t_k$ für irgendein k. Dann ist $\varrho_k(f; t_{k-1}, t_k) = 0$. Aus (3.4) folgt $\varrho(f; n) = 0$. Das ist ein Widerspruch zur generell gemachten Voraussetzung $\varrho(f; n) > 0$. ·

Satz 3.7. *Es sei $f \in C^q$. Dann existiert eine beste Segmentapproximation durch Polynome aus P_m für eine beliebige, aber feste Anzahl von Segmenten, bei der die Fehlerfunktion an den Randpunkten des Approximationsintervalls $x = a$ eine $(m_1 + 1)$-fache und $x = b$ eine $(m_2 + 1)$-fache Nullstelle besitzt. Die beste Segmentierung ist dadurch charakterisiert, daß in jedem Segment die Minimalabweichung der zugehörigen Fehlerfunktion gleich groß ist. Die Polynome bester Approximation sind wie folgt eindeutig charakterisiert:*

— *in den Randsegmenten durch die $(m_1 + 1)$-fache bzw. $(m_2 + 1)$-fache Nullstelle der Fehlerfunktion bei $x = a$ bzw. $x = b$ sowie einer Alternante der Länge $m - m_1 + 1$ bzw. $m - m_2 + 1$,*

— *in den inneren Segmenten durch je eine Alternante der Länge $m + 2$.*

Beweis. Der Satz ist eine Zusammenfassung von Satz 2.2, 2.4, 3.4, Aussage 3.6 und dem Tschebyscheffschen Alternantensatz.

4. Der Spezialfall $m_1 = m_2 = m$

Wir betrachten den Fall, daß die Minimalabweichungen in den Randsegmenten durch (1.3) und (1.4) gegeben sind. Die Fehlerfunktion der besten Segmentapproximation besitzt also an den Randpunkten des Approximationsintervalls $[a, b]$ je eine $(m+1)$-fache Nullstelle, und diese bestimmt das jeweilige Minimalpolynom in den Randsegmenten eindeutig.

Wenn wir in diesem Kapitel von $\varrho_1(f; t_0, t_1)$ bzw. $\varrho_n(f; t_{n-1}, t_n)$ sprechen, so meinen wir immer die Minimalabweichungen gemäß (1.3) bzw. (1.4).

In ähnlicher Weise wie im dritten Kapitel lassen sich für $\varrho_1(f; t_0, t_1)$ und $\varrho_n(f; t_{n-1}, t_n)$ die Monotonie und Stetigkeit in den Variablen t_1 bzw. t_{n-1} nachweisen. Hieraus folgt wiederum die Stetigkeit der Funktion $H(t_1, \ldots, t_{n-1})$ auf $a = t_0 < t_1 \leqq \cdots \leqq t_{n-1} < t_n = b$. Ebenso gelten Satz 3.4 sowie die Aussagen 3.5 und 3.6. Also existiert für $f \in C^m$ eine beste Segmentapproximation durch Polynome aus P_m, bei der die Fehlerfunktion an den Randpunkten des Approximationsintervalls je eine $(m+1)$-fache Nullstelle besitzt. Die Charakterisierung der besten Segmentierung und der Minimalpolynome in den einzelnen Segmenten stimmt mit der von Satz 3.7 (für $m_1 = m_2 = m$) überein.

Offensichtlich sind die Polynome bester Approximation in jedem Segment eindeutig bestimmt. Um die Eindeutigkeit einer besten Segmentapproximation nachzuweisen, genügt es deshalb, die Eindeutigkeit der besten Segmentierung zu zeigen. Dazu sind allerdings Zusatzforderungen an die zu approximierende Funktion $f(x)$ notwendig.

Aussage 4.1. *Es sei $f \in C^{m+1}$ und $f^{(m+1)}(x) \neq 0$ in (a, b). Dann sind die Minimalabweichungen $\varrho_k(f; t_{k-1}, t_k)$, $k = 1(1)n$, streng monoton fallend in t_{k-1} und streng monoton wachsend in t_k.*

Beweis. Für $k = 2(1)n-1$ ergibt sich die Behauptung aus dem Satz von Bernstein (vgl. Meinardus [6], S. 188).

Für $k = 1$ ist zu zeigen: $\varrho_1(f; a, t)$ ist für $a < t < b$ streng monoton wachsend. Dazu ist die strenge Monotonie von

$$f(t) - \sum_{i=0}^{m} \frac{1}{i!} f^{(i)}(a)\,(t-a)^i, \qquad a < t < b,$$

ausreichend, d. h., es muß gelten:

$$h(t) := f'(t) - \sum_{i=1}^{m} \frac{1}{(i-1)!} f^{(i)}(a)\,(t-a)^{i-1}$$

ist für alle $a < t < b$ ungleich Null. Wir nehmen an, es existiere ein x_0 mit $a < x_0 < b$ und $h(x_0) = 0$. Wegen $h(a) = h'(a) = \cdots = h^{(m-1)}(a) = 0$ garantiert die wiederholte Anwendung des Satzes von Rolle die Existenz eines Punktes $x_m \in (a, x_0)$ mit $h^{(m)}(x_m) = 0$. Wegen $h^{(m)}(x) \equiv f^{(m+1)}(x)$ ist das ein Widerspruch zur Voraussetzung. Im Fall $k = n$ verläuft der Beweis analog.

Also kann zusammengefaßt werden:

Satz 4.2. *Es sei* $f \in C^{m+1}$, $f^{(m+1)}(x) \neq 0$ *in* (a, b). *Dann existiert für f eindeutig eine beste Segmentapproximation durch Polynome aus* P_m *für eine beliebige Anzahl von Segmenten, deren Fehlerfunktion an den Randpunkten des Approximationsintervalls je eine* $(m + 1)$*-fache Nullstelle besitzt. Die eindeutige beste Segmentierung ist dadurch charakterisiert, daß in jedem Segment die gleiche Minimalabweichung angenommen wird. Die Polynome bester Approximation sind wie folgt eindeutig festgelegt:*

— *in den inneren Segmenten existiert für die jeweilige Fehlerfunktion eine Alternante der Länge* $m + 2$,
— *in den Randsegmenten werden je* $m + 1$ *Interpolationsbedingungen erfüllt.*

5. Einige rechentechnische Aspekte und numerische Beispiele

Das Problem bei der numerischen Behandlung der Segmentapproximationsaufgabe besteht darin, eine beste Segmentierung zu finden. Die Approximation in den einzelnen Segmenten selbst ist mit Hilfe des Remes-Verfahrens (bei Beachtung der Interpolationsrandbedingungen in den Randsegmenten) möglich.

Zur Bestimmung einer besten Segmentapproximation wurde ein — mehr heuristischer — Algorithmus benutzt, der hier im groben angegeben werden soll. Er beruht auf Aussage 3.6 sowie der monotonen Abhängigkeit der Minimalabweichungen von den Segmentpunkten.

Schritt 1: Wähle Startsegmentierung; Bestimme die Minimalabweichung in den einzelnen Segmenten;

Schritt 2: Unterscheiden sich die Minimalabweichungen aller Segmente hinreichend wenig voneinander?
Ja: Gehe zum Schluß; Anderenfalls

Schritt 3: Bestimme einen „kritischen" Segmentpunkt und die Verschiebungsrichtung; Wähle Schrittweite h_0;

Schritt 4: Verschiebe kritischen Segmentpunkt um h_0 in Verschiebungsrichtung; Berechne die Minimalabweichungen in den beiden veränderten Segmenten;

Schritt 5: Liegen die Werte der beiden Minimalabweichungen von Schritt 4 zwischen dem kleinsten und größten Wert der Minimalabweichungen aller Segmente?
Ja: Gehe zu Schritt 2;
Nein: Mache Schritt 4 rückgängig; Halbiere h_0;
Gehe zu Schritt 4;

Die Auswahl des kritischen Segmentpunktes und der Verschiebungsrichtung kann nach verschiedenen Gesichtspunkten erfolgen, z. B.:

— das Segment, dessen zugehörige Minimalabweichung am meisten vom Mittelwert aller Minimalabweichungen abweicht, ist zu verändern,

— der Segmentpunkt zwischen den beiden Segmenten, deren Minimalabweichungen sich betragsmäßig am meisten voneinander unterscheiden, ist zu verschieben,
— das Segment mit der größten (kleinsten) Minimalabweichung ist zu verkleinern (vergrößern).

Gute Erfahrungen wurden mit der ersten Auswahlmethode gemacht.

Aus dem Algorithmus wird der hohe Rechenaufwand deutlich. In jedem Iterationsschritt sind mindestens zwei lineare T-Approximationen auszuführen. Zusätzlich werden in der Endphase sehr kleine Schrittweiten h_0 benötigt, um eine annähernde Gleichheit in den Minimalabweichungen der einzelnen Segmente zu erreichen. Aus diesem Grund ist eine gute Startsegmentierung von außerordentlichem Nutzen (vgl. MEINARDUS [7]).

Abschließend einige numerische Beispiele:

1. Im Intervall $[-1, 1]$ werde die Funktion

$$f(x) = \left(\frac{x^3}{6} + \frac{x}{4}\right) \arcsin(x) + \left(\frac{11x^2}{36} + \frac{1}{9}\right)\sqrt{1 - x^2} + \pi\left(\frac{x^2}{12} + \frac{1}{8}\right) x$$

durch Polynome dritten Grades bei verschiedenen Segmentierungen und verschiedenen Interpolationsrandbedingungen approximiert.

a) $n = 2$, $m_1 = m_2 = 3$
beste Segmentierung:

$-1{,}000 \quad 0{,}000 \quad 1{,}000;$

Polynome bester Approximation in den Segmenten:

$p_1(x) \equiv 0,$

$p_2(x) = 0{,}523x^3 + 0{,}785x.$

Minimalabweichung: $1{,}11 \cdot 10^{-1}$.

b) Zum Vergleich: Segmentapproximation ohne Nebenbedingungen, $n = 2$
beste Segmentierung:

$-1{,}000 \quad 0{,}000 \quad 1{,}000;$

Polynome bester Approximation in den Segmenten:

$p_1(x) = 0{,}172x^3 + 0{,}441x^2 + 0{,}381x + 0{,}111,$

$p_2(x) = 0{,}352x^3 + 0{,}441x^2 + 0{,}405x + 0{,}111,$

Minimalabweichung: $3{,}92 \cdot 10^{-4}$.

Bemerkung. Bekanntlich kann die Segmentapproximation durch gleichgradige Polynome als eine spezielle Polynomsplineapproximation mit freien Knoten der

Vielfachheit $m + 1$ aufgefaßt werden. In diesem Beispiel würde es der Approximation durch Polynomsplinefunktionen dritten Grades mit einem vierfachen Knoten entsprechen. Wenn man die Forderung der Vielfachheit in den Knoten fallenläßt und stattdessen das allgemeine Problem der Approximation von $f(x)$ durch Polynomsplinefunktionen dritten Grades mit vier freien Knoten betrachtet, erhält man bei der Approximation ohne Nebenbedingungen die folgenden Ergebnisse:
beste Knotenmenge:

$-1{,}000 \quad -0{,}584 \quad -0{,}197 \quad 0{,}197 \quad 0{,}584 \quad 1{,}000;$

Minimalabweichung: $3{,}10 \cdot 10^{-5}$
(diese Zahlenwerte sind aus Czarwinski [10] entnommen).

Es ist ersichtlich, daß im Beispiel b) bei der Segmentapproximation neun Parameter variiert werden können (ein Segmentpunkt, je vier Polynomkoeffizienten in den Segmenten), bei der zugehörigen Splineaufgabe jedoch 12.

Wir fügen deshalb zu den beiden Ergebnissen aus b) noch die folgenden hinzu:
Approximation von $f(x)$ durch Polynome aus P_r:
$r = 8$ (9 Parameter); Minimalabweichung: 10^{-11},
$r = 11$ (12 Parameter); Minimalabweichung: $< 10^{-14}$.

c) $n = 3,\ m_1 = m_2 = 3$
beste Segmentierung:

$-1{,}000 \quad -0{,}713 \quad 0{,}713 \quad 1{,}000;$

Polynome bester Approximation in den Segmenten:

$p_1(x) \equiv 0,$

$p_2(x) = 0{,}262x^3 + 0{,}522x^2 + 0{,}393x + 0{,}111,$

$p_3(x) = 0{,}524x^3 + 0{,}785x,$

Minimalabweichung: $1{,}38 \cdot 10^{-3}$.

2. Im Intervall $[-1, 1]$ werde die Funktion $f(x) = \dfrac{x^4}{24}$ durch Polynome dritten Grades bei verschiedenen Segmentierungen und verschiedenen Interpolationsrandbedingungen approximiert.

a) $n = 3,\ m_1 = m_2 = 3$
beste Segmentierung:

$-1{,}000 \quad -0{,}627 \quad 0{,}627 \quad 1{,}000;$

Polynome bester Approximation in den Segmenten:

$p_1(x) = -0{,}167x^3 - 0{,}250x^2 - 0{,}167x - 0{,}042,$

$p_2(x) = 0{,}016x^2,$

$p_3(x) = p_1(-x),$

Minimalabweichung: $8{,}06 \cdot 10^{-4}$.

b) $n = 4,\ m_1 = m_2 = 3$
beste Segmentierung:

$-1{,}000 \quad -0{,}707 \quad 0{,}000 \quad 0{,}707 \quad 1{,}000;$

Polynome bester Approximation in den Segmenten:

$p_1(x) = -0{,}167x^3 - 0{,}250x^2 - 0{,}167x - 0{,}042,$

$p_2(x) = -0{,}064x^3 - 0{,}031x^2 - 0{,}005x,$

$p_3(x) = p_2(-x),$

$p_4(x) = p_1(-x),$

Minimalabweichung: $1{,}15 \cdot 10^{-4}$.

Literatur

[1] Brosowski, B., Über Tschebyscheffsche Approximationen mit linearen Nebenbedingungen, Math. Z. **88** (1965), 105–128.

[2] Collatz, L., Einschließungssatz für die Minimalabweichung bei der Segmentapproximation, Simp. Internaz. Applic. Analisi Fis. Mat. Cagliari-Sassari **1964**, Roma 1965, S. 11–21.

[3] Deutsch, F., On uniform approximation with interpolatory constraints, J. Math. Anal. Appl. **24** (1968), 62–79.

[4] Lawson, Ch. L., Characteristic properties of the segmented rational minmax approximation problem, Numer. Math. **6** (1964), 293–301.

[5] Loeb, H. L., D. G. Moursund, L. L. Schumaker and G. D. Taylor, Uniform generalized weight function polynomial approximation with interpolation, SIAM J. Numer. Anal. **6** (1969), 284–293.

[6] Meinardus, G., Approximation of Functions: Theory and Numerical Methods, Springer-Verlag, Berlin–Heidelberg–New York 1967.

[7] Meinardus, G., Zur Segmentapproximation mit Polynomen, ZAMM **46** (1966), 239–246.

[8] Mettke, H., Über einen Zusammenhang zwischen Tschebyscheff-Approximation und Quadraturformeln, Wiss. Z. TU Dresden **23** (1974), 689–695.

[9] Paszkowski, S., Sur l'approximation uniforme avec noeuds, Ann. Polonici Mathematici **2** (1955), 129–146.

[10] Czarwinski, B., Algorithmen zur Tschebyscheff-Approximation durch Spline-Funktionen mit freien Knoten, Diplomarbeit, TU Dresden 1974.

Manuskripteingang: 25. 1. 1975

VERFASSER:

Holger Mettke, Sektion Mathematik der Technischen Universität Dresden

Beiträge zur Numerischen Mathematik
5 (1976), 119–127

Die Konstruktion eines geeigneten Startvektors für die Pseudostöriteration mit Hilfe des Jacobi-Verfahrens

Arnd Meyer und Wilgard Lang

In dieser Arbeit soll die Möglichkeit gezeigt werden, wie man das Jacobi-Verfahren als Vorschaltverfahren für die Pseudostöriteration verwenden kann, um den größenmäßig k-ten Eigenwert einer symmetrischen $(N \times N)$-Matrix zu berechnen. Dazu wird mit Hilfe des Jacobi-Verfahrens der Startvektor φ_0 für die Pseudostöriteration so konstruiert, daß er deren Konvergenzkriterien, dargelegt in Abschnitt 1, erfüllt. In Abschnitt 2 wird hierzu die Möglichkeit der Konstruktion einer Eigenvektornäherung mit Hilfe des Jacobi-Verfahrens gezeigt. Ein Abbruchkriterium für den Jacobi-Prozeß, das die gewünschte Konvergenz der Pseudostöriteration gewährleistet, wird in Abschnitt 5 angegeben. Dazu sind Aussagen über die Lage der Eigenwerte der auftretenden Matrizen (Abschnitt 3) und über die Größenverhältnisse zwischen den Größen im Jacobi-Verfahren und in der Pseudostöriteration (Abschnitt 4) nötig.

1. Pseudostöriteration

Die Eigenwerte der reellen, symmetrischen $(N \times N)$-Matrix A seien die reellen Zahlen

$$\lambda^{(1)} \geqq \lambda^{(2)} \geqq \cdots \geqq \lambda^{(k)} \geqq \cdots \geqq \lambda^{(N)}.$$

Wir verfolgen das Ziel, den k-ten Eigenwert $\lambda^{(k)}$, der im weiteren stets mit λ bezeichnet sei, sowie den zugehörigen Eigenvektor φ zu berechnen. Dazu kann man das Verfahren der Pseudostöriteration verwenden. Im weiteren soll stets der einfachste Fall, das Einschrittverfahren, wie in [1] dargelegt, benutzt werden.

Dies ist durch folgende Iterationsvorschrift charakterisiert. Ausgehend von einem Startvektor $\varphi_0 \in R^N$ mit $\|\varphi_0\| = 1$ wird berechnet:

$$\lambda_n = (A\varphi_n, \varphi_n), \tag{1.1}$$

$$\sigma_n = A\varphi_n - \lambda_n\varphi_n, \tag{1.2}$$

B_n mit

$$B_n x = (x, \varphi_n)\,\sigma_n + (x, \sigma_n)\,\varphi_n \quad \text{für alle} \quad x \in R^N, \tag{1.3}$$

$$A_n = A - B_n, \tag{1.4}$$

$$u_n = R_n\sigma_n, \tag{1.5}$$

$$\theta_n = \varphi_n - u_n, \qquad (1.6)$$

$$\varphi_{n+1} = \frac{\theta_n}{\|\theta_n\|} \quad \text{für alle} \quad n = 0, 1, 2, \ldots$$

Dabei ist R_n die verallgemeinerte Inverse zu $(A_n - \lambda_n I)$. Sie existiert, wenn nur λ_n ein einfacher Eigenwert der Matrix A_n ist. Das Element u_n erhält man dann als Lösung des Gleichungssystems

$$\left.\begin{aligned} (A_n - \lambda_n I)\, u_n &= \sigma_n, \\ (u_n, \varphi_n) &= 0. \end{aligned}\right\} \qquad (1.7)$$

Analog zu [1] setzen wir voraus, daß der zu berechnende k-te Eigenwert der Matrix A einfach sei. Um diesen mit Hilfe der Pseudostöriteration zu berechnen, ist die Konstruktion eines Startvektors φ_0 nötig, so daß die Folge $\{\lambda_n\}_{n=0}^{\infty}$ nach (1.1) gegen den k-ten Eigenwert λ konvergiert.

Die Konvergenz der Pseudostöriteration gegen einen beliebigen Spektrumspunkt von A wird durch das folgende Lemma garantiert.

Lemma 1. *Die Pseudostöriteration sei in jedem Schritte durchführbar, d. h., es existiert R_n für alle $n = 0, 1, \ldots$ Es sei $\|R_n \sigma_n\| = \|u_n\| \leqq M < \infty$ für alle $n = 0, 1, \ldots$ Dann gilt mit $q^2 = \dfrac{M^2}{1 + M^2}$*

1. $\|\sigma_n\| \leqq q^n \|\sigma_0\|$,

2. $\lambda_n \to \lambda'$ *für* $n \to \infty$,

3. $\lambda' \in \sigma(A)$.

Das Spektrum der Matrix A sei dabei mit $\sigma(A)$ bezeichnet.

Ein Beweis wird in [1] gegeben.

Mit Hilfe des Jacobi-Verfahrens zur Konstruktion des Startvektors werden nun Voraussetzungen geschaffen, die zusammen mit Lemma 1 die Aussage gestatten, daß $\lambda' = \lambda$ sein wird.

2. Das Jacobi-Verfahren zur Schaffung einer Eigenvektornäherung

Wie angedeutet, soll das Jacobi-Verfahren den Startvektor φ_0 für die Pseudostöriteration erzeugen. Die Art des Jacobi-Verfahrens ist eigentlich gleichgültig. Es ist jedoch zu beachten, daß der Arbeitsaufwand für dieses Vorschaltverfahren so klein als möglich gehalten werden soll, weshalb das zyklische (vergleiche dazu [2, 3]) vorzuziehen ist.

Bekanntlich konvergiert beim Jacobi-Verfahren die Matrizenfolge

$$A_{(n+1)} = U^*_{i_n j_n} A_{(n)} U_{i_n j_n} \qquad (\text{mit } A_{(1)} = A)$$

gegen eine Diagonalmatrix mit den Eigenwerten von A auf der Hauptdiagonalen. Dabei ist $U_{i_n j_n}$ die bei der n-ten Rotation verwendete orthogonale Drehungsmatrix und $U^*_{i_n j_n}$ deren adjungierte. Die Spalten der Matrix

$$U_n = U_{i_1 j_1} \cdots U_{i_n j_n}$$

konvergieren gegen die Eigenvektoren der Matrix A.

Konvergiert also das Hauptdiagonalelement $a_{ll}^{(n)}$ von $A_{(n)} = (a_{ij}^{(n)})_{i,j=1}^N$ gegen den k-ten Eigenwert λ von A, so konvergiert der Vektor $U_n e_l$ gegen den zugehörigen Eigenvektor φ. Das Element $a_{ll}^{(n)}$ wird dann von einer gewissen Rotation an stets k-tes Hauptdiagonalelement der Matrix $A_{(n)}$ sein.

Mit e_l sei dabei die l-te Spalte der Einheitsmatrix I bezeichnet. Es existiert also ein n_0 so, daß $\varphi_0 = U_n e_l$ für alle $n \geqq n_0$ „nahe genug" an φ liegt und die Folge $\{\lambda_n\}_{n=0}^{\infty}$ nach (1.1) gegen λ konvergiert, wenn φ_0 als Startvektor benutzt wird.

Die Aufgabe besteht nun darin, die Indizes n und l zu bestimmen, so daß die Folge $\{\lambda_n\}$ gegen λ, den k-ten Eigenwert der Matrix A konvergieren wird. Wir wollen dazu die Matrix $A_{(n)} = U_n{}^* A U_n$, bei der der Jacobi-Prozeß beendet werden soll, mit

$$\tilde{A} = (\tilde{a}_{ij})_{i,j=1}^N$$

bezeichnen.

3. Eigenwertabschätzungen

Derartige Bedingungen an n und l werden nun mit Hilfe von Eigenwertabschätzungen der zu A ähnlichen Matrix $\tilde{A}$ erhalten. Wir führen folgende Bezeichnungen ein:

$$\tilde{p}_k = \left(\sum_{\substack{j=1 \\ j \neq k}}^N \tilde{a}_{kj}^2 \right)^{1/2}, \tag{3.1}$$

$$\tilde{q}_k = \sum_{\substack{j=1 \\ j \neq 1}}^N |\tilde{a}_{kj}|, \tag{3.2}$$

$$t(\tilde{A}) = \left(\sum_{\substack{i,j \\ i \neq j}} \tilde{a}_{ij}^2 \right)^{1/2}. \tag{3.3}$$

Ein Intervall $[a - b, a + b]$ werde in Zukunft mit $[a \pm b]$ bezeichnet.

Lemma 2. *Für alle $k = 1, \ldots, N$ liegt im Intervall $[\tilde{a}_{kk} \pm \tilde{p}_k]$ mindestens ein Eigenwert der Matrix A. Es gilt jedoch nicht, daß $\sigma(A)$ in $\bigcup_{k=1}^{N} [\tilde{a}_{kk} \pm \tilde{p}_k]$ enthalten ist, dafür aber*

$$\sigma(A) \subset \bigcup_{k=1}^{N} [\tilde{a}_{kk} \pm q_k], \tag{3.4}$$

$$\sigma(A) \subset \bigcup_{k=1}^{N} [\tilde{a}_{kk} \pm t(\tilde{A})]. \tag{3.5}$$

Im k-ten Intervall $[\tilde{a}_{ll} \pm t(\tilde{A})]$ liegt der k-te Eigenwert von A.

Während (3.4) die Gerschgorin-Abschätzung bei symmetrischen Matrizen ist [7], werden die Beweise für die restlichen Aussagen des Lemmas mit Hilfe der Störungstheorie in [4] gegeben.

4. Die Verbindung des Jacobi-Verfahrens mit der Pseudostöriteration

Das Jacobi-Verfahren werde also nach n Rotationen abgebrochen bei

$$\tilde{A} = U_n{}^* A U_n,$$

und $\varphi_0 = U_n e_l$ werde als Startvektor für die Pseudostöriteration benutzt. Dann ergeben sich im ersten Schritt dieser Iteration die folgenden Größenbeziehungen

$$\|\varphi_0\| = 1, \tag{4.1}$$

$$\lambda_0 = (A\varphi_0, \varphi_0) = (\tilde{A}e_l, e_l) = \tilde{a}_{ll}, \tag{4.2}$$

$$\|\sigma_0\| = \|U_n{}^*\sigma_0\| = \|\tilde{A}e_l - \lambda_0 e_l\| = \tilde{p}_l \tag{4.3}$$

mit $\tilde{p}_l$ aus (3.1).

Das bedeutet, daß die wichtigen Steuergrößen λ_0, $\|\sigma_0\|$ der Pseudostöriteration im Jacobi-Verfahren stets bekannt sind und für die Abbruchbedingungen genutzt werden können. Gleichzeitig ist l sofort bestimmt aus der Aussage:

Das größenmäßig k-te Hauptdiagonalelement der Matrix $\tilde{A}$ sei $\tilde{a}_{ll}$. (4.4)

5. Das Abbruchkriterium für das Jacobi-Verfahren

Bevor ein mögliches Abbruchkriterium formuliert wird, sind noch Aussagen über ϱ_0 bzw. ϱ, die Abstände von λ_0 bzw. λ vom nächstgelegenen Spektrumspunkt von A_0 bzw. A nötig (A_0 nach (1.4)). Wir betrachten dazu folgende beiden, im Laufe des Jacobi-Verfahrens irgendwann einmal auftretenden Situationen.

Situation 1: Alle Intervalle $[\tilde{a}_{ii} \pm \tilde{p}_i]$ sind paarweise disjunkt, d. h.

$$[\tilde{a}_{ii} \pm \tilde{p}_i] \cap [\tilde{a}_{jj} \pm \tilde{p}_j] = \emptyset \qquad \text{für alle } i, j \text{ mit } i \neq j.$$

Wir definieren in dieser Situation

$$s_0 = \min_{i \neq l} \{|\tilde{a}_{ll} - \tilde{a}_{ii}| - \tilde{p}_l - \tilde{p}_i\}, \tag{5.1}$$

den Abstand von $[\tilde{a}_{ll} \pm \tilde{p}_l]$ zum nächsten gleichartigen Intervall, wobei l entsprechend (4.4) gewählt ist.

Situation 2: Das Intervall $[\tilde{a}_{ll} \pm t(\tilde{A})]$ ist disjunkt von den anderen $[\tilde{a}_{ii} \pm t(\tilde{A})]$ für alle $i \neq l$, d. h.

$$[\tilde{a}_{ll} \pm t(\tilde{A})] \cap [\tilde{a}_{ii} \pm t(\tilde{A})] = \emptyset \qquad \text{für alle } i \neq l$$

mit l nach (4.4).

In dieser Situation definieren wir s_0 als

$$s_0 = \max \{\bar{s}, \bar{\bar{s}}\} \tag{5.2}$$

mit

$$\bar{\bar{s}} = \min_{\substack{i \\ i \neq l}} \{|\tilde{a}_{ll} - \tilde{a}_{ii}| - \tilde{p}_l - t(\tilde{A})\}, \tag{5.3}$$

$$\bar{s} = \min_{\substack{i \\ i \neq l}} \{|\tilde{a}_{ll} - \tilde{a}_{ii}| - \tilde{p}_l - \tilde{q}_i\}. \tag{5.4}$$

Die Größen $\bar{s}$ bzw. $\bar{\bar{s}}$ sind jeweils der Abstand des Intervalls $[\tilde{a}_{ll} \pm \tilde{p}_l]$ vom nächstgelegenen Intervall $[\tilde{a}_{ii} \pm \tilde{q}_i]$ bzw. $[\tilde{a}_{ii} \pm t(\tilde{A})]$.

In den Situationen 1 und 2 (s_0 ist abhängig von der jeweiligen Situation definiert) gelten folgende Abschätzungen und Aussagen:

Der k-te Eigenwert λ der Matrix A liegt als einziger im Intervall $[\tilde{a}_{ll} \pm \tilde{p}_l] = [\lambda_0 \pm \|\sigma_0\|]$, (5.5)

$$s_0 \leqq \varrho, \tag{5.6}$$

$$s_0 \leqq \varrho_0. \tag{5.7}$$

Die Ungleichungen (5.6) und die Aussage (5.5) folgen unmittelbar aus Lemma 2 (vgl. Abb. 1).

Zum Beweis von (5.7) müssen zusätzlich Ergebnisse der Störungstheorie verwandt werden (vgl. Abb. 2).

Es sei $[\tilde{a}_{rr} \pm \tilde{p}_r]$ in Situation 1 das zu $[\tilde{a}_{ll} \pm \tilde{p}_l]$ nächstgelegene Intervall, so daß also

$$s_0 = |\tilde{a}_{ll} - \tilde{a}_{rr}| - \tilde{p}_l - \tilde{p}_r$$

gilt. Dann liegt in $[\tilde{a}_{rr} \pm \tilde{p}_r]$ ein Eigenwert von A. Da $A_0 = A - B_0$ ist, liegt dann in $[\tilde{a}_{rr} \pm (\tilde{p}_r + \|B_0\|)]$ der zu λ_0 nächstgelegene Eigenwert von A_0. In [1] wird $\|B_0\| = \|\sigma_0\|$ gezeigt, so daß mit (4.3) die Abschätzung (5.7) bewiesen ist (genaueres dazu in [6]). In Situation 2 geht (5.7) aus einer analogen Argumentation hervor.

Brechen wir das Jacobi-Verfahren in einer der beiden Situationen ab (praktisch in derjenigen, die eher auftritt) und ist zusätzlich noch

$$\|\sigma_0\| = \tilde{p}_l < s_0 \tag{5.8}$$

erfüllt, so läßt sich die Konvergenz der Folge $\{\lambda_n\}_{n=0}^{\infty}$ in der Pseudostöriteration zeigen, wenn als Startvektor $\varphi_0 = U_n e_l$ benutzt wird.

Die Unterscheidung beider Situationen geht aus numerischen Erfahrungen hervor. Es zeigt sich, daß bei Matrizen, deren Spektrumspunkte im Intervall $[\lambda^{(N)}, \lambda^{(1)}]$ etwa gleichmäßig verteilt sind, die Situation 1 als erste erreicht sein wird. Das gleiche

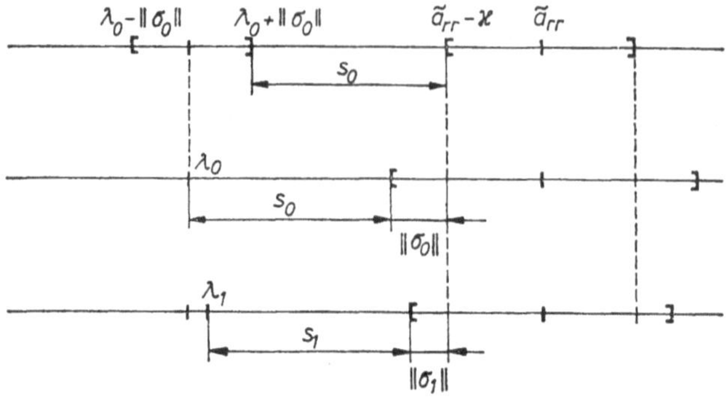

Abb. 1

Abb. 2

Abb. 3

tritt auf, wenn $\lambda = \lambda^{(k)}$ einer von mehreren eng benachbarten Eigenwerten ist. Ist dagegen $\lambda = \lambda^{(k)}$ ein Eigenwert, der vom Rest des Spektrums etwas entfernt liegt, wobei in diesem Rest ebenfalls Häufungen von Eigenwerten auftreten, dann wird für λ die Situation 2 weit vor Situation 1 erfüllt sein.

6. Die Konvergenz der Pseudostöriteration gegen den zu berechnenden Eigenwert

Hauptsatz. *Die Pseudostöriteration werde mit* $\varphi_0 = U_n e_l$ *begonnen, wobei* l *nach* (4.4) *definiert sei. Für die Matrix* $\tilde{A} = U_n{}^* A U_n$, *bei der das Jacobi-Verfahren abgebrochen wurde, sei eine der Situationen* 1 *oder* 2 *eingetreten, so daß also* (5.5), (5.6) *und* (5.7) *gelten. Zusätzlich sei* (5.8) *erfüllt. Dann konvergiert die nach* (1.1) *gegebene Folge* $\{\lambda_n\}_{n=0}^{\infty}$ *der Pseudostöriteration gegen den durch* (5.5) *festgelegten Eigenwert der Matrix* A.

Beweis. a) Aus (5.5), (5.6) und (5.8) folgt, daß λ auch der einzige Eigenwert von A im Intervall $[\lambda_0 \pm 2\, \|\sigma_0\|]$ ist.

b) Wir konstruieren eine Folge $\{s_n\}$ mit $\|\sigma_n\| < s_n \leqq \varrho_n$. Der Operator R_0 existiert, da aus (5.5) folgt, daß λ_0 einfacher Eigenwert von A_0 ist (vgl. Abschnitt 1). In [1] wird gezeigt, daß

$$\|R_n\| = \frac{1}{\varrho_n}$$

ist. Mit (5.7) und (5.8) ergibt sich hieraus

$$\|R_0 \sigma_0\| \leqq \|R_0\|\, \|\sigma_0\| < 1. \tag{6.1}$$

Beim Beweis von Lemma 1 werden in [1] folgende Abschätzungen gezeigt:

$$\|\sigma_{n+1}\|^2 \leqq \frac{\|R_n\sigma_n\|^2}{1 + \|R_n\sigma_n\|^2} \|\sigma_n\|^2, \tag{6.2}$$

$$|\lambda_n - \lambda_{n-1}| \leqq \frac{1}{2} \|\sigma_{n-1}\|, \tag{6.3}$$

wozu nur die Durchführbarkeit der Pseudostöriteration bis zu diesem Schritt vorausgesetzt wurde.

Aus (6.1) und (6.2) folgt

$$\|\sigma_1\| \leqq \bar{q} \, \|\sigma_0\| \quad \text{mit} \quad \bar{q} = \frac{1}{2}\sqrt{2} < \frac{3}{4}. \tag{6.4}$$

Wir konstruieren nun s_n als den Abstand von λ_n zum Intervall $[\tilde{a}_{rr} \pm (\varkappa + \|\sigma_n\|)]$. Hierbei sei das Intervall $[\tilde{a}_{rr} \pm \varkappa]$ das nach Abbruch des Jacobi-Verfahrens feststehende, zum Intervall $[\tilde{a}_{ll} \pm \tilde{p}_l]$ nächstgelegene Eigenwertabschätzungsintervall. Die Größe $\varkappa$ ist dann je nach der aufgetretenen Situation eine der Größen $\tilde{p}_r$, $\tilde{q}_r$ oder $t(\tilde{A})$. Vergleiche hierzu Abb. 3.

Mit der gleichen Argumentation wie in Abschnitt 5 zeigt man $s_n \leqq \varrho_n$. Verfolgen wir die Änderung von s_1 gegenüber s_0, wie in Abb. 3 dargestellt, so läßt sich s_1 folgendermaßen angeben:

$$\varrho_1 \geqq s_1 \geqq s_0 + \|\sigma_0\| - \|\sigma_1\| - |\lambda_0 - \lambda_1|, \tag{6.5}$$

was mit (5.8), (6.2), (6.3) und (6.4) die weitere Abschätzung

$$s_1 > \|\sigma_0\| + \|\sigma_0\| - \frac{3}{4}\|\sigma_0\| - \frac{1}{2}\|\sigma_0\| = \frac{3}{4}\|\sigma_0\| \geqq \|\sigma_1\| \tag{6.6}$$

ergibt. Analog zu (6.1) gilt somit wiederum $\|R_1\sigma_1\| < 1$. Durch vollständige Induktion zeigt man dann

$$\|R_n\sigma_n\| < 1 \qquad \text{für alle } n = 0, 1, \ldots \tag{6.7}$$

Das bedeutet, das Lemma 1 ist anwendbar mit $M = 1$ bzw.

$$q = \frac{1}{2}\sqrt{2} < \frac{3}{4}.$$

Damit ist die Konvergenz der Folge $\{\lambda_n\}_{n=0}^{\infty}$ gegen einen beliebigen Spektrumspunkt der Matrix A gesichert.

c) Es gilt $\{\lambda_n\}_{n=0}^{\infty} \subset [\lambda_0 \pm 2\|\sigma_0\|]$. Diese Tatsache, die mit a) den Satz vollständig beweist, geht aus folgender Abschätzung hervor:

$$\begin{aligned}|\lambda_n - \lambda_0| &\leqq \sum_{i=0}^{n-1} |\lambda_{i+1} - \lambda_i| \leqq \frac{1}{2}\sum_{i=0}^{n-1} \|\sigma_i\| \leqq \frac{1}{2}\|\sigma_0\| \sum_{i=0}^{n-1} q^i \\ &\leqq \frac{1}{2}\|\sigma_0\| \sum_{i=0}^{\infty} \left(\frac{3}{4}\right)^i = 2\|\sigma_0\|,\end{aligned}$$

wozu die Beziehung (6.3) und das Lemma 1 benutzt werden.

Bemerkungen.

1. Die Durchführbarkeit der Pseudostöriteration hängt noch von der Bedingung $(\varphi, \varphi_0) \neq 0$ ab, wobei φ der Eigenvektor zum Eigenwert λ sei. Die Bedingung $(\varphi, \varphi_0) = 0$ wäre aber ein Widerspruch zur Voraussetzung (5.5), wie man leicht zeigt. In [6] wird der Widerspruch zu (5.7) und (5.8) gezeigt.

2. Spätestens vom dritten Schritt der Pseudostöriteration an setzt deren kubische Konvergenzgeschwindigkeit ein, da auf Grund des Lemmas 1 und der Aussagen im Beweis (Teil b))

$$\|\sigma_2\| \leqq q^2 \|\sigma_0\| < \frac{1}{2} \varrho$$

gilt, diese Bedingung aber zusammen mit (6.7) die kubische Konvergenz garantiert (Satz 4 in [5]).

7. Numerische Ergebnisse

In allen numerischen Tests zur hier dargelegten Verfahrensmöglichkeit wurde stets das zyklische Jacobi-Verfahren [3] benutzt. Da sich das angegebene Verfahren als äußerst zuverlässig erwies, wurde das Hauptaugenmerk auf eine Abschwächung des angegebenen Abbruchkriteriums gelegt.

Bei der überwiegenden Anzahl von Beispielen ist schon der Abbruch nach dem ersten Zyklus von $\frac{n(n-1)}{2}$ Einzelrotationen für die Konvergenz der Pseudostöriteration gegen den gewünschten Eigenwert genügend. Ausführliche Tests hierzu sind in [6] dargelegt.

Als mögliche Abschwächung der Abbruchkriterien in Abschnitt 5 muß folgendes angesehen werden:

$$[\tilde{a}_{ll} \pm \tilde{p}_l] \cap [\tilde{a}_{ii} \pm \tilde{p}_i] = \emptyset \qquad \text{für alle } i \neq l. \tag{7.1}$$

Hierbei sei l wieder nach (4.4) festgelegt. Es war nicht möglich, ein Gegenbeispiel hierfür zu finden. Beim Abbruch des Jacobi-Verfahrens unter Erfülltsein von (7.1) konvergierte die Pseudostöriteration stets gegen den gewünschten Eigenwert, auch wenn außer (5.5) keine weitere Voraussetzung des Hauptsatzes erfüllt war.

Über die Größenverhältnisse der Intervalle $[\tilde{a}_{ii} \pm \tilde{p}_i]$ nach den einzelnen Jacobi-Zyklen findet man ebenfalls in [6] weitere numerische Angaben.

Literatur

[1] Kuhnert, F., Die Pseudostöriteration zur Bestimmung von Eigenwerten und Eigenvektoren, VEB Deutscher Verlag der Wissenschaften, Berlin 1971.

[2] Henrici, P., and G. E. Forsythe, The cyclic Jacobi for computing the principal values of a complex matrix, Trans. Amer. Math. Soc. 94 (1960), 1–23.

[3] Schröder, G., Über die Konvergenz einiger Jacobiverfahren zur Bestimmung der Eigenwerte symmetrischer Matrizen, Schriften d. Rhein./Westf. Ind. f. intr. Math. Univ. Bonn, Ser. A, Nr. 5 (1964).
[4] Stummel, F., und H. Hainer, Praktische Mathematik, Teubner, Stuttgart 1971, S. 220–225.
[5] Lang, W., Anwendung der Pseudostöriteration auf Differentialgleichungen, Beiträge Numer. Math. **2** (1974), 89–101.
[6] Meyer, A., Die Konstruktion eines geeigneten Startvektors für die Pseudostöriteration mittels Jacobiverfahrens, Diplomarbeit, TH Karl-Marx-Stadt 1974.
[7] Gerschgorin, S., Ueber die Abgrenzung der Eigenwerte einer Matrix, Izv. Akad. Nauk SSSR, Ser. Mat., **7** (1931), 749–754.

Manuskripteingang: 27. 1. 1975

VERFASSER:
Dipl.-Math. Arnd Meyer und Dr. rer. nat. Wilgard Lang, Sektion Mathematik der Technischen Hochschule Karl-Marx-Stadt

Beiträge zur Numerischen Mathematik
5 (1976), 129–146

Lösung linearer Gleichungssysteme durch Projektion auf Schnitträume von Hyperebenen und Berechnung einer verallgemeinerten Inversen

Wolfgang Peters

Das Projektionsverfahren auf Schnitträume von Hyperebenen (PSH-Verfahren) wird verwendet, um alle Lösungen des Systems

$$Ax = b, \quad A : M \times N, \quad M \gtreqless N, \quad x \in E^N, \quad b \in E^M, \tag{1}$$

zu bestimmen; es stellt keine Voraussetzungen an die Koeffizientenmatrix A. Mit Hilfe des PSH-Verfahrens kann man eine verallgemeinerte Inverse G von A berechnen.

1. PSH-Verfahren

Um (1) nach dem PSH-Verfahren lösen zu können, muß eine Folge

$$K = (K^{(n)}), \qquad n = 1, 2, 3, \ldots, \tag{2}$$

von Indexmengen

$$K^{(n)} = \{k_1^{(n)}, k_2^{(n)}, \ldots, k_{m_n}^{(n)}\}, \qquad k_i^{(n)} \in \{1, 2, \ldots, M\}, \tag{2'}$$

vorgegeben werden. Wir fordern, daß

$$K^{(n+N_0)} = K^{(n)}, \qquad N_0 \in \mathbb{N}, \qquad n = 1, 2, 3, \ldots, \tag{3}$$

gilt und nennen (2) dann eine *zyklische Strategie.* Die kleinste natürliche Zahl N_0, die (3) und die Beziehung

$$\bigcup_{n=1}^{N_0} K^{(n)} = \{1, 2, \ldots, M\} \tag{4}$$

erfüllt, heißt *Zyklenlänge.* Die Indexmengen (2′) müssen so gewählt werden, daß alle Zeilenvektoren z_i, $i \in K^{(n)}$, der Matrix A linear unabhängig sind. Es muß also

$$\operatorname{rg}(A) \geqq \min_{i=1,2,\ldots,N_0} (m_i) \tag{5}$$

gelten. Für jedes $n = 1, 2, \ldots, N_0$ wird eine Matrix V_n vom Format $M \times m_n$ definiert, die aus denjenigen M-dimensionalen Einheitsvektoren besteht, deren Nummern in $K^{(n)}$ enthalten sind:

$$V_n = \left(e_{k_1^{(n)}}, e_{k_2^{(n)}}, \ldots, e_{k_{m_n}^{(n)}}\right). \tag{6}$$

Der n-te Schritt ($n = 1, 2, \ldots, N_0$) eines aus N_0 Schritten bestehenden Zyklusses des PSH-Verfahrens wird durch die Abbildung

$$f_n(\boldsymbol{x}) = \boldsymbol{x} - A^{\mathsf{T}} V_n (V_n^{\mathsf{T}} A A^{\mathsf{T}} V_n)^{-1} V_n^{\mathsf{T}} (A\boldsymbol{x} - \boldsymbol{b}) \tag{7}$$

definiert. Verwendet man abkürzend die Bezeichnungen

$$C_n = A^{\mathsf{T}} V_n (V_n^{\mathsf{T}} A A^{\mathsf{T}} V_n)^{-1} V_n^{\mathsf{T}}, \quad C_n : N \times M, \tag{8}$$

und

$$P_n = I - C_n A, \quad P_n : N \times N, \tag{9}$$

so kann man (7) auch in der Form

$$f_n(\boldsymbol{x}) = P_n \boldsymbol{x} + C_n \boldsymbol{b} \tag{10}$$

schreiben. Die Matrix $C_n A$ ist symmetrisch und idempotent,

$$C_n A = (C_n A)^{\mathsf{T}}, \tag{11}$$

$$C_n A = (C_n A)^2, \tag{12}$$

also eine orthogonale Projektionsmatrix. Deshalb hat sie die Spektralnorm

$$\|C_n A\| = 1. \tag{13}$$

$C_n A$ projiziert jeden Vektor $\boldsymbol{x} \in E^N$ auf den Unterraum des E^N, der durch die Spaltenvektoren der Matrix $A^{\mathsf{T}} V_n$ aufgespannt wird, also auf den Unterraum

$$U_n = L(\{\boldsymbol{z}_k ; k \in K^{(n)}\}) \tag{14}$$

(vgl. [2], S. 8–10). Da $C_n A$ ein orthogonaler Projektor ist, gilt auch für P_n

$$P_n = (P_n)^{\mathsf{T}}, \tag{11'}$$

$$P_n = (P_n)^2 \tag{12'}$$

und

$$\|P_n\| = 1. \tag{13'}$$

P_n ist der orthogonale Projektor auf den Orthogonalraum

$$U_n^{\perp} = \{\boldsymbol{x} ; \boldsymbol{x} \in E^N, (\boldsymbol{x}, \boldsymbol{z}_k) = 0 \quad \text{für} \quad k \in K^{(n)}\} \tag{15}$$

von U_n. Bekanntlich ist dann

$$U_n = \{\boldsymbol{x} ; \boldsymbol{x} \in E^N, C_n A \boldsymbol{x} = \boldsymbol{x}\} \tag{16}$$

und

$$U_n^{\perp} = \{\boldsymbol{x} ; \boldsymbol{x} \in E^N, P_n \boldsymbol{x} = \boldsymbol{x}\} \tag{17}$$

(vgl. z. B. [3]).

Einem Zyklus des PSH-Verfahrens entspricht die Abbildung

$$F(\boldsymbol{b}, \boldsymbol{x}) = f_1\Big(f_2\big(\ldots f_{N_0-1}(f_{N_0}(\boldsymbol{x}) \ldots)\big)\Big). \tag{18}$$

Explizit läßt sich (18) in der Form

$$F(\boldsymbol{b}, \boldsymbol{x}) = P_1P_2 \cdots P_{N_0}\boldsymbol{x} + C_1\boldsymbol{b} + \cdots + P_1P_2 \cdots P_{N_0-2}C_{N_0-1}\boldsymbol{b} + P_1P_2 \cdots P_{N_0-1}C_{N_0}\boldsymbol{b} \tag{19}$$

darstellen. Mit

$$\begin{aligned} Q_i &= P_1P_2 \cdots P_i, \qquad i = 1, 2, \ldots, N_0, \\ Q_0 &= I, \\ Q &= Q_{N_0} \end{aligned} \tag{20}$$

können wir dafür auch

$$F(\boldsymbol{b}, \boldsymbol{x}) = Q\boldsymbol{x} + \sum_{i=1}^{N_0} Q_{i-1}C_i\boldsymbol{b} \tag{21}$$

schreiben. Wir definieren noch die $N \times M$-Matrix

$$R = \sum_{i=1}^{N_0} Q_{i-1}C_i. \tag{22}$$

Das PSH-Verfahren berechnet, ausgehend von einem beliebigen Anfangsvektor $\boldsymbol{x}^0 \in E^N$, iterativ nach der Formel

$$\boldsymbol{x}^{i+1} = F(\boldsymbol{b}, \boldsymbol{x}^i) = Q\boldsymbol{x}^i + R\boldsymbol{b}, \qquad i = 0, 1, 2, \ldots, \tag{23}$$

die Folge $(\boldsymbol{x}^i)$ der Näherungslösungen von (1). Eine geometrische Interpretation des Verfahrens findet man in [5]. Es gilt der folgende Satz:

Satz 1. *Das PSH-Verfahren ist ein lineares stationäres Iterationsverfahren ersten Grades, d. h., es gilt*

$$Q + RA = I. \tag{24}$$

Beweis. Die Behauptung folgt aus (9), (20) und (22):

$$\begin{aligned} RA &= \sum_{i=1}^{N_0} Q_{i-1}C_iA = \sum_{i=1}^{N_0} Q_{i-1}(I - P_i) \\ &= \sum_{i=1}^{N_0} (Q_{i-1} - Q_i) = Q_0 - Q_{N_0} = I - Q, \end{aligned}$$

q. e. d.

2. Darstellung von $\mathcal{N}(A)$ und $\mathcal{R}(A^T)$ mit Hilfe der Projektoren P_i

Der Nullraum von A ist die Menge aller N-dimensionalen Vektoren, die durch A auf den Nullvektor abgebildet werden:

$$\mathcal{N}(A) = \{\boldsymbol{x}; \boldsymbol{x} \in E^N, A\boldsymbol{x} = \boldsymbol{o} \in E^M\}. \tag{25}$$

Der Wertebereich $\mathscr{R}(A^{\mathsf{T}})$ von A^{T} wird durch die Gleichung

$$\mathscr{R}(A^{\mathsf{T}}) = \{\boldsymbol{x}; \boldsymbol{x} \in E^N, \boldsymbol{x} = A^{\mathsf{T}}\boldsymbol{z}, \boldsymbol{z} \in E^M\} \tag{26}$$

definiert.

Satz 2 (ohne Beweis). *Der N-dimensionale euklidische Raum E^N läßt sich als direkte orthogonale Summe des Nullraumes von A und des Wertebereiches von A^{T} darstellen:*

$$E^N = \mathscr{N}(A) \oplus \mathscr{R}(A^{\mathsf{T}}), \tag{27}$$

$$\mathscr{N}(A) = \left(\mathscr{R}(A^{\mathsf{T}})\right)^{\perp}. \tag{28}$$

$\mathscr{R}(A^{\mathsf{T}})$ und $\mathscr{N}(A)$ sollen nun mit Hilfe der Projektoren (9) dargestellt werden.

Satz 3. *Es gilt*

$$\mathscr{R}(A^{\mathsf{T}}) = L\left(\bigcup_{n=1}^{N_0} \{\boldsymbol{z}; \boldsymbol{z} \in E^N, P_n\boldsymbol{z} = \boldsymbol{o}\}\right). \tag{29}$$

Beweis. Der orthogonale Projektor C_nA projiziert jeden Vektor $\boldsymbol{x} \in E^N$ auf den Unterraum (14). Die Vereinigung aller dieser Unterräume spannt folgenden Raum auf:

$$\begin{aligned} L\left(\bigcup_{n=1}^{N_0} U_n\right) &= L\left(\bigcup_{n=1}^{N_0} L\{\boldsymbol{z}_k; k \in K^{(n)}\}\right) \\ &= L\left(\left\{\boldsymbol{z}_k; k \in \bigcup_{n=1}^{N_0} K^{(n)} = \{1, 2, \ldots, M\}\right\}\right) = \mathscr{R}(A^{\mathsf{T}}). \end{aligned} \tag{30}$$

Geht man andererseits von der Formel (16) aus, so folgt

$$\begin{aligned} U_n &= \{\boldsymbol{x}; \boldsymbol{x} \in E^N, (I - P_n)\,\boldsymbol{x} = \boldsymbol{x}\} \\ &= \{\boldsymbol{x}; \boldsymbol{x} \in E^N, P_n\boldsymbol{x} = \boldsymbol{o}\}, \end{aligned} \tag{31}$$

und somit gilt

$$L\left(\bigcup_{n=1}^{N_0} U_n\right) = L\left(\bigcup_{n=1}^{N_0} \{\boldsymbol{x}; P_n\boldsymbol{x} = \boldsymbol{o}\}\right). \tag{32}$$

Aus (30) und (32) folgt die Behauptung (29).

Satz 4. *Es gilt*

$$\mathscr{N}(A) = \bigcap_{n=1}^{N_0} \{\boldsymbol{x}; \boldsymbol{x} \in E^N, P_n\boldsymbol{x} = \boldsymbol{x}\}. \tag{33}$$

Beweis. Wegen (15) ist

$$\begin{aligned} \bigcap_{n=1}^{N_0} U_n^{\perp} &= \left\{\boldsymbol{x}; \boldsymbol{x} \in E^N, (\boldsymbol{x}, \boldsymbol{z}_k) = 0 \text{ für } k \in \bigcup_{n=1}^{N_0} K^{(n)} = \{1, \ldots, M\}\right\} \\ &= \{\boldsymbol{x}; \boldsymbol{x} \in E^N, A\boldsymbol{x} = \boldsymbol{o}\} = \mathscr{N}(A). \end{aligned} \tag{34}$$

Aus (17) folgt aber

$$\bigcap_{n=1}^{N_0} U_n^{\perp} = \bigcap_{n=1}^{N_0} \{\boldsymbol{x};\, \boldsymbol{x} \in E^N,\, P_n\boldsymbol{x} = \boldsymbol{x}\} \tag{35}$$

und damit die Behauptung.

3. Konvergenz des PSH-Verfahrens; verallgemeinerte Inverse von A

Der folgende Satz gibt Auskunft über die Norm der Iterationsmatrix Q.

Satz 5. 1. *Es gilt*

$$\|Q\boldsymbol{x}\| = \|\boldsymbol{x}\| \tag{36}$$

genau dann, wenn $\boldsymbol{x}$ *dem Nullraum* $\mathcal{N}(A)$ *angehört.*

2. *Es ist stets*

$$\|Q\| \leqq 1, \tag{37}$$

und $\|Q\| = 1$ *gilt genau dann, wenn* $\mathrm{rg}(A) < N$ *ist.*

3. *Es gilt*

$$Q\boldsymbol{x} = \boldsymbol{x} \tag{38}$$

genau dann, wenn $\boldsymbol{x} \in \mathcal{N}(A)$ *ist.*

Beweis. 1. Für jedes $\boldsymbol{x} \notin \mathcal{N}(A)$ muß ein Index $n_0 \leqq N_0$ existieren, so daß $P_{n_0}\boldsymbol{x} \neq \boldsymbol{x}$ ist; n_0 sei die größte dieser Zahlen. Dann gilt

$$\|P_{n_0}P_{n_0+1}\cdots P_{N_0}\boldsymbol{x}\| = \|P_{n_0}\boldsymbol{x}\| < \|\boldsymbol{x}\|.$$

Wegen (13′) erhalten wir für $n = 1, 2, \ldots, N_0$ die Ungleichung

$$\|Q_n\| \leqq \|P_1\| \cdot \|P_2\| \cdots \|P_n\| = 1. \tag{39}$$

Somit gilt

$$\|Q\boldsymbol{x}\| \leqq \|Q_{n_0-1}\| \cdot \|P_{n_0}P_{n_0+1}\cdots P_{N_0}\boldsymbol{x}\| = \|Q_{n_0-1}\| \cdot \|P_{n_0}\boldsymbol{x}\| < 1 \cdot \|\boldsymbol{x}\|.$$

Ist andererseits $\boldsymbol{x} \in \mathcal{N}(A)$, so gilt (vgl. (33)) $P_n\boldsymbol{x} = \boldsymbol{x}$ für $n = 1, 2, \ldots, N_0$ und somit auch

$$Q\boldsymbol{x} = P_1P_2\cdots P_{N_0}\boldsymbol{x} = \boldsymbol{x}; \tag{40}$$

der erste Teil des Satzes ist hiermit bewiesen.

2. Die Ungleichung (37) folgt für $n = N_0$ sofort aus (39). Wenn $\mathrm{rg}(A) < N$ ist, sind die N Spalten von A linear abhängig, d. h., es gibt ein $\boldsymbol{x} \in \mathcal{N}(A)$, $\boldsymbol{x} \neq \boldsymbol{o}$. Dann ist wegen (36)

$$\|Q\| = \sup_{\boldsymbol{x} \neq \boldsymbol{o}} \frac{\|Q\boldsymbol{x}\|}{\|\boldsymbol{x}\|} = \sup_{\substack{\boldsymbol{x} \in \mathcal{N}(A) \\ \boldsymbol{x} \neq \boldsymbol{o}}} \frac{\|Q\boldsymbol{x}\|}{\|\boldsymbol{x}\|} = 1.$$

Ist $\|Q\| = 1$, so existiert ein $\boldsymbol{x} \neq \boldsymbol{o}$ mit $\|Q\boldsymbol{x}\| = \|\boldsymbol{x}\|$. Wegen (36) ist dann $\boldsymbol{x} \in \mathcal{N}(A)$, d. h. $A\boldsymbol{x} = \boldsymbol{o}$. Weil $\boldsymbol{x} \neq \boldsymbol{o}$ ist, muß $\operatorname{rg}(A) < N$ sein.

Der dritte Teil der Behauptung folgt sofort aus (40):

3. Für jedes $\boldsymbol{x} \in \mathcal{N}(A)$ gilt $P_n\boldsymbol{x} = \boldsymbol{x}$, $n = 1, 2, \ldots, N_0$, und damit ist auch $Q\boldsymbol{x} = P_1P_2 \cdots P_{N_0}\boldsymbol{x} = \boldsymbol{x}$.

Aus (38) folgt sofort (36). Der erste Teil von Satz 5 besagt, daß dann $\boldsymbol{x} \in \mathcal{N}(A)$ ist, q. e. d.

Bemerkung 1. Wenn $\operatorname{rg}(A) = N$ ist, folgt die Ungleichung $\|Q\| < 1$, d. h., das PSH-Verfahren konvergiert. Später beweisen wir die Konvergenz auch für den Fall $\operatorname{rg}(A) < N$.

Satz 6. 1. *$\mathcal{N}(A)$ und $\mathcal{R}(A^{\mathsf{T}})$ sind invariante Unterräume der linearen Abbildung Q. Die Restriktion $Q_{\mathcal{N}}$ von Q auf $\mathcal{N}(A)$ ist gleich der identischen Abbildung: $Q_{\mathcal{N}} = I_{\mathcal{N}}$, d. h., Q kann additiv zerlegt werden in*

$$Q = P_{\mathcal{N}} + \tilde{Q}. \tag{41}$$

Dabei ist

$$P_{\mathcal{N}} \cdot \tilde{Q} = \tilde{Q} \cdot P_{\mathcal{N}} = 0 \tag{42}$$

und

$$\tilde{Q} = QP_{\mathcal{R}}. \tag{43}$$

$P_{\mathcal{N}}$ und $P_{\mathcal{R}}$ sind die zu (27) gehörenden orthogonalen Projektoren auf $\mathcal{N}(A)$ bzw. $\mathcal{R}(A^{\mathsf{T}})$.

2. *Es gilt*

$$\|\tilde{Q}\| = \sup_{\substack{\boldsymbol{x} \in \mathcal{R}(A^{\mathsf{T}}) \\ \boldsymbol{x} \neq \boldsymbol{o}}} \frac{\|Q\boldsymbol{x}\|}{\|\boldsymbol{x}\|} < 1.$$

Beweis. 1. Da für alle $\boldsymbol{x} \in \mathcal{N}(A)$ die Beziehung (38) gilt, folgt sofort $Q_{\mathcal{N}} = I_{\mathcal{N}}$ und $Q_{\mathcal{N}}{}^{\mathsf{T}} = I_{\mathcal{N}}$, denn wegen (11′) ist $Q^{\mathsf{T}} = P_{N_0}P_{N_0-1} \cdots P_1$. Beliebige Vektoren $\boldsymbol{x} \in \mathcal{N}(A)$ und $\boldsymbol{y} \in \mathcal{R}(A^{\mathsf{T}})$ erfüllen die Gleichung

$$(\boldsymbol{x}, Q\boldsymbol{y}) = (Q^{\mathsf{T}}\boldsymbol{x}, \boldsymbol{y}) = (\boldsymbol{x}, \boldsymbol{y}) = 0, \tag{44}$$

also ist $Q\boldsymbol{y} \in \mathcal{R}(A^{\mathsf{T}})$. Aus der Gleichung

$$I = P_{\mathcal{N}} + P_{\mathcal{R}}, \tag{45}$$

die der Darstellung (27) entspricht, folgt durch Multiplikation von links mit Q die Beziehung

$$Q = QP_{\mathcal{N}} + QP_{\mathcal{R}} = P_{\mathcal{N}} + QP_{\mathcal{R}} =: P_{\mathcal{N}} + \tilde{Q}.$$

Wegen $P_{\mathcal{N}}P_{\mathcal{R}} = P_{\mathcal{R}}P_{\mathcal{N}} = 0$ haben wir den ersten Teil des Satzes bewiesen.

2. Aus Satz 5 folgt

$$\|\tilde{Q}\| = \|QP_{\mathcal{R}}\| \leqq \|Q\| \leqq 1. \tag{46}$$

Wäre $\|\tilde{Q}\| = 1$, so müßte ein Vektor $\boldsymbol{x}_0 \in \mathcal{R}(A^{\mathsf{T}})$, $\boldsymbol{x}_0 \neq \boldsymbol{o}$, existieren, so daß $\|\tilde{Q}\boldsymbol{x}_0\| = \|Q\boldsymbol{x}_0\| = \|\boldsymbol{x}_0\|$ ist. Aus dem ersten Teil von Satz 5 folgt, daß $\boldsymbol{x}_0$ dann auch in

$\mathscr{N}(A)$ liegt, so daß $\boldsymbol{x}_0 = \boldsymbol{o}$ ist. Weil dies aber ein Widerspruch zur obigen Annahme ist, gilt

$$\|\tilde{Q}\| = \sup_{\substack{\boldsymbol{x} \in E^N \\ \boldsymbol{x} \neq \boldsymbol{o}}} \frac{\|\tilde{Q}\boldsymbol{x}\|}{\|\boldsymbol{x}\|} = \sup_{\substack{\boldsymbol{x} \in E^N \\ \boldsymbol{x} \neq \boldsymbol{o}}} \frac{\|QP_{\mathscr{R}}\boldsymbol{x}\|}{\|\boldsymbol{x}\|} = \sup_{\substack{\boldsymbol{x} \in \mathscr{R}(A^{\mathsf{T}}) \\ \boldsymbol{x} \neq \boldsymbol{o}}} \frac{\|Q\boldsymbol{x}\|}{\|\boldsymbol{x}\|} < 1. \tag{47}$$

Für $\operatorname{rg}(A) = N$ gilt $\mathscr{N}(A) = \{\boldsymbol{o}\}$, $P_{\mathscr{N}} = 0$ und $P_{\mathscr{R}} = I$, d. h. $Q = \tilde{Q}$ und $\|Q\| < 1$ (vgl. Bemerkung 1).

Satz 7. *Die Folge (Q^i) konvergiert gegen den Projektor auf den Nullraum von A:*

$$\lim_{i \to \infty} Q^i = P_{\mathscr{N}}. \tag{48}$$

Beweis. Wegen (41) und (42) ist $Q^i = P_{\mathscr{N}} + \tilde{Q}^i$; wegen $\|\tilde{Q}\| < 1$ gilt (48).

Bemerkung 2. Wendet man den Algorithmus

$$\boldsymbol{x}^{i+1} = F(\boldsymbol{o}, \boldsymbol{x}^i) \tag{49}$$

mit $\boldsymbol{x}^0 = \boldsymbol{e}_k$ N-mal auf die Einheitsvektoren $\boldsymbol{e}_k$, $k = 1, 2, \ldots, N$, als Anfangsnäherungen an, so kann man die Projektionsmatrix $P_{\mathscr{N}}$ berechnen, denn $P_{\mathscr{N}} \cdot \boldsymbol{e}_k$ ist gerade die k-te Spalte von $P_{\mathscr{N}}$.

Satz 8. *Der Grenzwert* $\lim\limits_{n \to \infty} \sum\limits_{j=0}^{n} Q^j R$ *existiert, und es gilt*

$$G := (I - \tilde{Q})^{-1} R = \sum_{j=0}^{\infty} Q^j R. \tag{50}$$

Dabei darf R als Faktor nicht entfernt werden.

Beweis. Für beliebige $\boldsymbol{x} \in \mathscr{N}(A)$ gilt

$$\begin{aligned} R^{\mathsf{T}}\boldsymbol{x} &= \sum_{n=1}^{N_0} C_n{}^{\mathsf{T}} Q_{n-1}^{\mathsf{T}} \boldsymbol{x} = \sum_{n=1}^{N_0} C_n{}^{\mathsf{T}} \boldsymbol{x} \\ &= \sum_{n=1}^{N_0} V_n (V_n{}^{\mathsf{T}} A A^{\mathsf{T}} V_n)^{-1} V_n{}^{\mathsf{T}} A \boldsymbol{x} = \boldsymbol{o}; \end{aligned}$$

die Spalten von R liegen also in $\mathscr{R}(A^{\mathsf{T}})$. Wegen (42) und (43) gilt deshalb

$$\sum_{j=0}^{m} Q^j R = \sum_{j=0}^{m} \tilde{Q}^j R, \tag{52}$$

und weil $\|\tilde{Q}\| < 1$ ist, erhält man die Beziehung

$$\sum_{j=0}^{\infty} \tilde{Q}^j R = \left(\sum_{j=0}^{\infty} \tilde{Q}^j \right) R = (I - \tilde{Q})^{-1} R; \tag{53}$$

aus (52) und (53) folgt die Behauptung.

Lemma 1. *Es gilt*

$$G A A^{\mathsf{T}} = A^{\mathsf{T}}. \tag{54}$$

Beweis. Wegen $z_i = A^{\mathsf{T}} e_i$, $i = 1, 2, \ldots, M$, ist $z_i \in \mathscr{R}(A^{\mathsf{T}})$, so daß

$$(I - Q)\, A^{\mathsf{T}} = (I - \tilde{Q})\, A^{\mathsf{T}} \tag{55}$$

gilt. Wegen (24) folgt hieraus

$$RAA^{\mathsf{T}} = (I - \tilde{Q})\, A^{\mathsf{T}}. \tag{56}$$

Weil $\|\tilde{Q}\| < 1$ ist, existiert die Inverse $(I - \tilde{Q})^{-1}$, und es gilt

$$(I - \tilde{Q})^{-1}\, RAA^{\mathsf{T}} = A^{\mathsf{T}}, \tag{57}$$

q. e. d.

Lemma 2. *Die Gleichungen*

$$AGA = A \tag{58}$$

und

$$(GA)^{\mathsf{T}} = GA \tag{59}$$

sind äquivalent zu (54).

Den Beweis findet man in [4].

Lemma 3. *GA ist der orthogonale Projektor auf* $\mathscr{R}(A^{\mathsf{T}})$:

$$GA = P_{\mathscr{R}}. \tag{60}$$

Beweis. Es ist

$$GA = \sum_{j=0}^{\infty} Q^j RA = \sum_{j=0}^{\infty} Q^j (I - Q) = I - P_{\mathscr{N}} = P_{\mathscr{R}}.$$

Lemma 4. *Es gilt*

$$GAG = G. \tag{61}$$

Beweis. Weil $P_{\mathscr{N}} \tilde{Q} = 0$ ist, gilt

$$\begin{aligned} RA(I - \tilde{Q})^{-1} &= (I - Q)\,(I - \tilde{Q})^{-1} = (I - \tilde{Q} - P_{\mathscr{N}})\,(I - \tilde{Q})^{-1} \\ &= I - P_{\mathscr{N}} \sum_{k=0}^{\infty} \tilde{Q}^k = I - P_{\mathscr{N}}. \end{aligned} \tag{62}$$

Da die Spalten von R in $\mathscr{R}(A^{\mathsf{T}})$ liegen, erhält man

$$RAG = RA(I - \tilde{Q})^{-1} R = (I - P_{\mathscr{N}})\, R = R, \tag{63}$$

und durch Multiplikation von links mit $(I - \tilde{Q})^{-1}$ folgt (61).

Lemma 5. *Es gilt*

$$E^M = \mathscr{N}(AG) \oplus \mathscr{R}(AG). \tag{64}$$

Beweis. AG ist idempotent, denn wegen (58) gilt

$$(AG)\,(AG) = (AGA)\, G = AG;$$

also ist AG ein (im allgemeinen schräger) Projektor auf $\mathscr{R}(AG)$ entlang $\mathscr{N}(AG)$. Vgl. [3], S. 52, Theorem 1.

Lemma 6. *Es gilt*

$$\mathscr{R}(AG) = \mathscr{R}(A). \tag{65}$$

Beweis. Aus $\boldsymbol{x} \in \mathscr{R}(A)$ folgt $\boldsymbol{x} \in \mathscr{R}(AG)$:

$$\boldsymbol{x} = A\boldsymbol{z} = (AGA)\,\boldsymbol{z} = AG(A\boldsymbol{z}),$$

also ist $\mathscr{R}(A) \subset \mathscr{R}(AG)$. Andererseits folgt aus $\mathscr{R}(G) \subset E^N = \mathscr{R}(I)$ sofort $\mathscr{R}(AG) \subset \mathscr{R}(A)$.

Lemma 7. *Es gilt*

$$\mathscr{N}(AG) = \mathscr{N}(R). \tag{66}$$

Beweis. Für $\boldsymbol{x} \in \mathscr{N}(R)$ gilt $R\boldsymbol{x} = \boldsymbol{o}$ und somit $AG\boldsymbol{x} = A(I - \tilde{Q})^{-1}\,R\boldsymbol{x} = \boldsymbol{o}$, also ist $\mathscr{N}(R) \subset \mathscr{N}(AG)$.

Nun sei $\boldsymbol{x} \in \mathscr{N}(AG)$. Wegen (63) gilt dann $\boldsymbol{o} = RAG\boldsymbol{x} = R\boldsymbol{x}$, d. h. $\boldsymbol{x} \in \mathscr{N}(R)$, so daß auch $\mathscr{N}(AG) \subset \mathscr{N}(R)$ ist.

Lemma 8. *Es gilt*

$$\mathscr{R}(A^{\mathsf{T}}) = \mathscr{R}(R). \tag{67}$$

Beweis. Es sei $\boldsymbol{x} \in \mathscr{R}(R)$, also $\boldsymbol{x} = R\boldsymbol{z}$. Dann gilt

$$P_{\mathscr{R}}\boldsymbol{x} = GA\boldsymbol{x} = GAR\boldsymbol{z} = (I - P_{\mathscr{N}})\,R\boldsymbol{z} = R\boldsymbol{z} = \boldsymbol{x}, \tag{68}$$

also ist $\boldsymbol{x} \in \mathscr{R}(A^{\mathsf{T}})$.

Jedes $\boldsymbol{x} \in \mathscr{R}(A^{\mathsf{T}})$ liegt auch in $\mathscr{R}(R)$:

$$\boldsymbol{x} = P_{\mathscr{R}}\boldsymbol{x} = (I - P_{\mathscr{N}})\,\boldsymbol{x} = RA(I - \tilde{Q})^{-1}\,\boldsymbol{x}. \tag{69}$$

Lemma 9. *Die Räume E^N und E^M können folgendermaßen in direkte bzw. direkte orthogonale Summen aufgespalten werden:*

$$E^M = \mathscr{R}(AG) \oplus \mathscr{N}(AG), \tag{70}$$

$$E^M = \mathscr{R}(A) \oplus \mathscr{N}(A^{\mathsf{T}}), \qquad \mathscr{R}(A) \perp \mathscr{N}(A^{\mathsf{T}}), \tag{71}$$

$$E^M = \mathscr{R}(R^{\mathsf{T}}) \oplus \mathscr{N}(R), \qquad \mathscr{R}(R^{\mathsf{T}}) \perp \mathscr{N}(R), \tag{72}$$

$$E^N = \mathscr{N}(A) \oplus \mathscr{R}(A^{\mathsf{T}}), \qquad \mathscr{N}(A) \perp \mathscr{R}(A^{\mathsf{T}}), \tag{73}$$

$$E^N = \mathscr{N}(R^{\mathsf{T}}) \oplus \mathscr{R}(R), \qquad \mathscr{N}(R^{\mathsf{T}}) \perp \mathscr{R}(R). \tag{74}$$

Lemma 10. *AG ist ein (im allgemeinen schräger) Projektor auf $\mathscr{R}(A)$ entlang $\mathscr{N}(R)$.*

Beweis. Wegen Lemma (6) gilt $\mathscr{R}(AG) \supset \mathscr{R}(A)$, und aus Lemma 7 folgt $\mathscr{N}(AG) \supset \mathscr{N}(R)$. Aus (70) folgt

$$\mathscr{R}(A) \cap \mathscr{N}(R) = \{\boldsymbol{o}\}.$$

Aus der Beziehung $\mathscr{R}(A^{\mathsf{T}}) = \mathscr{R}(R)$ (Lemma 8) erhält man

$$\dim \mathscr{R}(A) = \dim \mathscr{R}(R^{\mathsf{T}})$$

und

$$\dim \mathscr{N}(A^{\mathsf{T}}) = \dim \mathscr{R}(R),$$

so daß die direkte Summe

$$E^M = \mathscr{R}(A) \oplus \mathscr{N}(R) \tag{75}$$

gültig ist.

Beachtet man noch die Gleichungen (65) und (66), so ist das Lemma bewiesen.

Wenn $\operatorname{rg}(A) = M$ ist, ist $\mathscr{N}(A^{\mathsf{T}}) = \{\boldsymbol{o}\}$. Daraus folgt

$$0 = \dim \mathscr{N}(A^{\mathsf{T}}) = \dim \mathscr{N}(R), \quad \text{also} \quad \mathscr{N}(R) = \{\boldsymbol{o}\}.$$

Deshalb gilt dann $\mathscr{R}(A) = \mathscr{R}(AG) = \mathscr{R}(I)$, also $AG = I$. Nur in diesem Fall ist AG auch symmetrisch:

$$AG = I = (AG)^{\mathsf{T}}. \tag{76}$$

Satz 9. *Die $N \times M$-Matrix $G = (I - \tilde{Q})^{-1} R$ ist eine verallgemeinerte Inverse von A. Sie erfüllt die Gleichungen*

$$AGA = A, \quad GAG = G \quad \text{und} \quad GA = (GA)^{\mathsf{T}}. \tag{77}$$

Für $\operatorname{rg}(A) = M$ *gilt außerdem* $AG = (AG)^{\mathsf{T}}$. *In diesem Fall ist G die Moore-Penrose-sche verallgemeinerte Inverse von A* (vgl. [4]).

Satz 10. *Das PSH-Verfahren* (23) *erzeugt für jede $M \times N$-Koeffizientenmatrix A mit nichtverschwindenden Zeilenvektoren und bei einer gemäß* (3), (4) *und* (5) *gewählten Strategie, ausgehend von einem beliebigen Anfangsvektor $\boldsymbol{x}^0 \in E^N$, eine konvergente Folge $(\boldsymbol{x}^i)$, und es gilt*

$$\lim_{i \to \infty} \boldsymbol{x}^i = P_{\mathscr{N}} \boldsymbol{x}^0 + G\boldsymbol{b}. \tag{78}$$

Wenn die Lösungsmenge von (1) *nicht leer ist, ist* (78) *für jedes $\boldsymbol{x}^0$ eine Lösung des Ausgangssystems.*

Beweis. In der Gleichung

$$\boldsymbol{x}^i = Q^i \boldsymbol{x}^0 + \left(\sum_{j=0}^{i-1} Q^j R \right) \boldsymbol{b} \tag{79}$$

konvergiert der erste Term gegen $P_{\mathscr{N}} \boldsymbol{x}^0$ (Satz 7) und der zweite gegen $G\boldsymbol{b}$ (Satz 8). (1) hat genau dann eine Lösung, wenn $AG\boldsymbol{b} = \boldsymbol{b}$ ist. Wenn (1) konsistent ist, erfüllt (78) das Ausgangssystem:

$$A(P_{\mathscr{N}} \boldsymbol{x}^0 + G\boldsymbol{b}) = \boldsymbol{o} + AG\boldsymbol{b} = \boldsymbol{b}. \tag{80}$$

$G\boldsymbol{b}$ ist diejenige Lösung, die die kleinste Norm hat.

Zur Lösung von (1) bietet sich die von TANABE vorgeschlagene Vorgehensweise an:
1. Schritt: Berechnung von $\boldsymbol{Gb}$ durch Anwendung des PSH-Verfahrens mit dem Anfangsvektor $\boldsymbol{x}^0 = \boldsymbol{o}$.
2. Schritt: Prüfung der Konsistenz von (1) durch Berechnung von $A(\boldsymbol{Gb})$.
3. Schritt: Wenn (1) konsistent ist, wird $P_{\mathcal{N}}$ berechnet (vgl. Bemerkung 2).
$\mathcal{R}(P_{\mathcal{N}}) + \boldsymbol{Gb}$ ist der Raum aller Lösungen von (1). Das von TANABE in [1] behandelte Verfahren von KACZMARZ ist gerade das eindimensionale PSH-Verfahren.

4. Numerische Untersuchungen

TANABES numerische Untersuchungen zeigen, daß die Konvergenzgeschwindigkeit beim Kaczmarzschen Verfahren besonders bei solchen Matrizen, deren Zeilenvektoren „fast" die gleiche Richtung haben, sehr langsam sein kann. Weil konvergenzverbessernde Verfahren wie z. B. der Δ^2-Prozeß von AITKEN die Abhängigkeit des Grenzwertes (78) von der Anfangsnäherung $\boldsymbol{x}^0$ verändern, bietet sich das PSH-Verfahren an.

Beim Programmieren dieses Verfahrens ist es günstiger, statt der Matrizendarstellung (19) die in [5] angegebene, weniger aufwendige Form zu verwenden. Die in jedem Schritt auftretenden „kleinen Gleichungssysteme" vom Format $m \times m$ (m Dimension der Unterräume) wurden nach dem Jordanschen Diagonalisierungsverfahren gelöst. Wenn man, um Speicherplatz zu sparen, die erforderlichen Skalarprodukte in jedem Schritt neu berechnet, erfordert ein Verfahrensschritt

$$(m + 1)^2 N + \frac{1}{2}(m^3 + 2m^2 - 3m + 2) \tag{81}$$

Multiplikationen und Divisionen. Speichert man dagegen die während des ersten Zyklusses berechneten Skalarprodukte, so benötigt man vom zweiten Zyklus an nur noch

$$(2m + 1) N + \frac{1}{2}(m^3 + 2m^2 - 3m + 2) \tag{82}$$

Multiplikationen und Divisionen („wesentliche Rechenoperationen") pro Schritt. Die Anzahl der Operationen in den folgenden Beispielen wurde nach (81) ermittelt.

Beispiel 1. Gesucht ist eine Lösung des konsistenten Systems

$$\begin{pmatrix} 1,0 & 3,0 & 2,0 & -1,0 \\ 1,0 & 2,0 & -1,0 & -2,0 \\ 1,0 & -1,0 & 2,0 & 3,0 \\ 2,0 & 1,0 & 1,0 & 1,0 \\ 5,0 & 5,0 & 4,0 & 1,0 \\ 4,0 & -1,0 & 5,0 & 7,0 \end{pmatrix} \boldsymbol{x} = \begin{pmatrix} 5,0 \\ 0,0 \\ 5,0 \\ 5,0 \\ 15,0 \\ 15,0 \end{pmatrix}$$

ausgehend vom Anfangsvektor $\boldsymbol{x}^0 = (7,0; 6,0; 10,0; 6,0)^{\mathsf{T}}$.

Der Algorithmus wird abgebrochen, wenn die Differenz aller Komponenten der Näherungsvektoren zweier aufeinanderfolgender Zyklen betragsmäßig kleiner als 10^{-9} ist. Die exakte Lösung ist $\boldsymbol{x} = (1{,}0;\, 1{,}0;\, 1{,}0;\, 1{,}0)^{\mathsf{T}}$.

1. Strategie

Die Unterräume sind eindimensional ($m = 1$), und die Indexmengen werden folgendermaßen gewählt:

$$K^{(1)} = \{6\}, \quad K^{(2)} = \{5\}, \ldots, \quad K^{(6)} = \{1\}, \quad K^{(7)} = \{6\}, \ldots$$

Ein Zyklus besteht also aus sechs Schritten. Nach 65 Zyklen erhält man die Näherung

$$\boldsymbol{x}_{65} = \begin{pmatrix} 9{,}999\,999\,979 - 01 \\ 9{,}999\,999\,997 - 01 \\ 1{,}000\,000\,002 + 00 \\ 9{,}999\,999\,999 - 01 \end{pmatrix}$$

mit dem Fehler

$$\|A\boldsymbol{x}_{65} - \boldsymbol{b}\|_2^2 = 6{,}026 \cdot 10^{-17}.$$

Dazu sind 6630 wesentliche Rechenoperationen nötig.

2. Strategie

Die Strategie $m = 1$, $K^{(1)} = \{1\}, K^{(2)} = \{2\}, \ldots, K^{(6)} = \{6\}, \ldots$ stimmt mit der von TANABE in [1], Problem 4, gerechneten überein. Nach 65 Zyklen wird die Rechnung abgebrochen:

$$\boldsymbol{x}_{65} = \begin{pmatrix} 1{,}000\,000\,002 + 00 \\ 9{,}999\,999\,996 - 01 \\ 9{,}999\,999\,981 - 01 \\ 1{,}000\,000\,000 + 00 \end{pmatrix}.$$

Der Fehler

$$\|A\boldsymbol{x}_{65} - \boldsymbol{b}\|_2^2 = 2{,}120 \cdot 10^{-17}$$

hat die gleiche Größenordnung wie der bei der ersten Strategie. 6630 wesentliche Rechenoperationen waren erforderlich.

3. Strategie

Bei der Strategie $K^{(1)} = \{1, 2\}, K^{(2)} = \{3, 4\}, K^{(3)} = \{5, 6\}, \ldots$ mit zweidimensionalen Unterräumen und der Zyklenlänge 3 erhält man nach 28 Zyklen die Näherung

$$\boldsymbol{x}_{28} = \begin{pmatrix} 1{,}000\,000\,001 + 00 \\ 9{,}999\,999\,998 - 01 \\ 9{,}999\,999\,992 - 01 \\ 1{,}000\,000\,000 + 00 \end{pmatrix}$$

mit dem Fehler

$$\|A\boldsymbol{x}_{28} - \boldsymbol{b}\|_2^2 = 3{,}363 \cdot 10^{-18}.$$

Die Anzahl der wesentlichen Operationen beträgt 3528.

4. Strategie

Mit der Strategie $K^{(1)} = \{1, 2\}$, $K^{(2)} = \{2, 3\}$, ..., $K^{(6)} = \{6, 1\}$, ... ist

$$\boldsymbol{x}_{17} = \begin{Bmatrix} 1{,}000000000 + 00 \\ 1{,}000000000 + 00 \\ 1{,}000000000 + 00 \\ 1{,}000000000 + 00 \end{Bmatrix}$$

und

$$\|A\boldsymbol{x}_{17} - \boldsymbol{b}\|_2^2 = 4{,}150 \cdot 10^{-20};$$

man benötigt 4284 Multiplikationen und Divisionen.

5. Strategie

Bei $m = 3$ stimmt die Dimension der Unterräume mit dem Rang der Koeffizientenmatrix überein. Mit der Strategie $K^{(1)} = \{1, 2, 3\}$, $K^{(2)} = \{4, 5, 6\}$, ... erhält man nach einem Zyklus die exakte Lösung

$$\boldsymbol{x}_1 = \begin{Bmatrix} 1{,}000000000 + 00 \\ 1{,}000000000 + 00 \\ 1{,}000000000 + 00 \\ 1{,}000000000 + 00 \end{Bmatrix},$$

$$\|A\boldsymbol{x}_1 - \boldsymbol{b}\|_2^2 = 0{,}0;$$

dazu sind nur 94 wesentliche Rechenoperationen nötig.

Beispiel 2. Die verallgemeinerte Inverse der Matrix

$$A = \begin{pmatrix} 1{,}0 & 0{,}0 & -1{,}0 & 1{,}0 \\ 0{,}0 & 1{,}0 & 1{,}0 & 0{,}0 \\ 1{,}0 & 0{,}0 & 1{,}0 & 1{,}0 \end{pmatrix}$$

soll berechnet werden (vgl. Bemerkung nach Satz 9). Der Abbruch erfolgt wie beim ersten Beispiel. Die exakte Lösung ist (vgl. [1])

$$G = \begin{Bmatrix} 1/4 & 0 & 1/4 \\ 1/2 & 1 & -1/2 \\ -1/2 & 0 & 1/2 \\ 1/4 & 0 & 1/4 \end{Bmatrix}$$

1. Strategie

Die Unterräume sind eindimensional; $K^{(1)} = \{1\}, K^{(2)} = \{2\}, K^{(3)} = \{3\}, \ldots$ Als Näherungen für die Spalten $\boldsymbol{g}_1, \boldsymbol{g}_2, \boldsymbol{g}_3$ von G erhält man nach 38, 39 bzw. wieder 39 Zyklen die Vektoren

$$\tilde{\boldsymbol{g}}_1 = \begin{pmatrix} 2{,}499999996 - 01 \\ 4{,}999999986 - 01 \\ -4{,}999999992 - 01 \\ 2{,}499999996 - 01 \end{pmatrix},$$

$$\tilde{\boldsymbol{g}}_2 = \begin{pmatrix} -3{,}556047083 - 10 \\ 9{,}999999987 - 01 \\ 7{,}112094166 - 10 \\ -3{,}556047083 - 10 \end{pmatrix},$$

$$\tilde{\boldsymbol{g}}_3 = \begin{pmatrix} 2{,}500000003 - 01 \\ -4{,}999999988 - 01 \\ 4{,}999999993 - 01 \\ 2{,}500000003 - 01 \end{pmatrix}$$

mit einem Aufwand von 5916 Multiplikationen und Divisionen.

2. Strategie

Mit zweidimensionalen Unterräumen erhält man nach der Strategie $K^{(1)} = \{1, 2\}$, $K^{(2)} = \{3, 1\}, K^{(3)} = \{2, 3\}, \ldots$ nach jeweils 14 Zyklen folgende Näherungen für die Spalten von G:

$$\tilde{\tilde{\boldsymbol{g}}}_1 = \begin{pmatrix} 2{,}499999995 - 01 \\ 4{,}999999989 - 01 \\ -4{,}999999989 - 01 \\ 2{,}499999995 - 01 \end{pmatrix},$$

$$\tilde{\tilde{\boldsymbol{g}}}_2 = \begin{pmatrix} -7{,}012204151 - 10 \\ 9{,}999999986 - 01 \\ 1{,}402440830 - 09 \\ -7{,}012204151 - 10 \end{pmatrix},$$

$$\tilde{\tilde{\boldsymbol{g}}}_3 = \begin{pmatrix} 2{,}500000009 - 01 \\ -4{,}999999982 - 01 \\ 4{,}999999982 - 01 \\ 2{,}500000009 - 01 \end{pmatrix}.$$

Der Rechenaufwand ist in diesem Fall mit 5292 Multiplikationen und Divisionen nur wenig kleiner als bei der ersten Strategie.

Beispiel 3. Es soll der Projektor auf den Nullraum der Matrix A des Beispiels 2 berechnet werden. Die exakte Lösung ist

$$P = \begin{bmatrix} 1/2 & 0 & 0 & -1/2 \\ 0 & 0 & 0 & 0 \\ 0 & 0 & 0 & 0 \\ -1/2 & 0 & 0 & 1/2 \end{bmatrix}.$$

Der Abbruch erfolgt wie vorher.

1. Strategie

Die Unterräume sind eindimensional: $K^{(1)} = \{1\}$, $K^{(2)} = \{2\}, \ldots$ Nach 37, 39, 38 bzw. 37 Zyklen erhält man die Näherungen

$$\tilde{p}_1 = \begin{bmatrix} 4{,}999999997 - 01 \\ -1{,}008905304 - 09 \\ 5{,}667392965 - 10 \\ -5{,}000000003 - 01 \end{bmatrix},$$

$$\tilde{p}_2 = \begin{bmatrix} 3{,}554781684 - 10 \\ 1{,}266054271 - 09 \\ -7{,}109563368 - 10 \\ 3{,}554781684 - 10 \end{bmatrix},$$

$$\tilde{p}_3 = \begin{bmatrix} -3{,}362911222 - 10 \\ -1{,}197718592 - 09 \\ 6{,}725822443 - 10 \\ -3{,}362911222 - 10 \end{bmatrix},$$

$$\tilde{p}_4 = \begin{bmatrix} -5{,}000000000 - 01 \\ -1{,}008669296 - 09 \\ 5{,}663517064 - 10 \\ 4{,}999999997 - 01 \end{bmatrix}$$

für die Spalten $\boldsymbol{p}_i$ von P. Man benötigt 7701 wesentliche Rechenoperationen.

2. Strategie

Mit der Strategie $K^{(1)} = \{1, 2\}$, $K^{(2)} = \{3, 1\}$, $K^{(3)} = \{2, 3\}, \ldots$ bekommt man nach 13, 14, 14 bzw. 13 Zyklen für die Spalten von P die Näherungen

$$\tilde{\tilde{p}}_1 = \begin{bmatrix} 4{,}999999985 - 01 \\ -2{,}921709030 - 09 \\ 2{,}921709030 - 09 \\ -5{,}000000015 - 01 \end{bmatrix},$$

$$\tilde{\tilde{p}}_2 = \begin{bmatrix} -7{,}011906708 - 10 \\ 1{,}402381342 - 09 \\ -1{,}402381342 - 09 \\ 7{,}011906708 - 10 \end{bmatrix},$$

$$\tilde{\tilde{p}}_3 = \begin{bmatrix} -7{,}011906708 - 10 \\ -1{,}402381342 - 09 \\ 1{,}402381342 - 09 \\ -7{,}011906708 - 10 \end{bmatrix},$$

$$\tilde{\tilde{p}}_4 = \begin{bmatrix} -5{,}000000015 - 01 \\ -2{,}921435299 - 09 \\ 2{,}921435299 - 09 \\ 4{,}999999985 - 01 \end{bmatrix}.$$

6804 Multiplikationen und Divisionen waren erforderlich.

Beispiel 4. Man bestimme die Lösung des 84-dimensionalen Systems

$$\begin{bmatrix} 6 & 1 & & & & & & & \\ 8 & 6 & 1 & & & & & & \\ & 8 & 6 & 1 & & & & & \\ & & 8 & 6 & 1 & & & & \\ & & & \cdot & \cdot & \cdot & & & \\ & & & & \cdot & \cdot & \cdot & & \\ & & & & & \cdot & \cdot & \cdot & \\ & & & & & 8 & 6 & 1 & \\ & & & & & & 8 & 6 & 1 \\ & & & & & & & 8 & 6 \end{bmatrix} \boldsymbol{x} = \begin{bmatrix} 7 \\ 15 \\ 15 \\ 15 \\ \cdot \\ \cdot \\ \cdot \\ 15 \\ 15 \\ 14 \end{bmatrix}$$

(vgl. [1]). Die exakte Lösung ist $x_1 = x_2 = \cdots = x_{84} = 1{,}0$. Die Anfangsnäherung ist der Nullvektor, und der Abbruch erfolgt wie vorher.

1. Strategie

Es wird zyklisch auf eindimensionale Unterräume projiziert: $K^{(i)} = \{i\}$, $i = 1, 2, \ldots, 84$. Nach 83 Zyklen (2349564 wesentlichen Rechenoperationen) hat die Näherung die geforderte Genauigkeit:

i	x_i	i	x_i
1—50	1,000000000 + 00	53	9,999999999 — 01
51	9,999999999 — 01	54	1,000000000 + 00
52	1,000000000 + 00	55	1,000000000 + 00

i	x_i	i	x_i
56	9,999999990 − 01	71	1,000071200 + 00
57	1,000000003 + 00	72	9,998576049 − 01
58	9,999999932 − 01	73	1,000284759 + 00
59	1,000000015 + 00	74	9,994306187 − 01
60	9,999999680 − 01	75	1,001138209 + 00
61	1,000000066 + 00	76	9,977258059 − 01
62	9,999998644 − 01	77	1,004539489 + 00
63	1,000000274 + 00	78	9,909566250 − 01
64	9,999994478 − 01	79	1,017944335 + 00
65	1,000001108 + 00	80	9,646809898 − 01
66	9,999977791 − 01	81	1,068359375 + 00
67	1,000004446 + 00	82	8,723958334 − 01
68	9,999911032 − 01	83	1,218750000 + 00
69	1,000017798 + 00	84	7,083333333 − 01
70	9,999644008 − 01		

Der Fehler beträgt $\|A\boldsymbol{x}_{83} - \boldsymbol{b}\|_2^2 = 1{,}948 \cdot 10^{-15}$.

2. Strategie

Die Unterräume sind vierdimensional: $K^{(1)} = \{1, 2, 3, 4\}$, $K^{(2)} = \{5, 6, 7, 8\} \ldots$ Das Verfahren bricht nach 31 Zyklen (1395093 wesentlichen Rechenoperationen) ab (in der Tabelle durchläuft k die Werte 0, 1, 2, ..., 9):

i	x_i	i	x_i
1	1,000000000 + 00	58	9,999999908 − 01
2	1,000000000 + 00	59	1,000000018 + 00
3	1,000000000 + 00	60	9,999999651 − 01
4	9,999999999 − 01	61	1,000000070 + 00
5	1,000000000 + 00	62	9,999998605 − 01
6	9,999999997 − 01	63	1,000000279 + 00
7	1,000000001 + 00	64	9,999994436 − 01
8	9,999999999 − 01	65	1,000001113 + 00
9	1,000000000 + 00	66	9,999977743 − 01
10	9,999999996 − 01	67	1,000004451 + 00
$11 + 4k$	1,000000001 + 00	68	9,999910990 − 01
$12 + 4k$	9,999999999 − 01	69	1,000017802 + 00
$13 + 4k$	1,000000000 + 00	70	9,999643969 − 01
$14 + 4k$	9,999999995 − 01	71	1,000071204 + 00
51	1,000000001 + 00	72	9,998576020 − 01
52	9,999999997 − 01	73	1,000284761 + 00
53	1,000000001 + 00	74	9,994306165 − 01
54	9,999999990 − 01	75	1,001138211 + 00
55	1,000000002 + 00	76	9,977258046 − 01
56	9,999999977 − 01	77	1,004539490 + 00
57	1,000000005 + 00	78	9,909566242 − 01

i	x_i	i	x_i
79	1,017944336 + 00	82	8,723958333 − 01
80	9,646809896 − 01	83	1,218750000 + 00
81	1,068359375 + 00	84	7,083333333 − 01

Der Fehler ist $\|Ax_{31} - b\|_2^2 = 6{,}006 \cdot 10^{-16}$.

Diese Beispiele und die in [6] durchgeführten Experimente zeigen, daß im allgemeinen das mehrdimensionale PSH-Verfahren schneller konvergiert als das eindimensionale, d. h., es bringt mit geringerem Rechenaufwand den Restvektor $Ax_n - b$ auf die gewünschte Größenordnung. Die Experimente haben weiter gezeigt, daß die Auswahlstrategie die Konvergenz stark beeinflußt. Allerdings ist es bisher noch nicht gelungen, optimale Strategien für bestimmte Matrizenklassen zu finden.

Herrn Doz. Dr. Gerhard MAESS möchte ich für die zahlreichen wertvollen Diskussionen und Hinweise während der Anfertigung dieser Arbeit herzlich danken.

Literatur

[1] TANABE, K., Projection method for solving a singular system of linear equations and its applications, Numer. Math. **17** (1971), 203–214.
[2] HOUSEHOLDER, A. S., The Theory of Matrices in Numerical Analysis, Blaisdell Publishing Comp., New York–Toronto–London 1964.
[3] HALMOS, P. R., Finite Dimensional Vector Spaces, Princeton University Press, Princeton (N.J.) 1953.
[4] PENROSE, R., A generalized inverse for matrices, Proc. Cambr. Phil. Soc. **51** (1955), 406–413.
[5] KIESEWETTER, H., und G. MAESS, Elementare Methoden der numerischen Mathematik, Akademie-Verlag, Berlin 1974 (Springer-Verlag Wien–New York).
[6] PETERS, W., Projektionsverfahren zur iterativen Lösung linearer Gleichungssysteme, Diplomarbeit, Univ. Rostock 1974.

Manuskripteingang: 2. 1. 1975

VERFASSER:
Dipl.-Math. WOLFGANG PETERS, Sektion Mathematik der Universität Rostock

Beiträge zur Numerischen Mathematik
5 (1976), 147–156

Über eine verallgemeinerte Lobattosche Quadraturformel

GÜNTER PORATH und GÜNTER WENZLAFF

1. Einleitung

Das klassische Lobattosche Quadraturverfahren besitzt die Form

$$\int_{-1}^{+1} f(x)\,dx = D_{m0}[f(1) + f(-1)] + \sum_{i=1}^{m} D_{mi}f(x_{mi}) + R_m(f). \tag{1.1}$$

Die Quadraturkoeffizienten D_{mi}, $i = 0, 1, \ldots, m$, und die Stützstellen x_{mi}, $i = 1, \ldots, m$, sind so bestimmt, daß das Quadraturverfahren für Polynome höchstens vom Grade $2m + 1$ genau ist. Für das Restglied besteht die Abschätzung

$$|R_m(f)| \leqq d_m M_{2m+2} \tag{1.2}$$

mit

$$M_{2m+2} = \max_{x \in \langle -1, +1 \rangle} |f^{(2m+2)}(x)|. \tag{1.3}$$

Die Stützstellen, die Quadraturkoeffizienten und die Fehlergröße d_m werden in der allgemeinen Quadraturformeltheorie von A. GHIZZETTI und A. OSSICINI [2], Kap. 4.8, angegeben.

In der vorliegenden Arbeit wird ein verallgemeinertes Lobattosches Quadraturverfahren von der Form

$$\int_{-1}^{+1} f(x)\,dx = \sum_{k=0}^{\alpha-1} [A_{mk}f^{(k)}(+1) + B_{mk}f^{(k)}(-1)] + \sum_{i=1}^{m} C_{mi}f(x_{mi}) + S_m(f) \tag{1.4}$$

aufgestellt. Die Quadratursumme enthält neben den Funktionswerten $f(1)$, $f(-1)$ die Ableitungen $f'(1), f'(-1), \ldots, f^{(\alpha-1)}(1), f^{(\alpha-1)}(-1)$ der Funktion f in den Endpunkten $1, -1$ bis zur Ordnung $\alpha - 1$. Die Quadraturkoeffizienten A_{mk}, B_{mk} und C_{mi}, $k = 0, \ldots, \alpha - 1$, $i = 1, \ldots, m$, und die Stützstellen x_{mi}, $i = 1, \ldots, m$, werden so bestimmt, daß die Quadraturformel (4) für Polynome höchstens vom Grade $2\alpha + 2m - 1$ genau ist. Die Stützstellen und Quadraturkoeffizienten hängen von der natürlichen Zahl $\alpha \in \{1, 2, \ldots\}$ ab. In der Arbeit wird eine dreifache Indizierung dieser Größen nicht vorgenommen. Für das Restglied $S_m(f)$ ergibt sich die Ungleichung

$$|S_m(f)| \leqq c_m M_{2\alpha+2m} \tag{1.5}$$

mit

$$M_{2\alpha+2m} = \max_{x\in\langle -1,+1\rangle} |f^{(2\alpha+2m)}(x)|. \tag{1.6}$$

Die Stützstellen x_{mi}, $i = 1, \ldots, m$, sind die Nullstellen spezieller Jacobischer Polynome. Für die Quadraturkoeffizienten und für die Fehlergröße c_m werden Berechnungsformeln hergeleitet. Außerdem wird eine ableitungsfreie Fehlerabschätzung für analytische Funktionen unter Verwendung der Abschätzungsmethode von N. S. Kambo [3] aufgestellt.

Aus der Literatur über die Theorie der Quadraturformeln und Orthogonalpolynome seien genannt: I. S. Beresin und N. P. Shidkow [1], A. Ghizzetti und A. Ossicini [2], V. I. Krylov [4], I. P. Mysovskij [7], N. Obreschkoff [8], F. G. Tricomi [9].

2. Stützstellen und Quadraturkoeffizienten

Für die Bestimmung der Stützstellen x_{mi}, $i = 1, \ldots, m$, liegt ein Gauß-Jacobisches Quadraturverfahren vor, und das bekannte Beweisverfahren zur Bestimmung der Stützstellen läßt sich unmittelbar übertragen.

Definition 1. Das Quadraturverfahren (1.4) heißt *Interpolationsquadratur*, wenn die Quadraturkoeffizienten durch Integration der entsprechenden Fundamentalpolynome der hermiteschen Interpolation entstehen:

$$\left.\begin{aligned} A_{mk} &= \int_{-1}^{+1} H_{1k}(x)\,dx, \\ B_{mk} &= \int_{-1}^{+1} H_{2k}(x)\,dx, \\ C_{mi} &= \int_{-1}^{+1} H_{i}(x)\,dx, \end{aligned}\right\} \quad k = 0, \ldots, \alpha - 1;\, i = 1, \ldots, m. \tag{2.1}$$

Dabei bezeichnen $H_{1k}(x)$, $H_{2k}(x)$ und $H_i(x)$ die Fundamentalpolynome höchstens vom Grade $2\alpha + m - 1$ der hermiteschen Interpolation mit den folgenden Bedingungen (vgl. [1], Kap. 2.11, bzw. [7], Kap. 2.10):

$$H_{1k}^{(\nu)}(+1) = \delta_{k\nu}, \quad H_{1k}^{(\nu)}(-1) = 0, \quad H_{1k}(x_{mi}) = 0,$$

$$H_{2k}^{(\nu)}(-1) = \delta_{k\nu}, \quad H_{2k}^{(\nu)}(+1) = 0, \quad H_{2k}(x_{mi}) = 0,$$

$$H_i(x_{ml}) = \delta_{il}, \qquad H_i^{(\nu)}(+1) = H_i^{(\nu)}(-1) = 0,$$

$$k, \nu = 0, 1, \ldots, \alpha - 1; \quad i, l = 1, \ldots, m.$$

Das hermitesche Interpolationspolynom $H(x)$ der Funktion f mit Ableitungen bis zur Ordnung $\alpha - 1$, das die Bedingungen

$$H(x_{mi}) = f(x_{mi}), \qquad i = 1, \ldots, m,$$

$$H^{(k)}(1) = f^{(k)}(1), \qquad H^{(k)}(-1) = f^{(k)}(-1), \qquad k = 0, \ldots, \alpha - 1,$$

erfüllt, besitzt die Gestalt

$$H(x) = \sum_{k=0}^{\alpha-1} [f^{(k)}(1)\, H_{1k}(x) + f^{(k)}(-1)\, H_{2k}(x)] + \sum_{i=1}^{m} f(x_{mi})\, H_i(x),$$

und durch Integration entsteht

$$\int_{-1}^{+1} H(x)\, dx = \sum_{k=0}^{\alpha-1} [A_{mk} f^{(k)}(+1) + B_{mk} f^{(k)}(-1)] + \sum_{i=1}^{m} C_{mi} f(x_{mi}).$$

Für beliebige Polynome vom Grade $2\alpha + m - 1$ ist die Formel (1.4) als Interpolationsquadratur exakt.

Es gilt

Satz 1. *Das Quadraturverfahren* (1.4) *ist genau dann für beliebige Polynome vom Grade* $2\alpha + 2m - 1$ *exakt, wenn die Stützstellen* x_{mi}, $i = 1, \ldots, m$, *Nullstellen der Jacobischen Polynome* $P_m^{(\alpha,\alpha)}(x)$ *in der Anordnung*

$$-1 < x_{m1} < x_{m2} < \cdots < x_{mm} < +1$$

sind und das Quadraturverfahren (1.4) *eine Interpolationsquadratur ist. Die Stützstellen liegen symmetrisch zum Nullpunkt, d. h., es ist*

$$x_{mi} = -x_{m,m-i+1}.$$

Für das Begleitpolynom besteht die Formel

$$w_m(x) = \prod_{i=1}^{m} (x - x_{mi}) = \frac{1}{a_m} P_m^{(\alpha,\alpha)}(x) \tag{2.2}$$

mit

$$a_m = \frac{1}{2^m m!} \cdot \frac{(2\alpha + 2m)!}{(2\alpha + m)!}. \tag{2.3}$$

Beweis. Das allgemeine Gauß-Jacobische Quadraturverfahren von V. I. Krylov und L. T. Šul'gina [6], Kap. 4.3, liefert für die Bestimmung der Stützstellen der Formel (1.4) für das Begleitpolynom $w_m(x)$ die Bedingung

$$\int_{-1}^{+1} (1 - x^2)^\alpha\, w_m(x)\, q(x)\, dx = 0$$

für beliebige Polynome $q(x)$ mit grad $q(x) \leqq m - 1$. Das Begleitpolynom ist daher das angegebene Jacobische Polynom, und die Nullstellen besitzen die angegebene Symmetrieeigenschaft.

Definition und Grundeigenschaften der Polynome $P_m^{(\alpha,\alpha)}(x)$ sind in [2], Kap. 3.4, und in [9], Kap. 5.4, eingehend dargestellt.

Satz 2. *Es gelten die Beziehungen*

$$B_{mk} = (-1)^k A_{mk}, \tag{2.4}$$

$$C_{mi} = C_{m,\,m+i-1}, \tag{2.5}$$

$$k = 0, 1, \ldots, \alpha - 1;\; i = 1, \ldots, m.$$

Beweis. Für die Fundamentalpolynome $H_{1k}(x)$, $H_{2k}(x)$ und $H_i(x)$ hat man

$$H_{2k}(x) = (-1)^k H_{1k}(-x),$$

$$H_{m+i-1}(x) = H_i(-x).$$

Da die Gleichung

$$\int_{-1}^{+1} f(x)\,dx = \int_{-1}^{+1} f(-x)\,dx$$

für jede stetige Funktion gilt, entstehen durch Integration die beiden Beziehungen (4) und (5).

Satz 3. *Es ist*

$$C_{mi} = \frac{2^{2\alpha+1}[(\alpha+m)!]^2}{m!\,(2\alpha+m)!}\cdot\frac{1}{(1-x_{mi}^2)^{\alpha+1}}\left[\frac{d}{dx}P_m^{(\alpha,\alpha)}(x)\right]_{x=x_{mi}}^{-2}. \tag{2.6}$$

Beweis. Es sei $g(x)$ ein Polynom höchstens vom Grade $2m - 1$. Dann ist $(1 - x^2)^\alpha g(x)$ ein Polynom höchstens vom Grade $2\alpha + 2m - 1$, und die Formel (1.4) liefert dann

$$\int_{-1}^{+1} (1-x^2)^\alpha g(x)\,dx = \sum_{i=1}^{m} C_{mi}(1-x_{mi}^2)^\alpha g(x_{mi}).$$

Für das Polynom $g(x)$ besteht also die Gauß-Jacobische Quadraturformel mit der Gewichtsfunktion $(1 - x^2)^\alpha$. Die Größen $C_{mi}(1 - x_{mi}^2)^\alpha$ sind die Quadraturkoeffizienten dieses Quadraturverfahrens, und daher ist (vgl. [2], Kap. 4.5)

$$C_{mi}(1-x_{mi}^2)^\alpha = \frac{2^{2\alpha+1}[(\alpha+m)!]^2}{m!\;(2\alpha+m)!}\cdot\frac{1}{(1-x_{mi}^2)}\left[\frac{d}{dx}P_m^{(\alpha,\alpha)}(x)\right]_{x=x_{mi}}^{-2},$$

und hieraus folgt unmittelbar (6).

Die bekannte Ableitungsformel

$$\frac{d}{dx}P_m^{(\alpha,\alpha)}(x) = \frac{1}{2}(2\alpha+m+1)\,P_{m-1}^{(\alpha+1,\alpha+1)}(x) \tag{2.7}$$

liefert für die Formel (6) die Beziehung

$$\frac{d}{dx}P_m^{(\alpha,\alpha)}(x_{mi}) = \frac{1}{2}(2\alpha+m+1)\,P_{m-1}^{(\alpha+1,\alpha+1)}(x_{mi}).$$

Die zusammenfassenden Darstellungen [5] und [6] enthalten die Stützstellen und Quadraturkoeffizienten der Gauß-Jacobischen Quadraturformeln mit der Gewichtsfunktion $x^\alpha(1-x)^\alpha$ auf dem Intervall $\langle 0, 1\rangle$. Aus diesen numerischen Werten lassen sich die Stützstellen x_{mi} und die Quadraturkoeffizienten C_{mi} berechnen.

Satz 4. *Es ist*

$$A_{mk} = \sum_{\nu=0}^{\alpha-k-1} \frac{1}{k!}\cdot\frac{1}{\nu!}\, b_{mk\nu} q_{m\nu} \tag{2.8}$$

für $k = 0, 1, \ldots, \alpha - 1$ *mit den Größen*

$$b_{mk\nu} = \int_{-1}^{+1} P_m^{(\alpha,\alpha)}(x)\,(x+1)^\alpha\,(x-1)^{k+\nu}\,dx,$$

$$q_{m\nu} = \left[\frac{1}{P_m^{(\alpha,\alpha)}(x)\,(x+1)^\alpha}\right]_{x=1}^{(\nu)}.$$

Beweis. Das Fundamentalpolynom $H_{1k}(x)$ (vgl. [1], Kap. 2.11, bzw. [7], Kap. 2.10) besitzt die Form

$$\begin{aligned} H_{1k}(x) &= \frac{1}{k!}\, w_m(x)\,(x+1)^\alpha \sum_{\nu=0}^{\alpha-k-1} \frac{1}{\nu!}\left[\frac{1}{w_m(x)\,(x+1)^\alpha}\right]_{x=1}^{(\nu)} (x-1)^{k+\nu} \\ &= \sum_{\nu=0}^{\alpha-k-1} \frac{1}{k!}\cdot\frac{1}{\nu!}\, P_m^{(\alpha,\alpha)}(x)\,(x+1)^\alpha\,(x-1)^{k+\nu}\left[\frac{1}{P_m^{(\alpha,\alpha)}(x)\,(x+1)^\alpha}\right]_{x=1}^{(\nu)}, \end{aligned}$$

und durch Integration entsteht die Formel (8).

Bei der praktischen Berechnung der Größen $b_{mk\nu}$ und $q_{m\nu}$ werden benutzt: partielle Integration, für Differentiation und Integration die Ableituugsformel (7), die Funktionswerte $P_m^{(\alpha,\alpha)}(1)$, $P_m^{(\alpha,\alpha)}(-1)$. Von Interesse ist der Spezialfall von (8)

$$A_{m,\alpha-1} = \frac{1}{2^\alpha(\alpha-1)!\binom{m+\alpha}{m}} \int_{-1}^{+1} P_m^{(\alpha,\alpha)}(x)\,(x+1)^\alpha\,(x-1)^{\alpha-1}\,dx. \tag{2.9}$$

Die Quadraturkoeffizienten der Formel (1.4) genügen bestimmten Gleichungen, da diese Formel für Polynome bis zum Grade $2\alpha + 2m - 1$ genau ist.

Satz 5. *Es bestehen die Beziehungen*

$$\sum_{k=0}^{\alpha-1} 2k!\binom{2\nu}{k} A_{mk} + \sum_{i=1}^{m} C_{mi} x_{mi}^{2\nu} = \frac{2}{2\nu+1} \tag{2.10}$$

für $\nu = 0, 1, \ldots, \alpha - 1$,

$$\sum_{k=0}^{\alpha-1} A_{mk}\left([x^\mu P_m^{(\alpha,\alpha)}(x)]_{x=1}^{(k)} + (-1)^k\,[x^\mu P_m^{(\alpha,\alpha)}(x)]_{x=-1}^{(k)}\right) = \int_{-1}^{+1} x^\mu P_m^{(\alpha,\alpha)}(x)\,dx \tag{2.11}$$

für $\mu = 0, 1, \ldots, \alpha - 1$.

Beweis. Für die Potenzfunktionen $1, x^2, \ldots, x^{2\alpha-2}$ und für die Funktionen $P_m^{(\alpha,\alpha)}(x)$, $xP_m^{(\alpha,\alpha)}(x), \ldots, x^{\alpha-1}P_m^{(\alpha,\alpha)}(x)$ ist die Formel (1.4) genau, und daher bestehen die Gleichungen (10) und (11).

Für den Spezialfall $\alpha = 2$ gelten die folgenden Beziehungen:

$$A_{m1} = -\frac{8}{(m+1)(m+2)(m+3)(m+4)} \qquad \text{(Verwendung von (9))},$$

$$A_{m0} = \frac{8}{3}\cdot\frac{2m^2+10m+9}{(m+1)(m+2)(m+3)(m+4)} \qquad \text{(Verwendung von (11) für } \mu = 0\text{)},$$

$$\left.\begin{aligned} A_{m0} &= 1 - \frac{1}{2}\sum_{i=1}^{m} C_{mi}, \\ A_{m1} &= -\frac{1}{3} + \frac{1}{4}\sum_{i=1}^{m}(1 - x_{mi}^2)\, C_{mi} \end{aligned}\right\} \qquad \text{(Verwendung von (10))}.$$

3. Das Restglied

Die hermitesche Interpolation liefert Abschätzungen für das Restglied $S_m(f)$.

Satz 6. *Die Funktion f besitze stetige Ableitungen bis zur Ordnung $2\alpha + 2m$ auf dem Intervall $\langle -1, +1\rangle$. Dann bestehen die Beziehungen*

$$S_m(f) = (-1)^\alpha\, 2^{2\alpha+2m+1} m!\, \frac{[(\alpha+m)!]^2\,(2\alpha+m)!}{(2\alpha+2m+1)\,[(2\alpha+2m)!]^3}\, f^{(2\alpha+2m)}(\xi)$$
$$\text{mit} \qquad -1 < \xi < +1, \tag{3.1}$$

$$|S_m(f)| \leqq 2^{2\alpha+2m+1}\,\frac{m!\,[(\alpha+m)!]^2\,(2\alpha+m)!}{(2\alpha+2m+1)\,[(2\alpha+2m)!]^3}\, M_{2\alpha+2m}. \tag{3.2}$$

Beweis. Es sei $H^*(x)$ das hermitesche Interpolationspolynom höchstens vom Grade $2\alpha + 2m - 1$ mit den Bedingungen

$$H^*(x_{mi}) = f(x_{mi}), \qquad H^{*\prime}(x_{mi}) = f'(x_{mi}), \qquad i = 1, \ldots, m,$$

$$H^{*(k)}(+1) = f^{(k)}(+1), \qquad H^{*(k)}(-1) = f^{(k)}(-1), \qquad k = 0, \ldots, \alpha - 1.$$

Dann besteht die Beziehung (vgl. [1], Kap. 2.11)

$$f(x) = H^*(x) + r_m(x)$$

mit

$$r_m(x) = \frac{1}{(2\alpha+2m)!}\,(x^2-1)^\alpha\, w_m^2(x)\, f^{(2\alpha+2m)}(\eta), \qquad -1 < \eta < +1,$$

und durch Integration entsteht

$$\int_{-1}^{+1} f(x)\,dx = \int_{-1}^{+1} H^*(x)\,dx + \int_{-1}^{+1} r_m(x)\,dx$$

$$= \sum_{k=0}^{\alpha-1} A_{mk}[f^{(k)}(+1) + (-1)^k f^{(k)}(-1)] + \sum_{i=1}^{m} C_{mi} f(x_{mi}) + \int_{-1}^{+1} r_m(x)\,dx.$$

Hieraus folgt

$$S_m(f) = \int_{-1}^{+1} r_m(x)\,dx$$

$$= (-1)^\alpha f^{(2\alpha+2m)}(\xi) \frac{1}{a_m^2(2\alpha+2m)!} \int_{-1}^{+1} (1-x^2)^\alpha [P_m^{(\alpha,\alpha)}(x)]^2\,dx$$

mit $-1 < \xi < 1$. Unter Benutzung von

$$\int_{-1}^{+1} (1-x^2)^\alpha [P_m^{(\alpha,\alpha)}(x)]^2\,dx = \frac{2^{2\alpha+1}}{(2\alpha+2m+1)} \frac{[(\alpha+m)!]^2}{m!\,(2\alpha+m)!} \tag{3.3}$$

(vgl. [2], Kap. 3.4) und (2.2) folgen unmittelbar (1) und (2).

In den folgenden Sätzen wird die Abschätzungsmethode von N. S. Kambo [3] auf die vorliegende Quadraturformel mit Ableitungen erweitert.

Satz 7. *Die Funktion $f(z)$ sei holomorph auf dem einfachzusammenhängenden Gebiet G der komplexen Zahlenebene, und die Ellipse E_ϱ mit den Brennpunkten $+1$, -1 und der Summe der Halbachsen $\varrho > 1$ verlaufe in G. Die Funktionswerte $f(z)$ seien für $z \in \langle -1, +1 \rangle$ reell. Dann besteht die Abschätzung*

$$|S_m(f)| \leqq \frac{1}{\pi} \int_{E_\varrho} \frac{|v_m(z)|}{|\Omega(z)|}\,|dz| \cdot M(f) \tag{3.4}$$

mit den Bezeichnungen

$$M(f) = \max_{z \in E_\varrho} |f(z)|,$$

$$\Omega(z) = (z^2-1)^\alpha w_m(z) = \frac{(z^2-1)^\alpha}{a_m} P_m^{(\alpha,\alpha)}(z),$$

$$v_m(z) = \frac{1}{2} \int_{-1}^{+1} \frac{\Omega(x)}{z-x}\,dx.$$

Beweis. Für die hermitesche Interpolation im Komplexen besteht mit den Bezeichnungen aus Definition 1 die Gleichung (vgl. [7], Kap. 2.10)

$$f(x) = H(x) + r(x)$$

mit

$$H(x) = \sum_{k=0}^{\alpha-1} [H_{1k}(x) f^{(k)}(1) + H_{2k}(x) f^{(k)}(-1)] + \sum_{i=1}^{m} H_i(x) f(x_{ni})$$

und

$$r(x) = \frac{\Omega(x)}{2\pi i} \int_{E_\varrho} \frac{f(z)}{(z-x)\,\Omega(z)}\, dz.$$

Durch Integration entsteht die Formel (1.4) mit dem Restglied

$$S_m(f) = \frac{1}{\pi i} \int_{E_\varrho} v_m(z) \frac{f(z)}{\Omega(z)}\, dz,$$

und es ergibt sich unmittelbar die behauptete Abschätzung.

Satz 8. *Die Voraussetzungen von Satz 7 seien erfüllt. Dann besteht die Abschätzung*

$$|S_m(f)| \leqq 2^{3\alpha+2m}[\pi m!\,(2\alpha+m)!\,(2\alpha+2m+1)]^{1/2}$$
$$\times \frac{(\varrho^2+1)\,\varrho^{2\alpha}}{(\varrho^2-1)^{2\alpha+m+1}} \frac{(\alpha+m)!}{(2\alpha+2m+1)!} M(f). \tag{3.5}$$

Beweis. Die Ellipse E_ϱ besitzt die Parameterdarstellung

$$z = \frac{1}{2}(w + w^{-1})$$

mit $w = \varrho e^{i\varphi}$ und $0 \leqq \varphi \leqq 2\pi$. Für $x \in \langle -1, +1 \rangle$ ist

$$z - x = \frac{1}{2w}(w^2 - 2xw + 1).$$

Die Abschätzungsmethode von N. S. KAMBO [3], Lemma 2, liefert die Ungleichung

$$\left|\frac{1}{\Omega(z)}\right| \leqq \frac{(2\varrho)^{2\alpha+m}}{(\varrho^2-1)^{2\alpha+m}} \quad \text{für} \quad z \in E_\varrho.$$

Es ist

$$v_m(z) = \frac{1}{w} \int_{-1}^{+1} \frac{\Omega(x)}{w^{-2} - 2xw^{-1} + 1}\, dx$$

mit $|w^{-1}| = \frac{1}{\varrho} < 1$. Die erzeugende Funktion für die Tschebyscheffschen Polynome zweiter Art (vgl. [8], § 31) liefert die Gleichung

$$\sum_{\nu=0}^{\infty} \frac{1}{w^\nu} U_\nu(x) = \frac{1}{w^{-2} - 2xw^{-1} + 1},$$

und daher ist

$$v_m(z) = \sum_{\nu=0}^{\infty} \frac{1}{w^{\nu+1}} \int_{-1}^{+1} U_\nu(x)\, \Omega(x)\, dx$$

$$= (-1)^\alpha \sum_{\nu=0}^{\infty} \frac{1}{w^{\nu+1}} \frac{1}{a_m} \int_{-1}^{+1} (1 - x^2)^\alpha\, U_\nu(x)\, P_m^{(\alpha,\alpha)}(x)\, dx.$$

Es gelten die Beziehungen

$$\int_{-1}^{+1} (1 - x^2)^\alpha\, U_\nu(x)\, P_m^{(\alpha,\alpha)}(x)\, dx = 0 \quad \text{für} \quad \nu < m,$$

$$\int_{-1}^{+1} (1 - x^2)^\alpha\, U_\nu(x)\, P_m^{(\alpha,\alpha)}(x)\, dx = 0 \quad \text{für} \quad \nu + m \text{ ungerade}.$$

Es ist dann

$$|v_m(z)| \leqq \frac{1}{a_m} \sum_{\nu=0}^{\infty} \frac{1}{\varrho^{2\nu+m+1}} \left| \int_{-1}^{+1} (1 - x^2)^\alpha\, U_{m+2\nu}(x)\, P_m^{(\alpha,\alpha)}(x)\, dx \right|.$$

Die Schwarzsche Ungleichung liefert

$$\left| \int_{-1}^{+1} (1 - x^2)^\alpha\, U_{m+2\nu}(x)\, P_m^{(\alpha,\alpha)}(x)\, dx \right|$$

$$\leqq \left[\int_{-1}^{+1} (1 - x^2)^\alpha\, [P_m^{(\alpha,\alpha)}(x)]^2\, dx \right]^{1/2} \left[\int_{-1}^{+1} (1 - x^2)^\alpha\, [U_{m+2\nu}(x)]^2\, dx \right]^{1/2}.$$

Weiter bestehen die Beziehungen

$$\int_{-1}^{+1} (1 - x^2)^\alpha\, [U_{m+2\nu}(x)]^2\, dx \leqq \int_{-1}^{+1} \sqrt{1 - x^2}\, [U_{m+2\nu}(x)]^2\, dx = \frac{\pi}{2},$$

$$\sum_{\nu=0}^{\infty} \frac{1}{\varrho^{2\nu+m+1}} = \frac{1}{\varrho^{m-1}} \cdot \frac{1}{\varrho^2 - 1},$$

$$\int_{E_\varrho} |dz| \leqq \frac{\varrho^2 + 1}{\varrho}\, \pi,$$

und Satz 7 liefert unter Verwendung von (3) die behauptete Abschätzung.

Literatur

[1] BERESIN, I. S., und N. P. SHIDKOW, Numerische Methoden 1, VEB Deutscher Verlag der Wissenschaften, Berlin 1970 (Übersetzung aus dem Russischen).
[2] GHIZZETTI, A., and A. OSSICINI, Quadrature Formulae, Akademie-Verlag, Berlin 1970.
[3] KAMBO, N. S., Error of the Newton-Cotes and Gauss-Legendre Quadrature Formulas, Math. Comp. **24** (1970), 261—269.
[4] КРЫЛОВ, В. И., Приближенное вычисление интегралов, Наука, Москва 1967.
[5] КРЫЛОВ, В. И., и А. А. ВОРОБЬЕВА, Таблицы для вычисления интегралов, Наука и Техника, Минск 1971.
[6] КРЫЛОВ, В. И., и Л. Т. ШУЛЬГИНА, Справочная книга по численному интегрированию, Наука, Москва 1966.
[7] МЫСОВСКИХ, И. П., Лекции по медодам вычислений, Физматгиз, Москва 1962.
[8] OBRESCHKOFF, N., Verteilung und Berechnung der Nullstellen orthogonaler Polynome, VEB Deutscher Verlag der Wissenschaften, Berlin 1963.
[9] TRICOMI, F. G., Vorlesungen über Orthogonalreihen, Springer-Verlag, Berlin—Göttingen—Heidelberg 1955.

Manuskripteingang: 21. 1. 1975

VERFASSER:
Prof. Dr. GÜNTER PORATH und Dipl.-L. GÜNTER WENZLAFF, Sektion Mathematik/Physik der Pädagogischen Hochschule Güstrow

Beiträge zur Numerischen Mathematik
5 (1976), 157–170

Die Konstruktion zulässiger polyedrischer Mengen

CLAUS RICHTER

1. Einleitung

Bei der Anwendung von Schnittebenenverfahren der konvexen Optimierung (z. B KELLEY [4], KLEIBOHM [5], TOPKIS [7]) ist es notwendig, über eine erste durch lineare Restriktionen beschriebene Menge zu verfügen, die den zulässigen Bereich enthält und auf welcher die Zielfunktion nach unten beschränkt ist. Eine derartige Menge sei im folgenden *zulässige polyedrische Menge* (ZPM) genannt.

Die vorliegende Arbeit beinhaltet Vorschriften zur Konstruktion zulässiger polyedrischer Mengen. Nach der Beschreibung und dem Beweis der Endlichkeit des Verfahrens I, welches auf eine Idee von KLEIBOHM [5] und AFRIAT [1] zurückgeht, wird das Verfahren II dargestellt, und es folgt der Beweis, daß unter der formulierten Voraussetzung die Endlichkeit des Verfahrens gesichert ist. An die Diskussion der Voraussetzung schließt sich die Beschreibung des Verfahrens III für eine spezielle Aufgabe an. Dieses Verfahren liefert die ZPM in einem Schritt, es werden dabei jedoch schärfere Bedingungen an die zu behandelnde Aufgabe gestellt.

2. Bezeichnungen und Hilfsmittel

Ausgangspunkt ist die Optimierungsaufgabe

$$f(x) = c'x = \min! \qquad \text{für} \qquad x \in G, \tag{1}$$

wobei

$$G = \left\{x : f_0(x) = \max_{1 \leqq i \leqq m} f_i(x) \leqq 0\right\} \tag{2}$$

eine konvexe und abgeschlossene Teilmenge des R^n ist, auf welcher die lineare Zielfunktion $f(x)$ ihr Minimum annimmt. Weitere Bedingungen an die Restriktionsfunktionen werden im folgenden noch formuliert.

Die vorausgesetzte Linearität der Zielfunktion bedeutet bekanntlich keine Einschränkung, da sich zur Optimierungsaufgabe

$$\varphi(x) = \min! \qquad \text{für} \qquad x \in G \tag{3}$$

mit nichtlinearer Zielfunktion $\varphi(x)$ durch Transformation in den R^{n+1} die äquivalente Aufgabe

$$\left.\begin{array}{l} x_{n+1} = \min! \quad \text{für} \quad \bar{x} = (x, x_{n+1})' \in \bar{G} \\ \text{mit} \\ \bar{G} = \{\bar{x} : \varphi(x) - x_{n+1} \leqq 0, x \in G\} \end{array}\right\} \tag{4}$$

formulieren läßt.

Von Interesse ist jedoch, daß eine zulässige polyedrische Menge bezüglich der Aufgabe

$$\left.\begin{array}{l} x_{n+1} = \min! \quad \text{für} \quad \bar{x} = (x, x_{n+1})' \in \hat{G} \\ \text{mit} \\ \hat{G} = \{\bar{x} : \varphi(x) - x_{n+1} \leqq 0\} \end{array}\right\} \tag{5}$$

offensichtlich auch zulässige polyedrische Menge bezüglich der Aufgabe (4) ist.

Die bekannten Schnittebenenverfahren von Kelley [4], Kleibohm [5] und Topkis beinhalten Vorschriften zur Erzeugung linearer Restriktionen. Hierbei wird jedem Punkt $x \notin G^0$ ein n-dimensionaler Vektor $g(x)$ und eine Zahl $r(x)$ zugeordnet und unter Verwendung von $g(x)$ und $r(x)$ der Halbraum

$$H(x) = \{y : g(x)'\, y - r(x) \leqq 0\} \tag{6}$$

erklärt, welcher die Eigenschaft besitzt, daß

1. $x \notin G \Rightarrow x \notin H(x)$

und

2. $x \notin G^0 \Rightarrow G \subset H(x)$

gilt. Darüber hinaus ist

$$3.\ g(x)'\,(y - x) \leqq f_0(y) - f_0(x) \tag{7}$$

erfüllt. Die Menge G^0 ist durch $G^0 = \{x : f_0(x) < 0\}$ definiert.

Zur Vereinfachung der Schreibweise in den folgenden Betrachtungen werden die nachstehenden Mengen eingeführt: Es seien H^i $(i = 0, \ldots, k)$ $k + 1$ Halbräume des R^n:

$$H^i = \{x : g^{i\prime}x - r^i \leqq 0\}.$$

1. Mit Z^k wird dann der Durchschnitt dieser Halbräume bezeichnet:

$$Z^k = \left(\bigcap_{i=0}^{k} H^i\right). \tag{8}$$

2. Für $k = 0, 1, \ldots$ werden die Kegel $K_1{}^k$ und $K_2{}^k$ durch

$$\left.\begin{array}{l} K_1{}^k = \left\{g : g = \sum_{i=0}^{k} u_i g^i,\ u_i \geqq 0\right\} \\ \text{und} \\ K_2{}^k = \{h : g^{i\prime}h \leqq 0\ (i = 0, \ldots, k), c'h \leqq 0\} \end{array}\right\} \tag{9}$$

erklärt.

3. Die Mengen C_1^k und C_2^k sind als Durchschnitt von K_1^k und K_2^k mit der Oberfläche der Einheitskugel $E = \{h : \|h\| = 1\}$ gegeben:

$$C_1^k = K_1^k \cap E \quad \text{und} \quad C_2^k = K_2^k \cap E.$$

4. Die Niveaumenge N^k der Zielfunktion $f(x) = c'x$ zum Niveau $-a^k$ ist folgendermaßen erklärt:

$$N^k = \{y : c'y \leqq -a^k\}. \tag{11}$$

3. Verfahren I

Es sei eine Folge von Zahlen $\{a^k\}$ mit $a^{k+1} > a^k$ und $\lim a^k = \infty$ sowie ein willkürlicher, aber fester Punkt $x^0 \notin G^0$ gegeben. Der Vektor $g(x)$ erfülle die folgende

Voraussetzung (V): Zu jedem festen Punkt y^0 existieren Zahlen $\lambda_0 \geqq 0$ und γ $(0 < \gamma \leqq 1)$, so daß für jede Richtung h mit $\|h\| = 1$ und alle $\lambda \geqq \lambda_0$ die Bedingung

$$\frac{g(y^0 + \lambda h)' h}{\|g(y^0 + \lambda h)\|} > \gamma \tag{12}$$

erfüllt ist.

k-ter Iterationsschritt $(k \geqq 0)$:

1. Bestimme den Halbraum H^k unter Verwendung von $g(x^k)$ und $r(x^k)$.

2. Löse das lineare Optimierungsproblem

$$f(x) = c'x = \max! \tag{13}$$

bei

$$x \in Z^k \cap N^k.$$

3. Test: Bereich leer $\overset{\text{ja}}{\Longrightarrow}$ gehe zu 5.

4. Es sei $x^{k+1} \notin G^0$ eine Lösung des k-ten Problems; setze $k = k + 1$ und gehe zu 1.

5. Setze $B = Z^k$ — Ende des Verfahrens.

Bemerkung 1.

1. Die Menge Z^k ist wegen der Voraussetzung an die Halbräume H^j $(j = 0, \ldots, k)$ nicht leer.

2. Ist $Z^k \cap N^k \neq \emptyset$, dann besitzt die lineare Optimierungsaufgabe (13) eine Lösung, da die Zielfunktion nach oben beschränkt ist. Darüber hinaus ergibt sich in diesem Fall aus der Gestalt der Aufgabe (13) die Existenz einer Lösung $x^{k+1} \notin G^0$.

3. Im Fall $Z^k \cap N^k = \emptyset$ gilt für alle $x \in Z^k$: $f(x) > -a^k$.

Endlichkeit des Verfahrens

Über die Endlichkeit des Verfahrens I kann der folgende Satz formuliert werden:

Satz 1. *Unter der Voraussetzung* (V) *liefert das Verfahren* I *nach endlich vielen Schritten eine zulässige polyedrische Menge.*

Vor dem Beweis des Satzes seien einige Hilfsmittel bereitgestellt. Es kann davon ausgegangen werden, daß mit dem Verfahren I bereits p Iterationsschritte ($p \leqq n$) durchgeführt wurden — die Menge Z^p ist damit bekannt:

$$Z^p = \{y : g^{i\prime} y - r^i \leqq 0,\ i = 0, \ldots, p\}. \tag{14}$$

Ohne Beschränkung der Allgemeinheit läßt sich voraussetzen, daß die Restriktionen aus (14) im Punkt y^0 aktiv sind:

$$g^{i\prime} y^0 - r^i = 0 \qquad (i = 0, \ldots, p);$$

z. B. ist dies für $p = 0$ stets möglich. Nach der Wahl von y^0 bleibt dieser Punkt fest. Es gilt dann der folgende

Hilfssatz 1.

1. *Ist* $k > p$ *und* $-a^k < c^0 = c' y^0$, *dann läßt sich jeder Punkt* $y \in Z^k \cap N^k$ *in der Form*

$$y = y^0 + \lambda h \quad \textit{mit} \quad \lambda \geqq 0 \quad \textit{und} \quad h \in C_2{}^p \tag{15}$$

darstellen.

2. *Es existiert ein* $k_0 \geqq 0$, *so daß für alle* $y \in Z^k \cap N^k$ $(k \geqq k_0)$ *in der Darstellung* (15) $\lambda \geqq \lambda_0$ *gilt.*

Beweis.

1. Es sei $y \in Z^k \cap N^k$. Dann gilt nach Definition dieser Mengen und der getroffenen Wahl von k

$$g^{i\prime} y - r^i \leqq 0 \quad \text{und} \quad c' y - c^0 \leqq 0 \qquad (i = 0, \ldots, p). \tag{16}$$

Auf Grund der Eigenschaften von c^0 und y^0 ist die Darstellung

$$g^{i\prime} y^0 - r^i = 0 \quad \text{und} \quad c' y^0 - c^0 = 0 \qquad (i = 0, \ldots, p) \tag{17}$$

richtig. Aus (16) und (17) ergibt sich

$$g^{i\prime}(y - y^0) \leqq 0 \quad \text{und} \quad c'(y - y^0) \leqq 0 \qquad (i = 0, \ldots, p), \tag{18}$$

so daß mit

$$\lambda = \|y - y^0\| \quad \text{und} \quad h = \frac{y - y^0}{\|y - y^0\|} \tag{19}$$

die Gültigkeit der Darstellung (15) folgt.

2. Für $y \in Z^k \cap N^k$ gilt $c' y \leqq -a^k$. Deshalb ist für alle k die Ungleichung

$$c' y^0 = c' y \geqq c^0 + a^k \tag{20}$$

erfüllt. Wählt man nun k_0 so groß, daß

$$a^{k_0} = \lambda_0 \|c\| - c^0 \tag{21}$$

ist, dann ergibt sich

$$\lambda = \|y - y^0\| \geqq \frac{c^0 + a^k}{\|c\|} \geqq \frac{c^0 + a^{k_0}}{\|c\|} \geqq \lambda_0. \tag{22}$$

Das war die Behauptung.

Es sei $x^k = y^0 + \lambda^k h^k$ der Optimalpunkt des k-ten linearen Teilproblems. Der Vektor $\hat{g}^k$ gehe aus dem Vektor g^k durch die Normierungsvorschrift $\hat{g}^k = g^k/\|g^k\|$ hervor. Dividiert man die Größe r^k durch $\|g^k\|$, so ergebe sich $\hat{r}^k$: $\hat{r}^k = r^k/\|g^k\|$. Es bezeichne $K(h^k, \gamma/2)$ die Menge

$$K\left(h^k, \frac{\gamma}{2}\right) = \left\{h : \|h - h^k\| \leqq \frac{\gamma}{2}, \|h\| = 1\right\}; \tag{23}$$

des weiteren sei eine vom k-ten Teilproblem (13), vom Punkt y^0 und von $K(h^k, \gamma/2)$ bestimmte Menge M^k erklärt:

$$M^k = \left\{x \in Z^k \cap N^k : x = y^0 + \lambda h, h \in K\left(h^k, \frac{\gamma}{2}\right)\right\}. \tag{24}$$

Wegen der Voraussetzung (V) ergibt sich aus Hilfssatz 1 für $k \geqq k_0$

$$\hat{g}^{k\prime} h^k \geqq \frac{\gamma}{2}. \tag{25}$$

Darüber hinaus kann der folgende Hilfssatz formuliert werden:

Hilfssatz 2. *Es sei $k \geqq k_0$. Dann ist*

1. *für $h \in K(h^k, \gamma/2)$ die Ungleichung $\hat{g}^{k\prime} h \geqq \gamma/2$ erfüllt und*
2. *die Funktion $f(x)$ auf der Menge M^k nach unten beschränkt.*

Beweis.

1. Es sei $h \in K(h^k, \gamma/2)$. Dann gilt $\|h - h^k\| \leqq \gamma/2$. Für das Skalarprodukt $\hat{g}^{k\prime} h$ erhält man

$$\hat{g}^{k\prime} h = \hat{g}^{k\prime}(h - h^k) + \hat{g}^{k\prime} h^k \leqq -\|h - h^k\| + \gamma \geqq \frac{\gamma}{2}. \tag{26}$$

Dies war zu zeigen.

2. Für $x \in M^k$ gilt

$$\hat{g}^{k\prime} x - \hat{r}^k = \hat{g}^{k\prime}(y^0 + \lambda h) - \hat{r}^k \leqq 0. \tag{27}$$

Wegen $h \in K(h^k, \gamma/2)$ ist für $x \in H^k$

$$\lambda \leqq \frac{\hat{r}^k - \hat{g}^{k\prime} y^0}{\hat{g}^{k\prime} h} \leqq \frac{2(\hat{r}^k - \hat{g}^{k\prime} y^0)}{\gamma}. \tag{28}$$

Damit wird

$$f(x) = c'x = c'y^0 + \lambda c'h \geqq c'y^0 - 2\,\frac{\hat{r}^k - \hat{g}^{k\prime} y^0}{\gamma}\,\|c\|\,\|h\|. \tag{29}$$

Die rechte Seite in (29) ist für festes k nach unten beschränkt. Hieraus folgt die Behauptung.

Für die weiteren Betrachtungen sei festgestellt, daß die Oberfläche der Einheitskugel $E = \{h : \|h\| = 1\}$ kompakt ist und deshalb nur endlich viele Punkte $\{h^j\}$ $(j \in J)$

mit der Eigenschaft

$$\|h^{j_1} - h^{j_2}\| \geqq \frac{\gamma}{2} \quad \text{für alle} \quad j_1 \neq j_2 \in J \tag{30}$$

enthalten kann. Es folgt der

Beweis von Satz 1. Es sei das k-te Teilproblem gelöst. Da die Endlichkeit des Verfahrens gezeigt werden soll, kann man sich auf den Fall $k \geqq \max(k_0, p)$ beschränken. Für die Lösung des k-ten Teilproblems x^k gilt dann $\lambda^k \geqq \lambda_0$, und man erhält wegen der Voraussetzung (V)

$$\hat{g}^{k'} h^k \geqq \gamma . \tag{31}$$

Nach Hilfssatz 2 ist die Funktion $f(x)$ somit auf der Menge M^k nach unten beschränkt. Für jedes k' gibt es deshalb ein k'' mit $k_0 \leqq k' \leqq k''$, so daß für $N^{k''}$ die Beziehung $M^{k'} \cap N^{k''} = \emptyset$ gilt. Es sei $\{k_j\}$ diejenige Teilfolge von $\{k\}$ $(k \geqq k_0)$, welche dadurch erklärt ist, daß k'' Nachfolger von k' ist. Für die zugehörige Teilfolge $\{h^{k_j}\}$ erhält man

$$\|h^{k_{j+1}} - h^{k_j}\| \geqq \frac{\gamma}{2} \tag{32}$$

und darüber hinaus wegen $M^{k_{j'}} \cap N^{k_j} = \emptyset$ für $j' < j$

$$h^{k_{j+1}} \in \bigcap_{i=0}^{j} K\left(h^{k_i}, \frac{\gamma}{2}\right). \tag{33}$$

Hieraus ergibt sich

$$\|h^{k_{j_1}} - h^{k_{j_2}}\| \geqq \frac{\gamma}{2} \quad \text{für alle} \quad j_1 \neq j_2 . \tag{34}$$

Die Folge $\{h^{k_j}\}$ liegt in der kompakten Menge $E = \{h : \|h\| = 1\}$, die nur endlich viele, etwa k_1, Punkte mit der Eigenschaft (34) enthalten kann. Also ist die Funktion $f(x)$ nach endlich vielen, höchstens k_1, Schritten auf allen Punkten des zulässigen Bereichs nach unten beschränkt. Daraus folgt die Behauptung von Satz 1.

Beispiel 1. Mit dem Verfahren I wird eine ZPM zum Problem

$$f(x) = x_2 = \min!$$

bei

$$f_1(x) = (x_1 - 3)^2 + (x_2 - 4)^2 - 4 \leqq 0,$$

$$f_2(x) = x_1{}^2 - 4x_1 + 5 - x_2 \leqq 0$$

konstruiert. Der Punkt $x^0 = (5, 4)'$ liegt nicht im zulässigen Bereich G. Als Größe a^0 wird die Zahl 10 gewählt, des weiteren $a^{k+1} = 10a^k$. Die Schnittebenen werden nach dem Verfahren von Kelley ([4]) bestimmt.

Schritt 0:

1. $H^0 = \{x : 6x_1 - x_2 - 20 \leqq 0\}$,

2. $x_2 = \max!$

bei $x \in \{x : x \in H^0; x_2 \leqq -10\}$,

3. Bereich nichtleer,
4. $x^1 = (1,67; -10{,}00)'$ mit $x^1 \notin G^0$.

Schritt 1:
1. $H^1 = \{x : -2{,}67x_1 - 28x_2 - 78{,}78 \leqq 0\}$,
2. $x_2 = \max!$
bei $x \in \{x : x \in H^0 \cap H^1; x_2 \leqq -100\}$,
3. Bereich leer,
5. $B = \{x : x \in H^0 \cap H^1\}$ zulässige polyedrische Menge.

Der Verlauf der Iteration ist aus Abb. 1 ersichtlich.

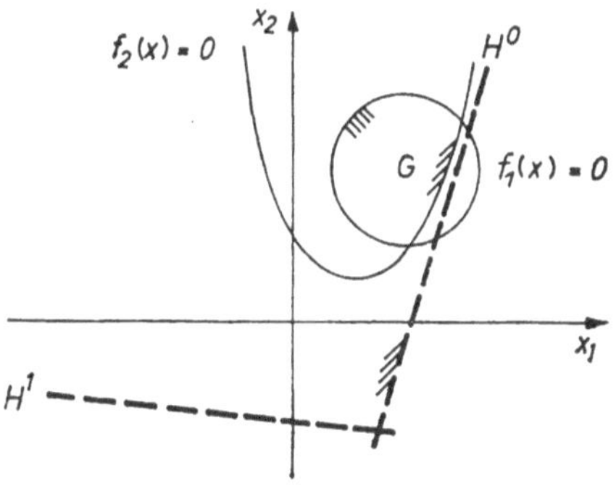

Abb. 1

4. Verfahren II

Es sei eine Folge von Zahlen $\{a^k\}$ mit $a^{k+1} > a^k$ und $\lim a^k = \infty$ sowie ein beliebiger, aber fester Punkt $x^0 \notin G^0$ gegeben. Des weiteren sei die im Verfahren I formulierte Voraussetzung (V) erfüllt.

k-ter Iterationsschritt ($k \geqq 0$):

1. Bestimme den Halbraum H^k unter Verwendung von $g(x^k)$ und $r(x^k)$.
2. Löse das Optimierungsproblem

$$\left.\begin{aligned} &\psi(h) = c'h = \max! \\ \text{bei}\quad &h \in C_2^{\,k}. \end{aligned}\right\} \tag{35}$$

3. Test: Bereich leer $\xrightarrow{\text{ja}}$ gehe zu 7.
4. Es sei h^k eine Lösung des k-ten Problems (35). Bestimme b^k derart, daß

$$f_0(x^0 + bh^k) \geqq 0 \quad \text{für alle} \quad b \geqq b^k.$$

5. Berechne x^{k+1}:

$$x^{k+1} = x^0 + c^k h^k$$

mit

$$c^k = \max\,(a^k, b^k).$$

6. Setze $k = k + 1$ und gehe zu 1.

7. Setze $B = Z^k$ — Ende des Verfahrens.

Für die Durchführbarkeit des Verfahrens ist der folgende Hilfssatz von Bedeutung:

Hilfssatz 3. *Unter der Voraussetzung* (V) *ist die Menge G beschränkt.*

Beweis. Es sei $x^0 \in G^0$ fest. Angenommen, es gibt eine Folge $\{x^k\}$ mit

1. $f_0(x^k) \leqq 0$ für alle k

und

2. für alle $M > 0$ gibt es ein $k_0 > 0$, so daß $\|x^k\| \geqq M$ für alle $k \geqq k_0$ ist.

Wegen (V) und der in (7) geforderten Eigenschaft des Vektors $g(x)$ existiert zu jedem x^k ein $z^k = x^0 + \lambda_0 h^k \left(h^k = \dfrac{x^k - x^0}{\|x^k - x^0\|}\right)$, für das

$$g(z^k)'\,(x^k - z^k) + f_0(z^k) \leqq f_0(x^k)$$

gilt. Die linke Seite dieser Ungleichung läßt sich auf Grund der Gültigkeit von (V) und der zweiten Eigenschaft der Folge $\{x^k\}$ für $k \geqq k_1$ nach unten abschätzen durch

$$\gamma\|g(z^k)\|\,\|x^k - z^k\| + f_0(z^k) \leqq f_0(x^k).$$

Mit hinreichend groß gewähltem k_2 wird die linke Seite für $k \geqq k_2$ positiv. Dies ist ein Widerspruch zur Annahme. Damit ist die Behauptung bewiesen.

Bemerkung 2. Die Größe b^k existiert wegen der Beschränktheit der Menge G. Darüber hinaus wird nach endlich vielen Schritten $c^k = a^k$ sein. Außerdem ist wegen der Definition von c^k die Beziehung $x^k \notin G^0$ für alle k richtig.

Vor dem Endlichkeitsbeweis für das Verfahren II sollen einige Eigenschaften der auftretenden Größen nachgewiesen werden.

Hilfssatz 4. *Entweder, es existieren zu einer durch das Verfahren* II *erzeugten Menge von Vektoren g^i $(i \in I)$ Koeffizienten $u_i \geqq 0$ $(i \in I)$ mit*

$$-c = \sum_{i \in I} g^i u_i \tag{36}$$

oder der zulässige Bereich der Optimierungsaufgabe (35) *ist nichtleer.*

Die Behauptung von Hilfssatz 4 ist eine spezielle Form der Aussage über die Existenz einer trennenden Hyperebene. Deshalb soll auf den Beweis verzichtet werden.

Die Beziehung zur Konstruktion einer ZPM erhält man über die folgende

Bemerkung 3. Ist der zulässige Bereich der Aufgabe (35) leer, dann besitzt die Aufgabe

$$\left.\begin{array}{l} f(x) = c'x = \min! \\ x \in B = \left(\bigcap\limits_{i \in I} H^i\right) \end{array}\right\} \text{bei} \tag{37}$$

eine endliche Lösung. Dies folgt unmittelbar aus Hilfssatz 4.

Für den Beweis der Endlichkeit ist der Abstand des $(k + 1)$-ten normierten Vektors $\hat{g}^{k+1}$ zur Menge $C_1{}^k$ von Interesse:

$$s^k = \inf_{g \in C_1{}^k} \|\hat{g}^{k+1} - g\|. \tag{38}$$

Wegen der Stetigkeit der Norm und der Kompaktheit von $C_1{}^k$ wird das Infimum in (38) angenommen.

Der Zusammenhang zwischen der Größe s^k und der Lösbarkeit der Aufgabe (35) für $k \geqq k_0$ ist durch den folgenden Hilfssatz gegeben:

Hilfssatz 5. *Besitzt die Optimierungsaufgabe* (35) *für* $k \geqq k_0$ *eine Lösung, so gilt* $s^k \geqq \gamma$.

Beweis. Für $k \geqq k_0$ ist $\lambda^k = \lambda_0$. Hieraus ergibt sich $\hat{g}^{k+1\prime}h^k \geqq \gamma$. Da h^k Lösung des k-ten Optimierungsproblems (35) ist, bestätigt man für $g \in C_1{}^k$ die Beziehung $\hat{g}'h^k \leqq 0$, so daß die Ungleichung

$$s^k = \inf_{g \in C_1{}^k} \|g - g^{k+1}\| \geqq \hat{g}^{k+1\prime}h^k - \max_{g \in C_1{}^k} (g'h^k) \geqq \gamma \tag{39}$$

gilt. Damit ist die Behauptung bewiesen.

Mit den bereitgestellten Hilfsmitteln soll die Endlichkeit des Verfahrens II gezeigt werden.

Satz 2. *Unter der Voraussetzung* (V) *liefert das Verfahren* II *nach endlich vielen Schritten eine ZPM.*

Beweis. Für $j_1, j_2 \geqq k_0$ und $j_1 \neq j_2$ folgt aus (39)

$$\|g^{j_1} - g^{j_2}\| \geqq \gamma. \tag{40}$$

Nun liegt die Folge $\{g^k\}$ in der kompakten Menge E und ist damit analog zu der in Satz 1 betrachteten Folge endlich. Für hinreichend großes k_1 besitzt deshalb die Optimierungsaufgabe (35) keine Lösung — der zulässige Bereich ist leer. Damit existieren nach Hilfssatz 4 nichtnegative Koeffizienten u_i, für welche die Darstellung (36) zutrifft. Nach Bemerkung 3 folgt hieraus die Existenz einer Lösung der Aufgabe (37), womit die Behauptung bewiesen ist.

Beispiel 2. Für das Problem aus Beispiel 1 wird mit dem Verfahren II eine ZPM konstruiert. Als Punkt x^0 wird wiederum $x^0 = (5, 4)'$ verwendet, welcher nicht im zulässigen Bereich G liegt. Außerdem sei $a^0 = 10$ und $a^{k+1} = 10a^k$. Die Schnittebenen werden nach dem Verfahren von Kelley erzeugt.

Schritt 0:

1. $H^0 = \{x : 6x_1 - x_2 - 20 \leqq 0\}$,
2. $h_2 = \max!$
   bei $h \in C_2{}^0 = \{h : 6h_1 - h_2 \leqq 0, h_2 \leqq 0, \|h\| = 1\}$,
3. Bereich nichtleer,
4. $h^0 = (-1; 0)'$,
   $b^0 = a^0 = 10$,
5. $c^0 = 10$,
   $x^1 = (-5, 4)'$.

Schritt 1:

1. $H^1 = \{x : -16x_1 - 20 \leqq 0\}$,
2. $h_2 = \max!$
   bei $h \in C_2{}^1 = \{h : 6h_1 - h_2 \leqq 0, -16h_1 \leqq 0, \|h\| = 1\}$,
3. Bereich leer,
4. $B = \{x : x \in H^0 \cap H^1\}$ — ZPM.

5. Diskussion der Voraussetzung

Es soll an einem Beispiel die getroffene Voraussetzung (V) diskutiert werden. Dazu seien die Begriffe der starken und der beschränkten Konvexität bereitgestellt:

Definition 1. Eine auf einer offenen konvexen Menge $D \subset R^n$ erklärte stetige Funktion $f(x)$ heißt *stark konvex* (mit der Schranke $m > 0$) und *beschränkt konvex* (mit der Schranke $M < \infty$), falls für $x, y \in D$ und λ mit $0 \leqq \lambda \leqq 1$

$$\frac{1}{2} m\lambda(1-\lambda) \|x-y\|^2 \leqq \lambda f(x) + (1-\lambda) f(y) - f(\lambda x + (1-\lambda) y) \leqq \frac{1}{2} M\lambda(1-\lambda) \|x-y\|^2 \tag{41}$$

gilt.

Definition 2. Unter einem *Subgradienten* $Sf(x)$ der stetigen konvexen Funktion $f(x)$ versteht man eine Abbildung $Sf: R^n \to R^n$, welche für alle x und y der Bedingung

$$Sf(x)' (y-x) \leqq f(y) - f(x) \tag{42}$$

genügt.

Bekanntlich besitzt jede stetige konvexe Funktion $f(x)$ an jeder Stelle y (wenigstens) einen Subgradienten (vgl. etwa [3]). Darüber hinaus gilt der folgende

Hilfssatz 6. *Die auf einer offenen konvexen Menge $D \subset R^n$ erklärte stetige Funktion $f(x)$ ist genau dann stark und beschränkt konvex, wenn $f(x)$ auf D eine Fréchet-Ableitung (Gradienten) besitzt und für diese die Monotoniebeziehung*

$$m\|x - y\|^2 \leqq (\operatorname{grad} f(x) - \operatorname{grad} f(y))' (x - y) \leqq M\|x - y\|^2 \tag{43}$$

für alle $x, y \in D$ gilt.

Auf den Beweis wird an dieser Stelle verzichtet (siehe z. B. [3]).

Über Bedingungen, unter welchen die Voraussetzung (V) erfüllt ist, gibt der folgende Satz Auskunft:

Satz 3. *Für eine stark und beschränkt konvexe Funktion $f_0(x)$ ist mit $g(x) = \operatorname{grad} f_0(x)$ die Voraussetzung* (V) *erfüllt.*

Beweis. Nach (43) gilt die Monotoniebeziehung

$$(g(y^0 + \lambda h) - g(y^0))' (\lambda h) \geqq m\lambda^2\|h\|^2,$$

woraus man für $\lambda > \|g(y^0)\|/m$ die Ungleichung $\|g(y^0 + \lambda h)\| > 0$ erhält. Damit ist

$$\frac{g(y^0 + \lambda h)' h}{\|g(y^0 + \lambda h)\|} \geqq \frac{m\lambda\|h\|^2 + g(y^0)' h}{\|g(y^0 + \lambda h)\|} \tag{44}$$

erfüllt. Auf der anderen Seite gilt

$$\|g(y^0 + \lambda h) - g(y^0)\| \leqq M\lambda\|h\|$$

und damit

$$\frac{1}{\|g(y^0 + \lambda h)\|} \geqq \frac{1}{M\lambda\|h\| + \|g(y^0)\|}. \tag{45}$$

Setzt man (45) in (44) ein, so ergibt sich

$$\frac{g(y^0 + \lambda h)' h}{\|g(y^0 + \lambda h)\|} \geqq \frac{m\lambda\|h\| + g(y^0)' h}{M\lambda\|h\| + \|g(y^0)\|}. \tag{46}$$

Wählt man $\lambda^0 \geqq 2\frac{\|g(y^0)\|}{m}$, so wird aus (46) mit

$$\gamma = \frac{m}{2(M + m/2)}$$

die Gültigkeit der Voraussetzung (V) evident.

6. Verfahren III

Liegt eine Optimierungsaufgabe der Form (3) vor, so ist es mitunter möglich, eine zulässige polyedrische Menge $\bar{B}$ für die Aufgabe (4) in einem Schritt zu erhalten. Dazu sei das Problem (5) betrachtet:

$$x_{n+1} = \min! \quad \text{für} \quad \bar{x} \in \hat{G} = \{\bar{x} : \varphi(x) - x_{n+1} \leqq 0\}.$$

Über die Funktion $\varphi(x)$ sei die folgende Voraussetzung getroffen:

Voraussetzung (V'): Die stetige Funktion $\varphi(x)$ sei stark konvex. Die Konstante m aus der Definition dieser Eigenschaft sei bekannt.

Vor der Beschreibung des Verfahrens soll erklärt werden, was unter der allgemeinen Lage von n Punkten des R^n zu verstehen ist:

Definition 3. Die Punkte $x^1, x^2, \ldots, x^n \in R^n$ befinden sich in allgemeiner Lage, wenn

$$\det \begin{pmatrix} x^1 & & x^n \\ | & \cdots & | \end{pmatrix} \neq 0$$

gilt.

Beschreibung des Verfahrens

1. Wähle einen beliebigen, aber festen Punkt x^0, n Punkte $x^1, \ldots, x^n$, welche sich in allgemeiner Lage befinden, und $n + 1$ Koeffizienten $u_i^* > 0$ $(i = 1, \ldots, n + 1)$ mit $\sum u_i^* = 1$.

2. Bestimme den Punkt x^{n+1} nach der Vorschrift

$$x^{n+1} = \frac{1}{m u_{n+1}} \sum_{i=1}^{n} u_i^* \bigl(\operatorname{grad} \varphi(x^0) + m(x^i - x^0)\bigr) - u_{n+1}^* \bigl(\operatorname{grad} \varphi(x^0) - m x^0\bigr). \tag{47}$$

3. Bilde die Menge von Halbräumen des R^{n+1}

$$\left.\begin{aligned} \bar{H}^i &= \{\bar{x} : g^{i\prime} x - x_{n+1} - r^i \leqq 0\} \qquad (i = 1, \ldots, n + 1) \\ \text{mit} \quad g^i &= \bigl(\operatorname{grad} \varphi(x^0) + m(x^i - x^0)\bigr) \\ \text{und} \quad r^i &= \bigl(\operatorname{grad} \varphi(x^0) + m(x^i - x^0)\bigr)' x^0. \end{aligned}\right\} \tag{48}$$

4. Der Durchschnitt dieser Halbräume erkläre die Menge $\bar{B}$:

$$\bar{B} = \left(\bigcap_{i=1}^{n+1} \bar{H}^i\right).$$

Endlichkeit der Vorschrift

Satz 4. *Durch das Verfahren* III *wird in einem Schritt eine zulässige polyedrische Menge erzeugt, auf welcher die Zielfunktion ihr Minimum in genau einem Punkt annimmt.*

Beweis. 1. Es wird gezeigt: $\hat{G} \subset \bar{B}$.

Aus der starken Konvexität der Funktion $\varphi(x)$ ergibt sich für die Funktion

$$\tilde{\varphi}(x) = \varphi(x^0) + \operatorname{grad} \varphi(x^0)' (x - x^0) + \frac{1}{2} m \|x - x^0\|^2 \tag{49}$$

die Beziehung $\tilde{\varphi}(x) \leqq \varphi(x)$. Der Gradient der in (49) erklärten Näherungsfunktion $\tilde{\varphi}(x)$ hat die Gestalt

$$\operatorname{grad} \tilde{\varphi}(x) = \operatorname{grad} \varphi(x^0) + m(x - x^0). \tag{50}$$

Die quadratische Funktion $\tilde{\varphi}(x)$ ist wegen $m > 0$ streng konvex, so daß die Beziehung

$$\operatorname{grad} \varphi(y)' (x - y) < \tilde{\varphi}(x) - \tilde{\varphi}(y) \tag{51}$$

erfüllt ist. Aus $\tilde{\varphi}(x) \leqq \varphi(x)$ erhält man

$$\operatorname{grad} \tilde{\varphi}(y)' (x - y) + \tilde{\varphi}(y) < \tilde{\varphi}(x), \tag{52}$$

und durch Einsetzen von $y = x^i$ in (49) und (50), von $y = x^i$ in (52) sowie durch Berücksichtigung von (48) in (52) ergibt sich

$$g^{i\prime}x - r^i < \tilde{\varphi}(x) < \varphi(x). \tag{53}$$

Subtrahiert man in (54) auf beiden Seiten x_{n+1}, so folgt die Beziehung

$$g^{i\prime}x - x_{n+1} - r^i < \varphi(x) - x_{n+1} \tag{54}$$

für alle i. Die Ungleichung (54) liefert die Behauptung: $\bar{x} \in \hat{G} \Rightarrow \bar{x} \in \bar{B}$.

2. Es wird gezeigt: In $\bar{B}$ gibt es genau einen Punkt, welcher Lösung der linearen Optimierungsaufgabe

$$\left.\begin{aligned} & x_{n+1} = \min! \\ \text{bei} \quad & \\ & \bar{x} \in \bar{B} = \left(\bigcap_{i=1}^{n+1} \bar{H}^i\right) \end{aligned}\right\} \tag{55}$$

ist.

Zum Beweis betrachten wir neben der Aufgabe (55) die zugehörige duale Aufgabe

$$\left.\begin{aligned} & z(u) = \sum_{i=1}^{n+1} r^i u_i = \min! \\ \text{bei} \quad & \\ & \sum_{i=1}^{n+1} g^i u_i = 0, \quad \sum_{i=1}^{n+1} u_i = 1 \quad \text{und} \quad u_i \geqq 0 \end{aligned}\right\} \tag{56}$$

und ziehen ein bekanntes Resultat der Untersuchungen zur linearen Optimierung (vgl. z. B. [2]) heran:

Ein zulässiger Vektor $u^0 = (u_1{}^0, \ldots, u_{n+1}^0)'$ bezüglich der Aufgabe (56) ist genau dann Minimallösung von (56), wenn es einen zulässigen Vektor $\bar{x}^0$ bezüglich der Aufgabe (55) mit folgenden Eigenschaften gibt: Für alle Indizes q mit $u_{q_0}^0 > 0$ gilt $g^{q\prime}x^0 - x_{n+1}^0 - r^q = 0$; für alle Indizes p mit $g^{p\prime}x^0 - x_{n+1}^0 - r^p < 0$ gilt $u_p{}^0 = 0$. Es ist dann $\bar{x}^0$ Minimallösung der Aufgabe (55). Entsprechendes gilt, wenn man von (56) statt von (55) ausgeht. Sind darüber hinaus alle Komponenten von u^0 positiv und die $n + 1$ Gleichungen des Systems

$$g^{i\prime}x - x_{n+1} - r^i = 0 \qquad (i = 1, \ldots, n + 1) \tag{57}$$

linear unabhängig, so ist die Lösung $\bar{x}^0$ eindeutig.

Die $n + 1$ Komponenten u_i^* waren im beschriebenen Verfahren gerade so gewählt worden, daß u^* zulässig bezüglich der Aufgabe (56) ist — insbesondere gilt $u_i^* > 0$. Berücksichtigt man noch, daß sich aus der vorausgesetzten allgemeinen Lage der Punkte $x^1, \ldots, x^n$ sowie aus (47) und (48) die lineare Unabhängigkeit der Gleichungen des Systems (57) ergibt, so ergibt sich die Existenz einer eindeutigen Lösung der Aufgabe (55). Damit ist der Satz bewiesen.

Literatur

[1] Afriat, S. N., The progressive support method for convex programming, J. Numer. Anal. **7** (1970), 444—457.
[2] Collatz, L., und W. Wetterling, Optimierungsaufgaben, Springer-Verlag, Berlin—Heidelberg—New York 1966.
[3] Göpfert, A., Mathematische Optimierung in allgemeinen Vektorräumen, BSB B. G. Teubner Verlagsgesellschaft, Leipzig 1973.
[4] Kelley, J. E., The cutting plane method for solving convex programs, J. SIAM **8** (1960), 703—712.
[5] Kleibohm, K., Ein Verfahren zur approximativen Lösung von konvexen Programmen, Dissertation, Univ. Zürich 1966.
[6] Richter, C., Untersuchungen zu Schnittebenenverfahren der konvexen Optimierung, Dissertation, TU Dresden 1975.
[7] Topkis, D. M., Cutting plane methods without nested constraint sets, Operations Research **18** (1970), 404—413.

Manuskripteingang: 28. 1. 1975

VERFASSER:
Dr. rer. nat. Claus Richter, Sektion Mathematik der Technischen Universität Dresden

Beiträge zur Numerischen Mathematik
5 (1976), 171–189

Über lineare Ungleichungen vom Gronwallschen Typ

JOCHEN W. SCHMIDT

1. Einleitung

Der Ausgangspunkt der vorliegenden Mitteilung ist der folgende in dieser Form wohl zuerst von SCHRÖDER [14] formulierte Satz: Falls für den linearen, positiven Operator P die geometrische Reihe $I + P + \cdots + P^n + \cdots$ konvergent ist, existiert der inverse Operator $(I - P)^{-1}$ und ist gleichfalls positiv. Es wird gezeigt, daß dieser Satz eine sehr einfache und geradlinige Herleitung der bekannten Gronwallschen Ungleichung (GRONWALL [9], BELLMAN [4]) zuläßt. Dabei ist hervorzuheben, daß man über die eigentliche Gronwallsche Ungleichung bei Anfangswertaufgaben gewöhnlicher Differentialgleichungen hinaus in gleicher Weise auch entsprechende Ungleichungen bei anderen Aufgabenstellungen bestätigen kann. Dies wird bei Randwertaufgaben, partiellen Differentialgleichungen, Integralgleichungen und Matrizenaufgaben vorgeführt. Neben dem Vorteil der einheitlichen Vorgehensweise ergeben sich zum Teil Weiterführungen und Verschärfungen bisheriger Ergebnisse sowie weitere Anwendungsbeispiele.

Es sei jedoch auch über den obigen allgemeinen Satz erwähnt, daß seine Voraussetzungen keineswegs notwendig für die Positivität von $(I - P)^{-1}$ sind, womit ein hier nicht erfaßter Spielraum bleibt, und daß er außerdem auf Grund seiner linearen Struktur zur Herleitung von nichtlinearen Erweiterungen der Gronwallschen Ungleichung wie z. B. der nach BIHARI [5] eine wenig angepaßte Form hat.

2. Hilfsmittel

Es sei R ein Linearsystem über dem Körper R^1 der reellen Zahlen, welches durch einen Kegel $K \subset R$ halbgeordnet ist:

$$x \leqq y \quad \text{für } x, y \in R \text{ genau dann, wenn } y - x \in K.$$

Es gilt $x \in R$, $x \geqq 0$, genau für $x \in K$. Der Kegel K habe die Eigenschaften:

$$K + K \subset K, \quad \lambda K \subset K \quad \text{für} \quad \lambda \in R^1, \lambda \geqq 0 \text{ und } K \cap (-K) = \{0\}.$$

Darüber hinaus sei R ein Vektorverband d. h., zu je zwei Elementen $x, y \in R$ existieren $\sup(x, y) \in R$ und $\inf(x, y) \in R$. Der Betrag eines Elementes wird durch $|x| = \sup(x, -x) \in R$ eingeführt. Für ihn gilt

$$|x| = 0 \quad \text{genau für } x = 0, \quad |\lambda x| = |\lambda|\,|x|, \quad |x + y| \leqq |x| + |y|,$$

wenn $x, y \in R$ und $\lambda \in R^1$ sind. Weiterhin sei R archimedisch: Falls mit zwei Elementen $x, y \in R$ für jede natürliche Zahl n die Ungleichung $nx \leqq y$ besteht, ergibt sich $x \leqq 0$. Die Folge (x_n) aus R konvergiere gegen $x \in R$, kurz $\lim x_n = x$, wenn es eine Nullfolge (λ_n) von reellen Zahlen und ein $z \in R$ gibt, so daß für alle natürlichen Zahlen n die Ungleichung

$$|x_n - x| \leqq \lambda_n z$$

erfüllt ist. Dieser Grenzwert hat die Eigenschaften, daß stationäre Folgen konvergent sind, daß jede Teilfolge einer konvergenten Folge gegen deren Grenzwert konvergiert, daß die Summe von zwei konvergenten Folgen gegen die Summe von deren Grenzwerten konvergiert und daß ein analoger Sachverhalt für das Produkt einer konvergenten Folge mit einer konvergenten Zahlenfolge gilt. Außerdem ergibt sich $\lim x_n = 0$ aus $0 \leqq x_n \leqq y_n$ und $\lim y_n = 0$. Weiterhin folgt aus $x_n \geqq 0$ auch $\lim x_n \geqq 0$, sofern der Grenzwert vorhanden ist. Zum Beweis der letzten Eigenschaft wird benötigt, daß R archimedisch ist (vgl. [12]).

Ein Operator P von R in sich heißt *linear*, falls

$$P(\lambda x + \mu y) = \lambda Px + \mu Py$$

für $x, y \in R$ und $\lambda, \mu \in R^1$ gilt. P heißt *positiv*, sofern

$$Px \geqq 0 \quad \text{für} \quad x \geqq 0, x \in R,$$

erfüllt ist; in diesem Fall wird $P \geqq 0$ geschrieben. $P \leqq Q$ für zwei Operatoren P und Q bedeutet $Q - P \geqq 0$. Wenn P linear und positiv ist, besteht die Ungleichung

$$|Px| \leqq P|x|$$

ür jedes $x \in R$, denn es ist

$$|Px| = |Px^+ - Px^-| \leqq |Px^+| + |Px^-| = Px^+ + Px^- = P|x|.$$

Aus der letzten Ungleichung folgt unmittelbar die Stetigkeit von P, d. h., $\lim x_n = x$ impliziert $\lim Px_n = Px$ bei linearen, positiven Operatoren P.

Von einem linearen Operator P von R in sich wird gesagt, daß er eine konvergente geometrische Reihe besitzt, wenn

$$\sum_{\nu=0}^{\infty} P^\nu x = \lim \sum_{\nu=0}^{n} P^\nu x \quad \text{für alle} \quad x \in R$$

konvergiert.

3. Sätze über die Positivität von Operatoren der Form $(I - P)^{-1}$

Mit R wird im weiteren stets ein archimedischer Vektorverband, mit $K \subset R$ der zugehörige Kegel und mit I der identische Operator bezeichnet.

Der folgende Satz, welchem im Rahmen dieser Arbeit der zentrale Platz zukommt, ist wohl zuerst von J. SCHRÖDER [14] — unter Verwendung eines allgemeineren Limesbegriffes — formuliert worden.

Satz 3.1. *Es sei P ein linearer, positiver Operator von R in sich mit konvergenter geometrischer Reihe. Dann ist der inverse Operator* $(I - P)^{-1}$ *in ganz R als linearer, positiver Operator vorhanden, und es gilt für* $x \in R$

$$(I - P)^{-1} x = \sum_{n=0}^{\infty} P^n x .$$

Es ist also im Fall $P \geqq 0$ unter den genannten Voraussetzungen auch $(I - P)^{-1} \geqq 0$ bzw. allgemeiner für $n = 1, 2, \ldots$

$$(I - P)^{-1} \geqq I + P + \cdots + P^n \geqq I \geqq 0 .$$

Für einen Beweis des Satzes sei auf [14] oder [18], S. 74, verwiesen.

Der Satz läßt einige einfache, aber sehr nützliche Anwendungen zu.

Folgerung 3.2. *Es sei P ein linearer, positiver Operator von R in sich mit konvergenter geometrischer Reihe und* $g \in R$. *Falls* $x \in R$ *die Ungleichung*

$$x \leqq g + Px$$

erfüllt, bestehen die Abschätzungen

$$x \leqq v \quad \textit{mit } v \textit{ aus } v = g + Pv$$

und

$$x \leqq g + w \quad \textit{mit } w \textit{ aus } w = Pg + Pw .$$

Beweis. Wegen $(I - P)^{-1} \geqq 0$ ergibt sich aus $(I - P)\, x \leqq g$ unmittelbar

$$x \leqq (I - P)^{-1} g = g + (I - P)^{-1} Pg ,$$

also $x \leqq v$ mit $v = (I - P)^{-1} g$ und $x \leqq g + w$ mit $w = (I - P)^{-1} Pg$.

Folgerung 3.3. *Es sei P ein linearer, positiver Operator von R in sich mit konvergenter geometrischer Reihe. Falls für* $x \in R$ *die Ungleichung*

$$x \geqq g + Px$$

mit einem $g \in K$ *besteht, gilt*

$$x \geqq (I - P)^{-1} g \geqq g \geqq 0 .$$

Falls $y, z \in R$ *die Ungleichungen*

$$y \geqq h + Py ,$$

$$z \leqq k + Pz \quad \textit{bzw.} \quad z \leqq Pk + Pz$$

mit $h, k \in R$ *und* $k \leqq h$ *erfüllen, erhält man*

$$y - z \geqq (I - P)^{-1} (h - k) \geqq 0 \quad \textit{bzw.} \quad y - z - k \geqq (I - P)^{-1} (h - k) \geqq 0 .$$

Die Richtigkeit der Behauptungen folgt wiederum aus $(I - P)^{-1} \geqq 0$ und

$$y - z \geqq h - k + P(y - z) \quad \text{bzw.} \quad y - z - k \geqq h - k + P(y - z - k) .$$

Satz 3.4. *Der Raum R werde zusätzlich als vollständig vorausgesetzt. Die Operatoren P und Q von R in sich seien linear und positiv, und Q besitze eine konvergente geo-*

metrische Reihe. Außerdem gelte $P \leqq Q$. Dann ist die geometrische Reihe zu P ebenfalls konvergent, und es ist für $x \in K$

$$(I - P)^{-1} x \leqq (I - Q)^{-1} x.$$

Beweis. Für $x \in R$ gilt wegen $|Px| \leqq P|x|$ für jede natürliche Zahl n

$$|P^n x| \leqq P^n |x|;$$

ebenso ergibt sich aus $P \leqq Q$

$$P^n |x| \leqq Q^n |x|.$$

Somit gilt für $m \geqq n$ und beliebiges $x \in R$

$$\left|\sum_{\nu=n}^{m} P^\nu x\right| \leqq \sum_{\nu=n}^{m} |P^\nu x| \leqq \sum_{\nu=n}^{m} Q^\nu |x|;$$

die Partialsummen der geometrischen Reihe zu P bilden daher eine Cauchyfolge und sind wegen der Vollständigkeit von R konvergent. Die behauptete Ungleichung für $x \in K$ ergibt sich durch Aufsummieren von $P^n x \leqq Q^n x$.

Bemerkung 3.5. *In Satz 3.4 können die Q betreffenden Voraussetzungen ersetzt werden durch:*

$$P^n x \leqq Q_n x \quad \textit{für} \quad x \in K \quad \textit{und} \quad n = 0, 1, \ldots,$$

$$\sum_{n=0}^{\infty} Q_n x \quad \textit{konvergent für} \quad x \in K;$$

dabei ist Q_n für jedes n ein Operator von K in sich. Als Folgerung ergibt sich jetzt

$$(I - P)^{-1} x \leqq \sum_{n=0}^{\infty} Q_n x \quad \textit{für} \quad x \in K.$$

Folgerung 3.6. *Es seien R vollständig, P und Q lineare, positive Operatoren von R in sich mit $P \leqq Q$, und Q besitze eine konvergente geometrische Reihe. Falls $y, z \in R$ die Ungleichungen*

$$y \geqq h + Qy,$$
$$z \leqq k + Pz$$

mit $h \in K$, $k \in R$ und $k \leqq h$ erfüllen, folgt

$$y - z \geqq (I - P)^{-1} (h - k) \geqq 0.$$

Beweis. Es ist $y \geqq (I - Q)^{-1} h \geqq 0$ und somit $Qy \geqq Py$. Die Behauptung folgt daher über

$$y - z \geqq h - k + Qy - Pz \geqq h - k + P(y - z).$$

Satz 3.7. *Es sei R vollständig und P ein linearer, positiver Operator von R in sich. Es existiere ein Element $z \in K$ mit folgenden Eigenschaften: Zu jedem Element $y \in R$ gibt es eine Zahl $\eta \in R^1$ mit*

$$|y| \leqq \eta z,$$

und zu P gibt es eine Zahl $\varkappa \in R^1$ *mit*

$$Pz \leqq \varkappa z \quad \textit{und} \quad 0 \leqq \varkappa < 1.$$

Dann konvergiert die geometrische Reihe zu P, und es sind, sofern für $x \in K$ *mit der Zahl* $\xi \in R^1$ *die Ungleichung*

$$x \leqq \xi z$$

besteht, folgende Abschätzungen gültig:

$$(I - P)^{-1}\, x \leqq \frac{\xi z}{1 - \varkappa}, \quad (I - P)^{-1}\, Px \leqq \frac{\xi Pz}{1 - \varkappa}.$$

Besteht dagegen für $x \in K$ *mit der Zahl* $\zeta \in R^1$ *die Ungleichung*

$$x \leqq \zeta(z - Pz),$$

so gelten die Abschätzungen

$$(I - P)^{-1}\, x \leqq \zeta z, \quad (I - P)^{-1}\, Px \leqq \zeta Pz.$$

Beweis. Die Konvergenz der geometrischen Reihe zu P ist eine unmittelbare Folge der Abschätzungen

$$|P^n y| \leqq \eta \varkappa^n z, \quad \left|\sum_{\nu=n}^{m} P^\nu y\right| \leqq \frac{\eta \varkappa^n z}{1 - \varkappa} \quad \text{für} \quad m \geqq n.$$

Die zuerst genannten Schranken für $(I - P)^{-1}\, x$ und $(I - P)^{-1}\, Px$ erhält man über analoge Abschätzungen, während die zuletzt genannten Schranken sich wegen $(I - P)^{-1} \geqq 0$ ergeben.

4. Die Ungleichung von Gronwall

Es bezeichnet $R = C[a, b]$ den Raum der auf $[a, b]$ stetigen Funktionen mit der natürlichen Halbordnung; $x \geqq 0$ für $x \in C[a, b]$ bedeutet $x(t) \geqq 0$ für $t \in [a, b]$. Der in Abschnitt 2 eingeführte Konvergenzbegriff zieht hier die gleichmäßige Konvergenz von Funktionenfolgen auf $[a, b]$ nach sich. Der Operator P, definiert durch

$$(Px)(t) = \int_a^t p(s)\, x(s)\, ds, \qquad x \in C[a, b], t \in [a, b],$$

ist im Fall $p \in C[a, b]$, $p \geqq 0$, ein linearer, positiver Operator von $C[a, b]$ in sich mit konvergenter geometrischer Reihe.

Unter Berücksichtigung dieser Festlegungen kann die Gronwallsche Ungleichung (Gronwall [9], Bellman [4]) in sehr einfacher Weise aus der Folgerung 3.2 gewonnen werden. Es sei vermerkt, daß die verbreitetsten Herleitungen (vgl. z. B. [2, 10, 16]) in gänzlich anderer Weise erfolgen und meistens daran gebunden sind, daß die unten erwähnte Funktion g konstant ist.

Falls $x \in C[a, b]$ bei vorgegebenem $g \in C[a, b]$ die Ungleichung $x \leqq g + Px$, d. h.

$$x(t) \leqq g(t) + \int_a^t p(s)\, x(s)\, ds, \qquad t \in [a, b],$$

erfüllt, gilt nach dem zweiten Teil der Folgerung 3.2 die Abschätzung $x \leqq g + w$ mit w aus $w = Pg + Pw$, d. h. aus

$$w(t) = \int_a^t p(s)\, g(s)\, ds + \int_a^t p(s)\, x(s)\, ds, \qquad t \in [a, b].$$

Daher kann w als Lösung der linearen Differentialgleichung

$$w'(t) = p(t)\, g(t) + p(t)\, w(t), \quad w(a) = 0$$

bestimmt werden. Zusammenfassend erhält man nach Lösung der Differentialgleichung den

Satz 4.1. *Es seien $p, g \in C[a, b]$ und $p \geqq 0$. Falls $x \in C[a, b]$ der Ungleichung*

$$x(t) \leqq g(t) + \int_a^t p(s)\, x(s)\, ds, \quad t \in [a, b],$$

genügt, besteht für x auf $[a, b]$ die Abschätzung

$$x(t) \leqq g(t) + e^{p_1(t)} \int_a^t p(s)\, g(s)\, e^{-p_1(s)}\, ds \quad \textit{mit} \quad p_1(t) = \int_a^t p(s)\, ds.$$

Für den Fall, daß $g \in C[a, b]$ eine konstante Funktion mit dem Funktionswert $g \in R^1$ darstellt, ist es für die Herleitung einer Abschätzung bequemer, vom ersten Teil der Folgerung 3.2 auszugehen. Aus $x \leqq g + Px$, d. h. aus

$$x(t) \leqq g + \int_a^t p(s)\, x(s)\, ds, \quad t \in [a, b],$$

folgt $x \leqq v$, wenn v aus $v = g + Pv$, also aus

$$v(t) = g + \int_a^t p(s)\, v(s)\, ds, \quad t \in [a, b],$$

und somit aus der linearen Differentialgleichung

$$v'(t) = p(t)\, v(t), \quad v(a) = g$$

bestimmt wird. Als Zusammenfassung ergibt sich jetzt der

Satz 4.2. *Es sei $p \in C[a, b]$, $p \geqq 0$ und $g \in R^1$, und $x \in C[a, b]$ erfülle die Ungleichung*

$$x(t) \leqq g + \int_a^t p(s)\, x(s)\, ds, \quad t \in [a, b],$$

also, sofern x differenzierbar ist, z. B. die Differentialungleichung

$$x'(t) \leqq p(t)\, x(t), \quad x(a) \leqq g \quad \text{für} \quad t \in [a, b].$$

Dann kann x auf $[a, b]$ nach oben abgeschätzt werden durch

$$x(t) \leqq g e^{p_1(t)} \quad \text{mit} \quad p_1(t) = \int_a^t p(s)\, ds.$$

Im Fall einer konstanten Funktion p mit dem Funktionswert $p \in R^1$ ergibt sich insbesondere

$$x(t) \leqq g e^{p(t-a)} \quad \text{für} \quad t \in [a, b].$$

Als ein weiteres Beispiel für die Anwendung der Sätze aus Abschnitt 3 sei das folgende Ergebnis angeführt, welches sich aus der Folgerung 3.6 ergibt.

Satz 4.3. *Es seien $p, q \in C[a, b]$ mit $q \geqq p \geqq 0$, $h_1, k_1 \in C[a, b]$ mit $k_1 \leqq h_1$, $h_1 \geqq 0$ sowie $h_0, k_0 \in R^1$ mit $k_0 \leqq h_0$, $h_0 \geqq 0$. Dann gilt für alle Lösungen y und z der Differentialungleichungen*

$$y'(t) \geqq q(t)\, y(t) + h_1(t), \quad y(a) \geqq h_0,$$

$$z'(t) \leqq p(t)\, z(t) + k_1(t), \quad z(a) \leqq k_0$$

für $t \in [a, b]$ die Abschätzung

$$y(t) - z(t) \geqq e^{p_1(t)} \left\{ h_0 - k_0 + \int_a^t \big(h_1(s) - k_1(s)\big)\, e^{-p_1(s)}\, ds \right\} \geqq 0$$

mit

$$p_1(t) = \int_a^t p(s)\, ds.$$

Beweis. Zur Einordnung in die Folgerung 3.6 definiert man die Operatoren P und Q für $x \in C[a, b]$ durch

$$(Px)(t) = \int_a^t p(s)\, x(s)\, ds, \quad (Qx)(t) = \int_a^t q(s)\, x(s)\, ds$$

sowie die Funktionen h und k durch

$$h(t) = h_0 + \int_a^t h_1(s)\, ds, \quad k(t) = k_0 + \int_a^t k_1(s)\, ds;$$

y und z genügen dann den Ungleichungen

$$y \geqq h + Qy, \quad z \leqq k + Pz.$$

Durch Berechnung der Schranke $(I - P)^{-1}(h - k)$ in der im Beweis zum Satz 4.2 vorgeführten Weise erhält man das behauptete Ergebnis.

Die Gronwallsche Ungleichung ist wiederholt auf Volterrasche Integralgleichungen übertragen worden, vgl. etwa CHU und METCALFE [6], BEESACK [3] sowie [11, 16] und die dort zitierte Literatur.

Es bezeichne D das Dreieck $D = \{(t, s) : a \leqq s \leqq t \leqq b\}$ und $p \in C(D)$ eine auf D stetige Funktion. Der Operator P von $C[a, b]$ in sich, definiert durch

$$(Px)(t) = \int_a^t p(t, s)\, x(s)\, ds, \quad x \in C[a, b], \quad t \in [a, b],$$

ist im Fall $p \geqq 0$ linear, positiv und besitzt eine konvergente geometrische Reihe. Daher ergibt sich aus der Folgerung 3.2 sofort der

Satz 4.4. *Vorgegeben seien $g \in C[a, b]$ und $p \in C(D)$ mit $p \geqq 0$. Falls von $x \in C[a, b]$ die Ungleichung*

$$x(t) \leqq g(t) + \int_a^t p(t, s)\, x(s)\, ds, \quad t \in [a, b],$$

erfüllt wird, besteht die Abschätzung

$$x(t) \leqq g(t) + \int_a^t k(t, s)\, g(s)\, ds, \quad t \in [a, b],$$

wobei k den lösenden Kern bezeichnet, erklärt durch

$$k(t, s) = \sum_{n=1}^{\infty} k_n(t, s)$$

mit den iterierten Kernen

$$k_1(t, s) = p(t, s), \quad k_n(t, s) = \int_s^t p(t, r)\, k_{n-1}(r, s)\, dr, \qquad n = 2, 3, \ldots$$

Hat der Kern die spezielle Form $p(t, s) = q(t)\, p(s)$, so lauten die iterierten Kerne

$$k_n(t, s) = \frac{q(t)\, p(s)}{(n-1)!} \left\{ \int_s^t q(r)\, p(r)\, dr \right\}^{n-1}$$

und der lösende Kern

$$k(t, s) = q(t)\, p(s) \exp \int_s^t q(r)\, p(r)\, dr.$$

Mit $q(t) = 1$ für $t \in [a, b]$ geht daher der Satz 4.4 in den Satz 4.1 über.

5. Finite Form der Ungleichung von Gronwall

Nach BABUŠKA, PRÁGER und VITÁSEK [1] ist die folgende finite Variante der Gronwallschen Ungleichung z. B. bei der Herleitung der Dahlquistschen Stabilitätstheorie für Mehrschrittverfahren von Bedeutung.

Mit $R = R^N$ wird der Raum der N-dimensionalen Vektoren $x = (x_1, \ldots, x_N)$ mit der natürlichen Halbordnung bezeichnet. $x \geqq 0$ bedeutet $(x)_n = x_n \geqq 0$ für $n = 1, \ldots, N$. Der Operator P von R^N in sich, festgelegt durch

$$(Px)_n = \sum_{m=1}^{n-1} p_m x_m, \quad x \in R^N, \quad n = 1, \ldots, N,$$

ist im Fall $p_1 \geqq 0, \ldots, p_{N-1} \geqq 0$ linear und positiv. Da P durch eine echte untere Dreiecksmatrix dargestellt wird, ist die geometrische Reihe zu P konvergent. Der Vektor $x \in R^N$ erfülle nun bei vorgegebenem $g \in R^N$ das Ungleichungssystem

$$x_n \leqq g_n + \sum_{m=1}^{n-1} p_m x_m, \quad n = 1, \ldots, N,$$

d. h., es ist $x \leqq g + Px$. Nach Folgerung 3.2 gilt daher $x \leqq g + w$ mit w aus $w = Pg + Pw$, also aus

$$w_n = \sum_{m=1}^{n-1} p_m(g_m + w_m), \qquad n = 1, \ldots, N.$$

Durch Subtraktion von jeweils zwei aufeinander folgenden Gleichungen ergibt sich

$$w_1 = 0, \quad w_{n+1} = (1 + p_n)\, w_n + p_n g_n, \qquad n = 1, \ldots, N - 1.$$

Das ist eine lineare Differenzengleichung erster Ordnung, deren Lösung leicht errechnet werden kann. Insgesamt ergibt sich der

Satz 5.1. *Vorgegeben seien $g = (g_1, \ldots, g_N) \in R^N$ und $p_1 \geqq 0, \ldots, p_{N-1} \geqq 0$. Wenn der Vektor $x = (x_1, \ldots, x_N) \in R^N$ dem Ungleichungssystem*

$$x_n \leqq g_n + \sum_{m=1}^{n-1} p_m x_m, \qquad n = 1, \ldots, N,$$

genügt, besteht für ihn die Abschätzung

$$x_n \leqq g_n + \sum_{m=1}^{n-1} p_m g_m \prod_{k=m+1}^{n-1} (1 + p_k), \qquad n = 1, \ldots, N.$$

6. Ungleichungen bei Randwertaufgaben gewöhnlicher Differentialgleichungen

Es wird als Muster ein Beispiel für die Anwendung der Sätze aus dem Abschnitt 3 auf Randwertaufgaben angegeben. Verwandte Aussagen findet man z. B. bei Collatz [8], S. 300, und Beckenbach und Bellman [2], S. 141.

Bekanntlich hat der durch

$$(Px)\,(t) = \int_a^b p(t, s)\, x(s)\, ds, \quad x \in C[a, b], \quad t \in [a, b],$$

erklärte lineare Integraloperator P mit $p \in C[a, b]^2$ genau dann eine konvergente geometrische Reihe, wenn seine Eigenwerte dem Betrag nach kleiner als 1 sind oder wenn P keine Eigenwerte besitzt und damit in jedem Fall der Spektralradius des vollstetigen Operators P kleiner als 1 ist. Für $p \geqq 0$ ist $P \geqq 0$.

Zum Beispiel gehört zu dem Differentialoperator

$$L[x] = -x'', \quad U_1[x] = \alpha x(a) - \beta x'(a), \quad U_2[x] = \gamma x(b) + \delta x'(b) \qquad (*)$$

im Fall $\alpha, \beta, \gamma, \delta \geqq 0$, $\alpha\gamma \neq 0$, eine nichtnegative Greensche Funktion, nämlich

$$G(t, s) = \frac{1}{\sigma} \begin{cases} \big(\gamma(b - t) + \delta\big)\big(\alpha(s - a) + \beta\big) & \text{für} \quad s \leqq t, \\ \big(\gamma(b - s) + \delta\big)\big(\alpha(t - a) + \beta\big) & \text{für} \quad t \leqq s \end{cases}$$

mit $\sigma = \alpha\gamma(b - a) + \alpha\delta + \beta\gamma > 0$. Erfüllt nun die Funktion x bei vorgegebenen $p, g_1 \in C[a, b]$ mit $p \geqq 0$, $g_1 \geqq 0$ und $g_{10}, g_{20} \in R^1$ mit $g_{10} \geqq 0$, $g_{20} \geqq 0$ für $t \in [a, b]$ die Differentialungleichungen

$$L[x](t) \geqq g_1(t) + p(t)\, x(t), \quad U_1[x] \geqq g_{10}, \quad U_2[x] \geqq g_{20},$$

so folgt nach Multiplikation mit $G(t, s) \geqq 0$ und Integration

$$x(t) \geqq g_0(t) + \int_a^b G(t, s)\, g_1(s)\, ds + \int_a^b G(t, s)\, p(s)\, x(s)\, ds,$$

wobei

$$g_0(t) = \frac{1}{\sigma}\big(\gamma(b - t) + \delta\big) g_{10} + \frac{1}{\sigma}\big(\alpha(t - a) + \beta\big) g_{20} \geqq 0$$

zu setzen ist. Wählt man den Operator P von $C[a, b]$ in sich als

$$(Px)(t) = \int_a^b G(t, s)\, p(s)\, x(s)\, ds, \quad x \in C[a, b], \quad t \in [a, b],$$

und die Funktion $g \in C[a, b]$ als

$$g(t) = g_0(t) + \int_a^b G(t, s)\, g_1(s)\, ds, \quad t \in [a, b],$$

d. h. als Lösung der Randwertaufgabe

$$L[g] = g_1, \quad U_1[g] = g_{10}, \quad U_2[g] = g_{20},$$

so sind $P \geqq 0$ und $g \geqq 0$, und für x besteht die Ungleichung $x \geqq g + Px$. Falls die geometrische Reihe zu P konvergent ist, gilt nach Folgerung 3.3 die Abschätzung $x \geqq (I - P)^{-1} g \geqq g \geqq 0$. Die Konvergenz der geometrischen Reihe zum Operator P liegt genau dann vor, wenn dessen Eigenwerte dem Betrag nach kleiner als 1 sind, d. h. die Eigenwerte λ von

$$L[x](t) = \lambda p(t)\, x(t), \quad U_1[x] = 0, \quad U_2[x] = 0$$

betragsmäßig größer als 1 sind. Hierfür ist wiederum hinreichend, daß mit

$$q = \max_{a \leqq t \leqq b} p(t)$$

die Eigenwerte λ von

$$L[x](t) = \lambda q x(t), \quad U_1[x] = 0, \quad U_2[x] = 0 \tag{**}$$

dem Betrag nach größer als 1 sind. Zum Nachweis verwendet man Folgerung 3.4 und beachtet dazu, daß $P \leqq Q$ für den folgenden Operator Q gilt:

$$(Qx)(t) = \int_a^b G(t, s)\, q x(s)\, ds, \quad x \in C[a, b], \quad t \in [a, b].$$

Lautet der Differentialoperator z. B.

$$L[x] = -x'', \quad U_1[x] = x(a), \quad U_2[x] = x(b),$$

so ergibt sich der kleinste Eigenwert von (**) im Fall $q \neq 0$ zu $\lambda = \pi^2/\big((b-a)^2 q\big)$, d. h., die geometrische Reihe zu Q und folglich auch die zu P sind konvergent für

$$0 \leqq p(t) \leqq q < \frac{\pi^2}{(b-a)^2} \quad \text{für} \quad t \in [a, b].$$

Somit ist die folgende Aussage bestätigt.

Satz 6.1. *Es seien* $p, g_1 \in C[a, b]$ *mit* $p \geqq 0$, $g_1 \geqq 0$ *und* $g_{10}, g_{20} \in R^1$ *mit* $g_{10} \geqq 0$, $g_{20} \geqq 0$ *vorgegeben, während* L, U_1, U_2 *der Differentialoperator* (*) *mit den dort angeführten Eigenschaften sei. Genügt dann die Funktion* x *für* $t \in [a, b]$ *den Differentialungleichungen*

$$L[x](t) \geqq g_1(t) + p(t)\, x(t), \quad U_1[x] \geqq g_{10}, \quad U_2[x] \geqq g_{20}$$

und sind die Eigenwerte λ *von* (**) *dem Betrag nach größer als* 1, *so gilt die Abschätzung*

$$x(t) \geqq v(t) \geqq g(t) \geqq 0 \quad \textit{für} \quad t \in [a, b],$$

wobei v *die Lösung von*

$$L[v](t) = g_1(t) + p(t)\, v(t), \quad U_1[v] = g_{10}, \quad U_2[v] = g_{20}$$

und g *die Lösung von*

$$L[g](t) = g_1(t), \quad U_1[g] = g_{10}, \quad U_2[g] = g_{20}$$

bedeuten.

Für die Herleitung von Satz 6.1 ist ausschlaggebend, daß die Greensche Funktion G zum Differentialoperator (*) nichtnegativ ist. Daher läßt sich dieser Satz ohne Mühe auf solche Differentialungleichungen übertragen, welche durch einen Differentialoperator mit nichtnegativer Greenscher Funktion festgelegt werden. Hierzu gehört nach Collatz [8], S. 300, z. B. auch der Differentialoperator

$$L[x](t) = -\big(h(t)\, x'(t)\big)' + f(t)\, x(t), \quad U_1, U_2 \text{ wie in } (*)$$

mit $h \in C^1[a, b]$, $f \in C[a, b]$, $h(t) > 0$, $f(t) \geqq 0$ für $t \in [a, b]$.

Ein weiteres Beispiel ist der Laplacesche Operator $\Delta x = \partial_1{}^2 x + \partial_2{}^2 x$ mit Randbedingungen erster Art.

Eine Anwendung der Folgerung 3.2 auf Aufgaben der hier betrachteten Art kann analog erfolgen (vgl. auch Abschnitt 7).

7. Differenzenungleichungen

In diesem Abschnitt wird ein Ungleichungssystem betrachtet, welches sich durch den zu $h > 0$ gehörigen Differenzenoperator

$$L_h[x]_n = -\frac{1}{h^2}(x_{n+1} - 2x_n + x_{n-1}) \quad \text{für} \quad n = 1, \ldots, N-1,$$

$$U_1[x] = x_0, \quad U_2[x] = x_N$$

mit $x = (x_0, \ldots, x_N) \in R^{N+1}$ beschreiben läßt. Vorgegeben seien die reellen Zahlen $p_n \geqq 0$, $g_{n1} \geqq 0$, $n = 1, \ldots, N-1$, und $g_{10} \geqq 0$, $g_{20} \geqq 0$, und $x = (x_0, \ldots, x_N) \in R^{N+1}$ sei eine Lösung von

$$L_h[x]_n \leqq g_{n1} + p_n x_n, \quad n = 1, \ldots, N-1,$$

$$U_1[x] \leqq g_{10}, \quad U_2[x] \leqq g_{20}.$$

Mit Hilfe der Sätze aus dem Abschnitt 3 werden unter Voraussetzungen obere Schranken für x hergeleitet. Von Bedeutung ist dazu der auf Schmidt und Schönheinz [13] zurückgehende

Hilfssatz 7.1. *Das lineare Gleichungssystem*

$$L_h[x]_n = r_n \quad \textit{für} \quad n = 1, \ldots, N-1, \quad U_1[x] = c, \quad U_2[x] = d$$

hat für beliebige reelle Zahlen $r_1, \ldots, r_{N-1}$, c *und* d *genau eine Lösung* $x = (x_0, \ldots, x_N) \in R^{N+1}$, *nämlich*

$$x_n = g_0(t_n; c, d) + h \sum_{m=1}^{N-1} G(t_n, s_m)\, r_m \quad \textit{für} \quad n = 0, \ldots, N.$$

Dabei sind gesetzt worden: $b = hN$, $t_n = s_n = nh$,

$$g_0(t) = g_0(t; c, d) = \frac{c}{b}(b - t) + \frac{d}{b}t,$$

$$G(t, s) = \frac{1}{b}\begin{cases} (b - t)\,s & \textit{für} \quad s \leqq t, \\ (b - s)\,t & \textit{für} \quad t \leqq s. \end{cases}$$

Außerdem gilt für $n = 0, \ldots, N$

$$0 \leqq h \sum_{m=1}^{N-1} G(t_n, s_m) = \frac{1}{2} t_n(b - t_n) \leqq \frac{b^2}{8}.$$

Beweis. Mit den leicht nachzurechnenden Beziehungen

$$G(t_{n+1}, s_m) - 2G(t_n, s_m) + G(t_{n-1}, s_m) = \begin{cases} -h & \text{für} \quad m = n, \\ 0 & \text{für} \quad m \neq n, \end{cases}$$

$$g_0(t_{n+1}) - 2g_0(t_n) + g_0(t_{n-1}) = 0$$

bestätigt man den genannten Vektor x sofort als eine Lösung des Gleichungssystems. Weitere Lösungen können nicht vorhanden sein, denn das zugehörige homogene System hat nur die triviale Lösung: Aus $L_h[x]_n = 0$ folgt $x_n = C + nD$ und aus $U_1[x] = U_2[x] = 0$ dann $C = D = 0$.

Auf Grund des Hilfssatzes 7.1 und der Nichtnegativität von G ergibt sich aus dem vorgegebenen Ungleichungssystem das folgende:

$$x_n \leqq g_0(t_n; g_{10}, g_{20}) + h \sum_{m=1}^{N-1} G(t_n, s_m)\,(g_{m1} + p_m x_m), \quad n = 0, \ldots, N.$$

Dieses Ungleichungssystem kann in die Form $x \leqq g + Px$ gebracht werden, wenn der Operator $P \geqq 0$ und der Vektor $g \geqq 0$ durch

$$(Px)_n = h \sum_{m=1}^{N-1} G(t_n, s_m)\, p_m x_m, \quad x \in R^{N+1}, \quad n = 0, \ldots, N,$$

und

$$g_n = g_0(t_n; g_{10}, g_{20}) + h \sum_{m=1}^{N-1} G(t_n, s_m)\, g_{m1}, \quad n = 0, \ldots, N,$$

definiert werden. Falls die geometrische Reihe zu P konvergiert, gilt somit die Abschätzung $x \leqq (I - P)^{-1} g$. Zur Gewinnung von Konvergenzbedingungen und zur weiteren Abschätzung der Schranke wird von Satz 3.7 ausgegangen. Mit

$$q = \max_{n=1,\ldots,N-1} p_n, \quad q_1 = \max_{n=1,\ldots,N-1} g_{n1}$$

werden der Operator $Q \geqq P$ und der Vektor $f \geqq g$ durch

$$(Qx)_n = hq \sum_{m=1}^{N-1} G(t_n, s_m)\, x_m, \quad x \in R^{N+1}, \quad n = 0, \ldots, N,$$

und

$$f_n = g_0(t_n; g_{10}, g_{20}) + \frac{q_1}{2}\, t_n(b - t_n)$$

festgelegt. Der Vektor $z = (1, \ldots, 1) \in R^{N+1}$ hat offenbar die in Satz 3.7 geforderte Eigenschaft, und Qz läßt sich abschätzen durch

$$(Qz)_n = hq \sum_{m=1}^{N-1} G(t_n, s_m) = \frac{q}{2}\, t_n(b - t_n) \leqq \frac{qb^2}{8}, \quad n = 0, \ldots, N,$$

so daß $Qz \leqq \varkappa z$ mit

$$\varkappa = \frac{qb^2}{8} \tag{*}$$

gilt. Für $qb^2 < 8$ sind daher mit dem Satz 3.4 die geometrischen Reihen zu P und Q konvergent, und es gilt für die Lösung des Ungleichungssystems

$$x \leqq (I - P)^{-1} g \leqq (I - Q)^{-1} f = f + (I - Q)^{-1} Qf.$$

Weiterhin ist $f \leqq \xi z$ mit

$$\xi = \max(g_{10}, g_{20}) + \frac{q_1 b^2}{8} \geqq \max_{n=0,\ldots,N} f_n, \qquad (**)$$

also folgt auf Grund der in Satz 3.7 genannten Abschätzung

$$x \leqq (I - P)^{-1} g \leqq u = f + \frac{\xi}{1 - \varkappa} Qz.$$

Die vorangehenden Betrachtungen lassen den folgenden Satz zu.

Satz 7.2. *Bei vorgegebenen reellen Zahlen* $p_n \geqq 0$, $g_{n1} \geqq 0$, $n = 1, \ldots, N-1$, *und* $g_{10} \geqq 0$, $g_{20} \geqq 0$ *sei der Vektor* $x = (x_0, \ldots, x_N) \in R^{N+1}$ *eine Lösung des linearen Ungleichungssystems*

$$L_h[x]_n \leqq g_{n1} + p_n x_n, \qquad n = 1, \ldots, N-1,$$

$$U_1[x] \leqq g_{10}, \quad U_2[x] \leqq g_{20}.$$

Mit $q = \max\{p_n : n = 1, \ldots, N-1\}$ *und* $b = Nh$ *gelte* $qb^2 < 8$. *Dann besteht die Abschätzung*

$$x \leqq v \leqq u$$

mit v *als Lösung des linearen Gleichungssystems*

$$L_h[v]_n = g_{n1} + p_n v_n, \quad n = 1, \ldots, N-1,$$

$$U_1[v] = g_{10}, \quad U_2[v] = g_{20}$$

und u *gemäß* ($\varkappa$, ξ *aus* (*), (**))

$$u_n = g_0(t_n; g_{10}, g_{20}) + \frac{1}{2}\left\{q_1 + \frac{\xi q}{1 - \varkappa}\right\} t_n(b - t_n), \quad n = 0, \ldots, N.$$

Für die Abschätzung $x \leqq v$ *kann dann dabei die Voraussetzung* $g_{n1} \geqq 0$, $n = 1, \ldots, N-1$, *entfallen.*

Auch an dieser Stelle ist zu erwähnen, daß sich das geschilderte Vorgehen auf weitere Differenzenungleichungen übertragen läßt. Es sind die Operatoren L_h, U_1, U_2 geeignet, zu denen im Sinne von Hilfssatz 7.1 Funktionen $G(t, s) \geqq 0$ vorhanden sind.

8. Diagonaldominante Matrizen

COLLATZ [7] nennt eine Matrix A *von monotoner Art*, wenn $x \geqq 0$ aus $Ax \geqq 0$ folgt, und gibt hinreichende Bedingungen für diese Eigenschaft an; vgl. auch [15]. Seine Ergebnisse kann man, wie hier gezeigt werden soll, ebenfalls mit den Sätzen aus dem Abschnitt 3 erhalten, wobei gleichzeitig gewisse Weiterführungen möglich sind.

Die (N, N)-Matrix $A = (a_{ik})$ hat die Eigenschaft C, falls $a_{ik} \leqq 0$ für $i \neq k$ ist, A nicht zerfällt und ein Vektor $z = (z_1, \ldots, z_N) \in R^N$, $z_n > 0$ für $n = 1, \ldots, N$, mit $Az = d \geqq 0$, $d \neq 0$, existiert.

Wenn die nicht zerfallende Matrix $A = (a_{ik})$ neben $a_{ik} \leqq 0$ für $i \neq k$ das schwache Zeilensummenkriterium

$$\sum_{k=1}^{N} a_{ik} \begin{cases} \geqq 0 & \text{für} \quad i = 1, \ldots, N, \\ > 0 & \text{für ein} \quad i \in \{1, \ldots, N\} \end{cases}$$

erfüllt, besitzt A die Eigenschaft C. Zum Nachweis setze man $z = (1, \ldots, 1) \in R^N$.

Die Matrix A werde als Summe einer Diagonalmatrix D, einer echten unteren Dreiecksmatrix E und einer echten oberen Dreiecksmatrix F dargestellt,

$$A = E + D + F.$$

Wenn A von der Eigenschaft C ist, kann man durch gleichzeitige Zeilen- und Spaltenvertauschungen stets erreichen, daß $D \geqq 0$, $E \leqq 0$, $F \leqq 0$ sind, $D^{-1} \geqq 0$ existiert, E in jeder Zeile außer der ersten ein von Null verschiedenes Element enthält und die Summe der Elemente aus der ersten Zeile von A eine positive Zahl ist. Im weiteren wird o. B. d. A. von Matrizen mit der Eigenschaft C diese spezielle Anordnung, die sogenannte *Normalform*, vorausgesetzt.

Aus der Matrix $A = E + D + F$ mit der Eigenschaft C wird die neue Matrix

$$P = -(E + D)^{-1} F \geqq 0$$

und dann mit dem in der Definition der Eigenschaft C genannten Vektor z der neue Vektor

$$y = Pz \geqq 0$$

gebildet. y bestimmt sich also aus $Ey + Dy + Fz = 0$; zusammen mit $Ez + Dz + Fz = d$ gilt somit $E(z - y) + D(z - y) = d \geqq 0$, $d_1 > 0$. Aus diesem gestaffelten System folgen nacheinander $y_1 < z_1$, $y_2 < z_2$, $\ldots$, $y_N < z_N$; mit

$$\varkappa = \max_{n=1,\ldots,N} \frac{y_n}{z_n} < 1$$

besteht daher die Abschätzung

$$Pz \leqq \varkappa z, \quad 0 \leqq \varkappa < 1.$$

Da der Vektor z die außerdem in dem Satz 3.7 gestellte Forderung erfüllt, konvergiert die geometrische Reihe zu P.

Der Vektor $x \in R^N$ genüge nun bei vorgegebener Matrix A der Eigenschaft C und bei vorgegebenem Vektor $f \geqq 0$ der Ungleichung

$$Ax \geqq f \geqq 0.$$

Wir zeigen, daß hieraus $x \geqq 0$ folgt, d. h., daß A von monotoner Art ist. Wegen $A = E + D + F$ und $(E + D)^{-1} \geqq 0$ ergibt sich mit $g = (E + D)^{-1} f$

$$x \geqq -(E + D)^{-1} Fx + (E + D)^{-1} f = Px + g;$$

also ist, wie behauptet,

$$x \geqq (I - P)^{-1} g \geqq g \geqq 0.$$

Ist $x \in R^N$ dagegen eine Lösung der Ungleichung

$$Ax \leqq f$$

mit einem Vektor $f \geqq 0$, so folgt wie vorhin $x \leqq Px + g$ und damit

$$x \leqq (I - P)^{-1} g = g + (I - P)^{-1} Pg.$$

Da $g \leqq \zeta(z - Pz) = \zeta(z - y)$ für

$$\zeta = \max_{n=1,\dots,N} \frac{g_n}{z_n - y_n} \tag{*}$$

zutrifft, erhält man mit dem Satz 3.7

$$(I - P)^{-1} Pg \leqq \zeta Pz = \zeta y.$$

Die vorangehenden Betrachtungen ergeben zusammengefaßt den

Satz 8.1. *Es sei A eine (N, N)-Matrix mit der Eigenschaft C, welche o. B. d. A. in der oben beschriebenen Normalform $A = E + D + F$ vorliege. Dann ist A von monotoner Art.*

Falls weiterhin der Vektor x die Ungleichung

$$Ax \geqq f$$

mit $f \geqq 0$ erfüllt, besteht die Abschätzung

$$x \geqq v \geqq g \geqq 0,$$

wobei v die Lösung des linearen Gleichungssystems

$$Av = f$$

und g die Lösung des gestaffelten linearen Systems

$$Eg + Dg = f$$

sind. Gilt dagegen für den Vektor $x \in R^N$

$$Ax \leqq f$$

mit $f \geqq 0$, so erhält man

$$x \leqq v \leqq g + \zeta y,$$

wobei v und g wieder die Lösungen

$$Av = f \quad \text{und} \quad Eg + Dg = f$$

sind, während z der zur Beschreibung der Eigenschaft C für die Matrix A erforderliche Vektor ist, y die Gleichung

$$Ey + Dy + Fz = 0$$

löst und ζ nach (*) ermittelt wird.

Weiterhin sei darauf hingewiesen, daß $P = -(E + D)^{-1} F$ die Iterationsmatrix des Einzelschrittverfahrens zur Lösung von Gleichungssystemen mit der Koeffizientenmatrix $A = E + D + F$ ist. Da bei Matrizen A der Eigenschaft C, aufgeschrieben in Normalform, die geometrische Reihe zu P nach den vorangehenden Ausführungen konvergent ist, konvergiert auch das Einzelschrittverfahren und nach dem Satz von Stein und Rosenberg (vgl. z. B. [15], S. 70) gleichfalls das Gesamtschrittverfahren.

9. Ungleichungen bei hyperbolischen Differentialgleichungen

Der folgende Satz ist eine Ausdehnung der Gronwallschen Ungleichung auf Volterrasche Integralungleichungen in zwei Veränderlichen und somit auch auf hyperbolische Differentialungleichungen; verwandte Aussagen findet man bei Wendroff, vgl. [2], S. 154, und Walter [16], S. 125.

Satz 9.1. *Falls $x \in C[a, b]^2$ die Ungleichung*

$$x(s, t) \leqq g(s, t) + \int_a^s \int_a^t p(\sigma, \tau)\, x(\sigma, \tau)\, d\sigma\, d\tau, \quad s, t \in [a, b],$$

mit $p, g \in C[a, b]^2$ und $p \geqq 0$ erfüllt, gilt

$$x(s, t) \leqq v(s, t) \quad \text{für} \quad s, t \in [a, b],$$

wobei v die Lösung der Integralgleichung

$$v(s, t) = g(s, t) + \int_a^s \int_a^t p(\sigma, \tau)\, v(\sigma, \tau)\, d\sigma\, d\tau, \quad s, t \in [a, b],$$

bedeutet. Ist zusätzlich $g \geqq 0$, so bestehen für $s, t \in [a, b]$ die Abschätzungen

$$x(s, t) \leqq g(s, t) + \int_a^s \int_a^t p(\sigma, \tau)\, g(\sigma, \tau) \exp p_1(s, t, \sigma, \tau)\, d\sigma\, d\tau \tag{*}$$

mit

$$p_1(s, t, \sigma, \tau) = \int_\sigma^s \int_\tau^t p(\mu, \nu)\, d\mu\, d\nu$$

und

$$x(s, t) \leqq g_1 \sum_{n=0}^{\infty} \frac{q^n (s - a)^n\, (t - a)^n}{n!\, n!} \tag{**}$$

mit

$$q = \max_{a \leqq s, t \leqq b} p(s, t), \qquad g_1 = \max_{a \leqq s, t \leqq b} g(s, t).$$

Beweis. Definiert man den Operator P durch

$$(Px)(s,t) = \int_a^s \int_a^t p(\sigma,\tau)\, x(\sigma,\tau)\, d\sigma\, d\tau\,, \quad x \in C[a,b]^2,$$

so erfüllt x die Ungleichung $x \leqq g + Px$. Da die geometrische Reihe zu dem linearen, positiven Operator P stets konvergent ist, ergibt sich $x \leqq v = (I - P)^{-1} g$ und damit der erste Teil des Satzes.

Die Funktion auf der rechten Seite von (*) werde mit $g + w$ bezeichnet. Man bestätigt für w nach einfacher Rechnung

$$w_{st} \geqq p(s,t)\, g(s,t) + p(s,t)\, w\,, \qquad w(s,a) = w(a,t) = 0\,,$$

woraus durch Integration folgt, daß

$$w(s,t) \geqq \int_a^s \int_a^t p(\sigma,\tau) \big(g(\sigma,\tau) + w(\sigma,\tau)\big)\, d\sigma\, d\tau$$

gilt, d. h., es gilt $w \geqq Pg + Pw$, $w \geqq (I - P)^{-1} Pg$ und somit der zweite Teil des Satzes, nämlich $x \leqq g + (I - P)^{-1} Pg \leqq g + w$.

Für den durch

$$(Qx)(s,t) = q \int_a^s \int_a^t x(\sigma,\tau)\, d\sigma\, d\tau\,, \quad x \in C[a,b]^2,$$

festgelegten Operator Q und die konstante Funktion $g_1 \in C[a,b]^2$ mit dem Funktionswert g_1 sind die Ungleichungen $P \leqq Q$ und $g \leqq g_1$ gültig. Daher ist $x \leqq (I - P)^{-1} g \leqq u = (I - Q)^{-1} g_1$. Die Bestimmung von u führt auf die Integralgleichung

$$u(s,t) = g_1 + q \int_a^s \int_a^t u(\sigma,\tau)\, d\sigma\, d\tau\,,$$

d. h. auf die hyperbolische Differentialgleichung

$$u_{st} = qu\,, \quad u(s,a) = u(a,t) = g_1\,,$$

deren Lösung u die rechte Seite von (**) ist.

Das war zum Nachweis des Satzes zu zeigen.

Literatur

[1] BABUŠKA, I., M. PRÁGER and E. VITÁSEK, Numerical Processes in Differential Equations, SNTL, Prague 1966.

[2] BECKENBACH, E. F., and R. BELLMAN, Inequalities, Springer-Verlag, Berlin—Göttingen—Heidelberg 1961.

[3] Beesack, P. R., Comparison theorems and integral inequalities for Volterra integral equations, Proc. Amer. Math. Soc. **20** (1969), 61–66.
[4] Bellman, R., The stability of solutions of linear differential equations, Duke Math. J. **10** (1943), 643–647.
[5] Bihari, I., A generalization of a lemma of Bellman and its application to uniqueness problems of differential equations, Acta Math. Acad. Sci. Hung. **7** (1956), 81–94.
[6] Chu, S. C., and F. T. Metcalfe, On Gronwall's inequality, Proc. Amer. Math. Soc. **18** (1967), 439–440.
[7] Collatz, L., Aufgaben monotoner Art, Arch. Math. (Basel) **3** (1952), 366–376.
[8] Collatz, L., Funktionalanalysis und numerische Mathematik, Springer-Verlag, Berlin–Göttingen–Heidelberg 1964.
[9] Gronwall, T. H., Note on the derivatives with respect to a parameter of the solutions of a system of differential equations, Ann. Math. **20** (1919), 292–296.
[10] Lakshmikantham, V., and S. Leela, Differential and Integral Inequalities, Academic Press, New York–London 1969.
[11] Mitrinović, D. S., Analytic Inequalities, Springer-Verlag, Berlin–Heidelberg–New York 1970.
[12] Schmidt, J. W., Konvergenzuntersuchungen und Fehlerabschätzungen für ein verallgemeinertes Iterationsverfahren, Arch. Rat. Mech. Anal. **6** (1960), 261–276.
[13] Schmidt, J. W., und H. Schönheinz, Fehlerschranken zum Differenzenverfahren unter ausschließlicher Benutzung verfügbarer Größen, Arch. Rat. Mech. Anal. **10** (1962), 311–322.
[14] Schröder, J., Das Iterationsverfahren bei allgemeinerem Abstandsbegriff, Math. Z. **66** (1956), 111–116.
[15] Varga, R. S., Matrix iterative analysis, Prentice-Hall, Englewood Cliffs (N.J.) 1962.
[16] Walter, W., Differential- und Integral-Ungleichungen, Springer-Verlag, Berlin–Göttingen–Heidelberg 1964.

Manuskripteingang: 20. 1. 1975

VERFASSER:
Prof. Dr. Jochen W. Schmidt, Sektion Mathematik der Technischen Universität Dresden

Beiträge zur Numerischen Mathematik
5 (1976), 191–199

Ein A-stabiles einstufiges Rosenbrock-Verfahren dritter Ordnung

Siegfried Scholz, Klaus Bräuer und Stefan Thomas

1. Einleitung

Wegen ihrer günstigen Stabilitätseigenschaften spielen bei der Behandlung steifer Differentialgleichungen die Rosenbrock-Verfahren [6] eine wichtige Rolle. Diese Verfahren zur Behandlung der Anfangswertaufgabe

$$y' = f(x, y), \quad y(a) = y_0, \quad a \leqq x \leqq b, \tag{1.1}$$
$$y = (y^1, \ldots, y^N)^{\mathsf{T}}, \quad f(x, y) = \big(f^1(x, y), \ldots, f^N(x, y)\big)^{\mathsf{T}},$$
$$y_0 = (\eta^1, \ldots, \eta^N)^{\mathsf{T}},$$

haben die Gestalt (siehe z. B. [1])

$$y_{k+1} = y_k + h \sum_{i=1}^{m} \gamma_i k_i(x_k, y_k, h), \quad y_0 = y(a) \tag{1.2}$$

mit

$$k_1(x, y, h) = f(x, y) + h\beta_{11}[f_x(x, y) + f_y(x, y)\, k_1(x, y)],$$
$$k_i(x, y, h) = f\left(x + \beta_i h, y + h \sum_{j=1}^{i-1} \beta_{ij} k_j(x, y, h)\right)$$
$$+ h\beta_{ii}\left[f_x\left(x + \eta_i h, y + h \sum_{j=1}^{i-1} \eta_{ij} k_j(x, y, h)\right)\right.$$
$$\left. + f_y\left(x + \eta_i h, y + h \sum_{j=1}^{i-1} \eta_{ij} k_j(x, y, h)\right) k_i(x, y, h)\right],$$

$i = 2(1)m$, m: Stufenzahl.

Sie sind durch Linearisierung der semi-impliziten Runge-Kutta-Verfahren entstanden, umgehen die bei jenen nötigen Iterationen, verwenden dafür aber die Matrix

$$J = \begin{pmatrix} f_x & f_{y^1} & \cdots & f_{y^N} \\ | & | & & | \end{pmatrix}$$

der ersten partiellen Ableitungen von f. Die bekanntesten Vertreter dieser Klasse sind die zweistufigen Verfahren dritter Ordnung von Rosenbrock und Calahan (siehe z. B. [5]).

In [3] wurde gezeigt, daß mit dem Ansatz (1.2) bei einer J- und ein bzw. zwei f-Berechnungen pro Schritt maximal die Ordnung 2 bzw. 3 erreicht werden kann.

In der vorliegenden Arbeit wird durch Einführung eines zusätzlichen Parameters im Ansatz (1.2) und dessen geeignete, von Schritt zu Schritt neu vorzunehmende Wahl bereits mit einer J- und einer f-Berechnung pro Schritt ein A-stabiles Verfahren der Konvergenzordnung 3 gewonnen.

2. Beschreibung des Verfahrens für eine Differentialgleichung erster Ordnung

Wir betrachten die Anfangswertaufgabe (1.1) für $N = 1$ und setzen voraus, daß f in einem abgeschlossenen Arbeitsbereich $B \subset R^2$ stetig und dreimal stetig partiell nach x und y differenzierbar sei und daß in B

$$D^2f := \left(\frac{\partial}{\partial x} + f\,\frac{\partial}{\partial y}\right)^2 f = f_{xx} + 2ff_{xy} + f^2f_{yy} \neq 0 \tag{2.1}$$

gelte. An den Stellen $x_k = a + kh$, $k = 1(1)n$, $x_n = b$, werden Näherungen y_k für die Lösung $y^*(x)$ von (1.1) mit Hilfe des folgenden Verfahrens ermittelt:

$$y_{k+1} = y_k + h\gamma k(x_k, y_k, h) \tag{2.2}$$

mit

$$k(x, y, h) = f(x, y) + h\beta\big[f_x\big(x + \eta h, y + \eta h f(x, y)\big) + f_y\big(x + \eta h, y + \eta h f(x, y)\big)\, k(x, y, h)\big].$$

Unter der Voraussetzung

$$1 - h\beta f_y\big(x + \eta h, y + \eta h f(x, y)\big) \neq 0 \tag{2.3}$$

kann man $k(x, y, h)$ explizit angeben in der Form

$$k(x, y, h) = \frac{f(x, y) + h\beta f_x\big(x + \eta h, y + \eta h f(x, y)\big)}{1 - h\beta f_y\big(x + \eta h, y + \eta h f(x, y)\big)}.$$

Nach [2] hat (2.2) unter der Voraussetzung (2.3) die Konvergenzordnung p, falls k einer Lipschitzbedingung bezüglich der zweiten Variablen genügt und die Konsistenzordnung p ist, d. h.

$$\frac{y^*(x + h) - y^*(x)}{h} - \gamma k\big(x, y^*(x), h\big) = O(h^p) \tag{2.4}$$

gilt.

Zur Untersuchung der Konsistenzordnung von (2.2) verwenden wir die Taylorentwicklungen von

$$\frac{y^*(x + h) - y^*(x)}{h} = f\big(x, y^*(x)\big) + \frac{h}{2}\, Df\big(x, y^*(x)\big) + \frac{h^2}{6}\,[f_yDf + D^2f]\,\big(x, y^*(x)\big) + O(h^3) \tag{2.5}$$

und von

$$k(x, y^*(x), h) = f(x, y^*(x)) + h\beta Df(x, y^*(x)) \\ + h^2[\beta\eta D^2 f + \beta^2 f_y Df]\,(x, y^*(x)) + O(h^3). \tag{2.6}$$

Durch Vergleich von (2.5) und (2.6) erhält man: (2.4) ist erfüllt mit $p = 2$, falls man $\gamma = 1$, $\beta = \frac{1}{2}$ und η beliebig wählt. Eine höhere Konvergenzordnung als 2 ist für das Verfahren (2.2) mit festen Parametern γ, β, η für beliebiges f nicht zu erreichen.

Für den Fehler $\varepsilon_k := y^*(x_k) - y_k$ von (2.2) erhält man unter Beachtung von $\varepsilon_k = O(h^2)$ aus (2.5) und (2.6) die Darstellung

$$\varepsilon_{k+1} = [1 + hf_y]_k \varepsilon_k + h^3 \left[-\frac{1}{12} f_y Df + \left(\frac{1}{6} - \frac{\eta}{2}\right) D^2 f\right]_k + O(h^4). \tag{2.7}$$

($[\ldots]_k$ bedeutet $[\ldots]\,(x_k, y_k)$.)

Wären die Größen $[f_y Df]_k$, $[D^2 f]_k$ bekannt, so könnte in (2.7) der Term

$$\left[-\frac{1}{12} f_y Df + \left(\frac{1}{6} - \frac{\eta}{2}\right) D^2 f\right]_k \tag{2.8}$$

mit Hilfe des von Schritt zu Schritt variablen Parameters

$$\eta = \eta_k^* = \frac{1}{3} - \frac{1}{6} \frac{[f_y Df]_k}{[D^2 f]_k} \tag{2.9}$$

zum Verschwinden gebracht und die Konvergenzordnung von (2.2) auf 3 erhöht werden.

Wegen der vorausgesetzten Stetigkeit der partiellen Ableitungen von f können $[f_y Df]_k$ bzw. $[D^2 f]_k$ durch $[f_y Df]_{k-1} + O(h)$ bzw. $[D^2 f]_{k-1} + O(h)$ ersetzt werden, so daß für (2.7) auch

$$\varepsilon_{k+1} = [1 + hf_y]_k \varepsilon_k + h^3 \left[-\frac{1}{12} f_y Df + \left(\frac{1}{6} - \frac{\eta}{2}\right) D^2 f\right]_{k-1} + O(h^4) \tag{2.10}$$

geschrieben werden kann. Die Größen $[f_y Df]_{k-1}$ und $[D^2 f]_{k-1}$ lassen sich aber unter der Voraussetzung, daß y_k nach (2.2) mit einem $\eta = \eta_{k-1} \neq 0$ der Eigenschaft

$$\eta_{k-1} = O(1) \tag{2.11}$$

berechnet wurde, leicht aus dem durch Taylorentwicklung gewonnenen linearen Gleichungssystem

$$\begin{pmatrix} f_k - f_{k-1} \\ f_{k-2} - f_{k-1} \\ h[\hat{D}f]_{k-1} \end{pmatrix} = \begin{pmatrix} 1 & 1 & 1 \\ -1 & 1 & 1 \\ 1 & 0 & 2\eta_{k-1} \end{pmatrix} \begin{pmatrix} h[Df]_{k-1} \\ \frac{h^2}{2}[f_y Df]_{k-1} \\ \frac{h^2}{2}[D^2 f]_{k-1} \end{pmatrix} + \begin{pmatrix} O(h^3) \\ O(h^3) \\ O(h^3) \end{pmatrix} \tag{2.12}$$

mit

$$f_i = f(x_i, y_i), \quad i = k-2, k-1, k,$$

$$[\hat{D}f]_{k-1} = f_x(x_{k-1} + \eta_{k-1}h, y_{k-1} + \eta_{k-1}hf_{k-1})$$
$$+ f_y(x_{k-1} + \eta_{k-1}h, y_{k-1} + \eta_{k-1}hf_{k-1})\, f_{k-1}$$

ermitteln. Ersetzt man in (2.9) $[f_yDf]_k$ bzw. $[D^2f]_k$ durch die aus (2.12) unter Vernachlässigung von $O(h^3)$-Termen errechneten Größen $[f_yDf]_{k-1}$, $[D^2f]_{k-1}$, so erhält man anstelle von η_k^*

$$\eta_k = \frac{1}{2} - \frac{1}{3}\eta_{k-1}\frac{A_{k-1}}{C_{k-1}} \tag{2.13}$$

mit den verfügbaren Größen

$$A_{k-1} = f_k - 2f_{k-1} + f_{k-2}, \quad C_{k-1} = 2h[\hat{D}f]_{k-1} - f_k + f_{k-2}.$$

Dieses η_k bringt den Term (2.8) bis auf Größen $O(h^4)$ zum Verschwinden (das kommt einer Erhöhung der Konsistenzordnung auf 3 gleich). Daß damit auch eine Erhöhung der Konvergenzordnung verbunden ist, besagt der folgende

Satz 1. *Das Verfahren*

$$y_{k+1} = y_k + hk(x_k, y_k, \eta_k, h), \quad y_0 = y(a) \tag{2.14}$$

mit

$$k(x_k, y_k, \eta_k, h) = \frac{f_k + \frac{h}{2} f_x(x_k + \eta_k h, y_k + \eta_k h f_k)}{1 - \frac{h}{2} f_y(x_k + \eta_k h, y_k + \eta_k h f_k)}, \quad k = 0(1)n-1,$$

h so, daß

$$1 - \frac{h}{2} f_y(x_k + \eta_k h, y_k + \eta_k h f_k) \neq 0,$$

η_0, η_1 beliebig, $\eta_1 \neq 0$, η_k nach (2.13) *für* $k = 2(1)n-1$, *hat die Konvergenzordnung* 3.

Beweis. Wegen $\varepsilon_0 = 0$ gilt nach (2.9) für die Fehler ε_1 bzw. ε_2 nach ein bzw. zwei Schritten (nicht an festen Stellen x_1 bzw. x_2): $\varepsilon_1 = C_1h^3$, $\varepsilon_2 = C_2h^3$, C_1, C_2 Konstanten. Nun untersuchen wir ε_k für $k > 2$. Dazu formen wir (2.13) unter Zuhilfenahme der Taylorentwicklungen (2.12) wie folgt um: Unter der Voraussetzung (2.11) ist

$$C_{k-1} = 2h^2\eta_{k-1}[D^2f]_{k-1} + O(h^3),$$

$$A_{k-1} = h^2[f_yDf + D^2f]_{k-1} + O(h^3),$$

so daß man nach (2.13)

$$\eta_k = \frac{1}{2} - \frac{1}{3}\eta_{k-1}\frac{[f_yDf + D^2f]_{k-1} + O(h)}{2[D^2f]_{k-1} + O(h)}$$

$$= \frac{1}{3} - \frac{1}{6}\frac{[f_yDf]_{k-1} + O(h)}{[D^2f]_{k-1} + O(h)} + O(h) \tag{2.15}$$

erhält. Setzt man dies für η in (2.10) ein, so ergibt sich

$$\varepsilon_{k+1} = [1 + hf_y]_k \varepsilon_k + O(h^4), \quad k = 2(1)n - 1.$$

Wegen der vorausgesetzten Stetigkeit der partiellen Ableitungen von f in B kann man wie folgt abschätzen:

$$|\varepsilon_{k+1}| \leqq (1 + hA)\,|\varepsilon_k| + Ch^4, \qquad k = 2(1)n - 1, \tag{2.16}$$

wobei $A := \max_k |[f_y]_k|$ gesetzt wurde und C eine Konstante $\neq 0$ ist. Aus (2.16) erhält man rekursiv

$$|\varepsilon_k| \leqq \begin{cases} (1 + hA)^{k-2}\,|\varepsilon_2| + \dfrac{(1 + hA)^{k-2} - 1}{hA}\,Ch^4 & \text{für } A \neq 0, \\ |\varepsilon_2| + (k-2)\,Ch^4 & \text{für } A = 0, \end{cases} \qquad k = 3(1)n - 1,$$

$$\varepsilon_0 = 0,\ \varepsilon_1 = C_1 h^3,\ \varepsilon_2 = C_2 h^3.$$

Wegen $(1 + hA)^{k-2} \leqq e^{h(k-2)A}$ und $h(k - 2) = \text{const}$ erhält man insgesamt $\varepsilon_k = O(h^3)$, also die Konvergenzordnung 3 für das Verfahren (2.13)/(2.14). Nachzuweisen bleibt noch die Gültigkeit von (2.11) für $k = 3(1)n - 1$. Wegen $\alpha_1 = O(1)$ gilt (2.13) für $k = 2$. Für $\eta_2^* - \eta_2$ ergibt sich dann $\eta_2^* - \eta_2 = O(h)$, so daß (2.11) wegen $\eta_2^* = O(1)$ für $k = 3$ erfüllt ist. Durch Induktion erhält man analog $\eta_{k-1} = O(1)$ für $k = 4(1)n - 1$.

Bemerkung. Führt man das Verfahren (2.13)/(2.14) mit variabler Schrittweite $h_k = x_{k+1} - x_k$ durch, so hat man in (2.13) A_{k-1} durch

$$A_{k-1}^* = \frac{1}{\varkappa_{k-1}(1 + \varkappa_{k-1})}\,\{\varkappa_{k-1}(f_k - f_{k-1}) + f_{k-2} - f_{k-1}\}$$

und C_{k-1} durch

$$C_{k-1}^* = A_{k-1}^* + h_{k-1}[\hat{D}f]_{k-1} - f_k + f_{k-1} \quad \text{mit} \quad \varkappa_{k-1} = \frac{h_{k-2}}{h_{k-1}}$$

zu ersetzen.

3. Zur Stabilität des Verfahrens (2.13)/(2.14)

Da für die Anwendbarkeit von (2.13)/(2.14) die Forderung (2.1) erfüllt sein muß, wenden wir zur Untersuchung der Stabilität das Verfahren nicht auf die übliche Testdifferentialgleichung $y' = \lambda y$, sondern auf die Differentialgleichung

$$y' = \lambda y + f(x) \quad \text{mit} \quad f''(x) \neq 0, \quad \lambda = \text{const} \tag{3.1}$$

an. Es sei $\tilde{y}_{k+1}$ die Lösung des durch Rundungsfehler gestörten Verfahrens (2.14); dann gilt

$$\tilde{y}_{k+1} = \tilde{y}_k + \frac{h\left(\lambda\tilde{y}_k + f(x_k) + \frac{h}{2} f'(x_k)\right)}{1 - \frac{h}{2}\lambda} + R_k,$$

R_k: Rundungsfehler im $(k+1)$-ten Schritt,

während die Lösung $y^*(x)$ von (3.1) der Beziehung

$$y^*(x_{k+1}) = y^*(x_k) + \frac{h\left(\lambda y^*(x_k) + f(x_k) + \frac{h}{2} f'(x_k)\right)}{1 - \frac{h}{2}\lambda} + T_k,$$

T_k: lokaler Abschneidefehler,

genügt. Für den Gesamtfehler $\tilde{\varepsilon}_{k+1} := y^*(x_{k+1}) - y_{k+1}$ ergibt sich somit die inhomogene Differenzengleichung mit konstanten Koeffizienten

$$\tilde{\varepsilon}_{k+1} = \frac{1 + \frac{1}{2}H}{1 - \frac{1}{2}H}\,\tilde{\varepsilon}_k + T_k - R_k, \quad H = h\lambda. \tag{3.2}$$

Nach [4] heißt das Verfahren (2.13)/(2.14) *absolut stabil* für ein gegebenes H, wenn für dieses H die Wurzel r der zur homogenen Differenzengleichung (3.2) gehörigen charakteristischen Gleichung betragsmäßig kleiner als 1 ist, und *A-stabil*, wenn das Gebiet der absoluten Stabilität die linke Halbebene $\operatorname{Re}\lambda < 0$ umfaßt. Wegen $r = \left(1 + \frac{1}{2}H\right)\Big/\left(1 - \frac{1}{2}H\right)$ ist nach dieser Definition das Verfahren (2.13)/(2.14) A-stabil.

4. Anwendung auf Differentialgleichungssysteme erster Ordnung

In (1.1) sei jetzt $N > 1$, und wir fordern von den $f^i(x, y)$, $i = 1(1)N$, daß sie in einem abgeschlossenen Arbeitsbereich $B \subset R^{N+1}$ stetig und dreimal stetig partiell nach x und $y^1, \ldots, y^N$ differenzierbar seien und daß dort

$$D^2 f^i := \left(\frac{\partial}{\partial x} + \sum_{j=1}^{N} f^j \frac{\partial}{\partial y^j}\right)^2 f^i \neq 0 \quad \text{für} \quad i = 1(1)N \tag{4.1}$$

sei. Der übersichtlicheren Darstellung wegen behandeln wir im folgenden die autonome Differentialgleichung

$$y' = f(y), \quad y(a) = y_0. \tag{4.2}$$

Bekanntlich läßt sich auch (1.1) auf diese Form bringen (indem man das dortige System um die Differentialgleichung $y^{0'} = f^0(y) \equiv 1$[1]), $y^0(a) = a$, erweitert). Da Verwechslungen ausgeschlossen sind, verstehen wir fernerhin unter y bzw. f bzw. k die N-komponentigen Vektoren $y = (y^1, \ldots, y^N)^{\mathsf{T}}$ bzw. $f(y) = \big(f^1(y), \ldots, f^N(y)\big)^{\mathsf{T}}$ bzw. $k(y, P, h) = \big(k^1(y, P, h), \ldots, k^N(y, P, h)\big)^{\mathsf{T}}$.

Zur Lösung von (4.2) verwenden wir das folgende Verfahren:

$$y_{k+1} = y_k + hk(y_k, P, h) \quad \text{mit} \quad k(y, P, h) = f(y) + \frac{h}{2} J(y, P)\, k(y, P, h) \tag{4.3}$$

und den Matrizen

$$J(y, P) = \left(\frac{\partial f^i}{\partial y^j}\big(y + \eta^i h f(y)\big)\right), \quad i = 1(1)N, \quad j = 1(1)N, \tag{4.4}$$

$$P = \operatorname{diag}(\eta^1, \ldots, \eta^N). \tag{4.5}$$

h sei so gewählt, daß $I - \frac{h}{2} J(y, P)$ nichtsingulär ist. Man kann dann $k(y, P, h)$ explizit angeben als

$$k(y, P, h) = \left(I - \frac{h}{2} J(y, P)\right)^{-1} f(y).$$

Zunächst soll analog zu Abschnitt 2 gezeigt werden, daß (4.3) für beliebige η^i die Konsistenzordnung 2 hat. Für die folgenden Taylorentwicklungen benutzen wir die Größen

$$\left.\begin{aligned} a(y) &= \big(a^i(y)\big) = \left(\sum_{j=0}^{N} \frac{\partial f^i(y)}{\partial y^j} f^j(y)\right), \\ b(y) &= \big(b^i(y)\big) = \left(\sum_{j=0}^{N} \sum_{k=0}^{N} \frac{\partial^2 f^i(y)}{\partial y^j \partial y^k} f^j(y)\, f^k(y)\right), \\ c(y) &= \big(c^i(y)\big) = \left(\sum_{j=0}^{N} \sum_{k=0}^{N} \frac{\partial f^i(y)}{\partial y^j} \frac{\partial f^j(y)}{\partial y^k} f^k(y)\right). \end{aligned}\right\} \tag{4.6}$$

Es ist dann

$$\frac{y^*(x+h) - y^*(x)}{h} = f\big(y^*(x)\big) + \frac{h}{2} a\big(y^*(x)\big) + \frac{h^2}{6}\left[b\big(y^*(x)\big) + c\big(y^*(x)\big)\right] + O(h^3) \tag{4.7}$$

und

$$k\big(y^*(x), P, h\big) = f\big(y^*(x)\big) + \frac{h}{2} a\big(y^*(x)\big) + h^2\left[\frac{1}{2} Pb\big(y^*(x)\big) + \frac{1}{4} c\big(y^*(x)\big)\right] + O(h^3). \tag{4.8}$$

---

[1]) $f^0 \equiv 1$ ist die einzige Komponente von f, die (4.1) nicht erfüllen muß.

Aus (4.7) und (4.8) folgt, daß (2.4) mit $p = 2$ für beliebige η^i gilt. Unter der Voraussetzung, daß $I - \frac{h}{2} J(y, P)$ nichtsingulär ist und $k(y, P, h)$ aus (4.3) bezüglich der ersten Variablen einer Lipschitzbedingung genügt, hat also das Verfahren (4.3) mit beliebigen festen η^i die Konvergenzordnung 2.

Für den Fehler $\varepsilon_k = y^*(x_k) - y_k$ von (4.3) erhält man mit (4.7) und (4.8) unter Beachtung von $\varepsilon_k = O(h^2)$ die Darstellung $\left(J(y) := \left(\frac{\partial f^i(y)}{\partial y^j}\right)\right)$

$$\varepsilon_{k+1} = [I + hJ(y_k)]\,\varepsilon_k + h^3\left[\frac{1}{6}\,b(y_k) - \frac{1}{12}\,c(y_k)\right] - \frac{h^3}{2}\,Pb(y_k) + O(h^4). \tag{4.9}$$

Durch geeignete Wahl der Elemente von P läßt sich die Konvergenzordnung des Verfahrens (4.3) auf 3 erhöhen. Das besagt der folgende

Satz 2. *Das Verfahren*

$$y_{k+1} = y_k + hk(y_k, P_k, h), \quad y_0 = y(a) \tag{4.10}$$

mit

$$k(y_k, P_k, h) = \left(I - \frac{h}{2}\,J(y_k, P_k)\right)^{-1} f(y_k), \quad k = 0(1)n - 1,$$

h so, daß $I - \frac{h}{2}\,J(y_k, P_k)$ nichtsingulär,

$$J(y_k, P_k) = \left(\frac{\partial f^i}{\partial y^j}\left(y_k + \eta_k{}^i h f(y_k)\right)\right), \quad P_k = \operatorname{diag}\left(\eta_k{}^1, \ldots, \eta_k{}^N\right),$$

$$\eta_k{}^i = \frac{1}{2} - \frac{1}{3}\,\eta_{k-1}^i\,\frac{A_{k-1}^i}{C_{k-1}^i}, \quad i = 1(1)N, \quad k = 2(1)n - 1,$$

$$\eta_0{}^i, \eta_1{}^i \quad \textit{beliebig}, \quad \eta_1{}^i \neq 0,$$

$$A_{k-1}^i = f_k{}^i - 2f_{k-1}^i + f_{k-2}^i,$$

$$C_{k-1}^i = 2h \sum_{j=0}^{N} \frac{\partial f_{k-1}^i}{\partial y^j}\, f_{k-1}^j - f_k{}^i + f_{k-2}^i$$

hat die Konvergenzordnung 3.

Der Beweis dieses Satzes kann komponentenweise geführt werden und ist dann dem von Satz 1 völlig analog; man hat nur die dortigen Größen ε_k, η_k, A_{k-1}, C_{k-1}, $[f_y]_k\,\varepsilon_k$, $[D^2f]_k$, $[f_yDf]_k$ durch $\varepsilon_k{}^i$, $\eta_k{}^i$, A_{k-1}^i, C_{k-1}^i, $\sum_{j=1}^{N} \frac{\partial f_k{}^i}{\partial y^j}\,\varepsilon_k{}^i$, $b^i(y_k)$, $c^i(y_k)$ zu ersetzen. In den Abschätzungen (2.16) u. f. sind die Beträge durch Normen zu ersetzen.

Die Bemerkung zur Rechnung mit variabler Schrittweite gilt wörtlich auch für (4.10).

Literatur

[1] Grigorieff, R. D., Numerik gewöhnlicher Differentialgleichungen, Band 1, B. G. Teubner, Stuttgart 1972.
[2] Henrici, P., Discrete Variable Methods in Ordinary Differential Equations, J. Wiley & Sons, Inc., New York 1962.
[3] van der Houwen, P. J., Explicit and semi-implicit Runge-Kutta formulas for the integration of stiff equations, Afdeling Toegepaste Wiskunde TW 132/72, 1972.
[4] Lambert, J. D., Computational Methods in Ordinary Differential Equations, J. Wiley & Sons, Inc., London—New York 1973.
[5] Lapidus, L., and J. H. Seinfeld, Numerical Solution of Ordinary Differential Equations, Academic Press, New York—London 1971.
[6] Rosenbrock, H. H., Some general implicit processes for the numerical solution of differential equations, Comput. J. **5** (1963), 329—330.

Manuskripteingang: 24. 1. 1975

VERFASSER:
Dr. rer. nat. Siegfried Scholz, Dipl.-Math. Klaus Bräuer und
Dipl.-Math. Stefan Thomas, Sektion Mathematik der Technischen Universität Dresden

Beiträge zur Numerischen Mathematik
5 (1976), 201–206

Ein neues Prinzip zur Konstruktion implementierbarer, global konvergenter Einbettungsalgorithmen (Testbeispiele)

Hubert Schwetlick

6. Numerische Beispiele

Zur Illustration des Verhaltens der in [1] angegebenen Einbettungsverfahren sollen einige Testbeispiele angegeben werden, die sämtliche nach dem zusammengesetzten Einbettungsalgorithmus 5.2 unter Verwendung der defektreduzierenden Standardeinbettung

$$\mathscr{H}(x, t, w) = F(x) - (1 - t)\, F(w) \tag{6.1}$$

gerechnet worden sind. Dabei wurden folgende Zuwachsfunktionen verwendet:

Variante $PR = 0$: m Newton-Schritte zur Lösung der Gleichung

$$H(y, t + \tau) - H(x, t) = 0$$

mit x als Startwert, d. h.

$$v^0 := x, \tag{6.2}$$

$$v^{i+1} := v^i - \partial_1 H(v^i, t + \tau)^{-1} [H(v^i, t + \tau) - H(x, t)], \quad i = 0, \ldots, m - 1, \tag{6.3}$$

$$y := v^m. \tag{6.4}$$

Variante $PR = 1$: Wie Variante $PR = 0$, jedoch wird v^0 aus x durch das Euler-Cauchy-Verfahren als Predictor bestimmt, d. h., es wird

$$v^0 := x - \tau \partial_1 H(x, t)^{-1}\, \partial_2 H(x, t) \tag{6.5}$$

verwendet; (6.3) und (6.4) werden unverändert übernommen.

In beiden Varianten wurde bereits das erste v^i ($i = 0, \ldots, m$), das die Ungleichung

$$\|H(v^i, t + \tau)\| \leqq \|H(x, t)\| + \varepsilon\tau$$

des hinreichend schwachen Anstiegs erfüllte, als neue Näherung y an der Stelle $t + \tau$ akzeptiert. Offensichtlich gelten auch für diese Modifikation die Aussagen der Sätze 3.4 und 5.3.

Die benötigten Ableitungen $\partial_1 H(x, t)$ wurden durch den Differenzenausdruck

$$\partial_1 H(x, t) \approx \delta F(x, h)$$

mit

$$\delta F(x,h) = \left[\frac{F(x) - F(x - he^1)}{h}, \ldots, \frac{F(x) - F(x - he^n)}{h}\right]$$

ersetzt, wobei stets die Diskretisierungsschritte $h = (\|x\| + 10^{-3}) * 10^{-5}$ verwendet worden ist (relative Maschinengenauigkeit $= 10^{-12}$).

In allen Beispielen wurde der Abbruchtest $\|F(x)\| \leqq 10^{-10}$ bereits im ersten Nachiterationszyklus angesprochen, so daß Schritt 4 aus Algorithmus 5.2 nie durchlaufen werden mußte.

Es wurden folgende Testfunktionen verwendet:

6.1. Funktion nach Rosenbrock ($n = 2$):

$$F(x) := \begin{bmatrix} 10(x_2 - x_1^2) \\ 1 - x_1 \end{bmatrix}, \quad x^0 := \begin{bmatrix} -1,2 \\ 1 \end{bmatrix}, \quad x^* = \begin{bmatrix} 1 \\ 1 \end{bmatrix}.$$

6.2. Transzendente Gleichungen nach Deist und Sefor ($n = 6$):

$$F(x) := \big(F_i(x)\big)^{\mathsf{T}}, \quad x := (x_i),$$

$$F_i(x) := \sum_{\substack{j=1 \\ j \neq i}}^{6} \cot \beta_i x_j \quad (i = 1, \ldots, 6)$$

mit

$$(\beta_1, \ldots, \beta_6) = 10^{-2}(2{,}249;\ 2{,}166;\ 2{,}083;\ 2{,}000;\ 1{,}918;\ 1{,}835)$$

und

$$x^0 = (75, \ldots, 75)^{\mathsf{T}}.$$

In den Tabellen sind für die Einbettungszyklen die Größen k, t_k, $\|F^k\| := \|F(x^k)\|$ und $\|\delta^k\| := \|x^k - x^{k-1}\|$ angegeben, außerdem wurden als Protokoll des jeweiligen Einbettungsschrittes zusätzlich aufgenommen:

FZ $=$ Anzahl der bis zum jeweiligen Stadium insgesamt erfolgten Aufrufe von F,

$\tau_{k-1} =$ jeweiliger τ-Wert

i $=$ Nummer des beim jeweiligen τ-Niveaus berechneten v^i ($i = 0$ kennzeichnet im Fall $PR = 1$ den Predictorwert, $i = 1$ den ersten Newton-Schritt gemäß (6.3) usw.),

$\|H^{k,i}\| = \|H(v^i, t_k)\|$, v^i wie oben,

$Q^{k,i} := (\|H(v^i, t_k)\| - \|H(x^{k-1}, t_{k-1})\|)/\tau_{k-1}$ (entsprechend (6.6) wird v^i als Näherung x^k akzeptiert, falls $Q^{k,i} \leqq \varepsilon$ gilt).

Für den Nachiterationszyklus sind j, $\|F^j\| := \|F(x^j)\|$, $\|\delta^j\| := \|x^j - x^{j-1}\|$, FZ und $R^j := \|F^j\|/\|F^{j-1}\|$ angegeben worden; im Fall $R^j \leqq \mu$ wird x^j akzeptiert und der nächste Nachiterationsschritt ausgeführt. In allen Beispielen wurden $\alpha = 0{,}5$, $\mu = 0{,}9$ und $m = 5$ verwendet; $\tilde{\tau}_{k+1}$ wurde gemäß $\tilde{\tau}_{k+1} := \min\{\tau_k/\alpha,\ 1 - t_{k+1}\}$ berechnet (vgl. (3.4)).

Tabelle 1. Beispiel 6.1 ($PR = 1$, $\bar{\tau}_0 = 0{,}1$, $\varepsilon_1 = 10^{-6}$)

1. Einbettungszyklus								
k	t_k	$\|F^k\|$	$\|\delta^k\|$	FZ	τ_{k-1}	i	$\|H^{k,i}\|$	$Q^{k,i}$
0	0,0	4,92 + 00		1				
				4	0,1	0	4,84 − 01	4,84 + 00
1	0,1	4,43 + 00	4,88 − 01	7	0,1	1	3,38 − 09	3,38 − 08
				10	0,2	0	1,94 + 00	9,68 + 00
2	0,3	3,44 + 00	7,29 − 01	13	0,2	1	1,32 − 08	4,91 − 08
				16	0,4	0	7,74 + 00	1,94 + 01
				19	0,4	1	7,16 − 07	1,76 − 06
3	0,7	1,48 + 00	8,80 − 01	22	0,4	2	1,32 − 08	9,09 − 12
				25	0,3	0	4,36 + 00	1,45 + 01
4	1,0	3,93 − 08	1,21 + 00	28	0,3	1	3,93 − 08	8,68 − 08

1. Nachiterationszyklus				
j	$\|F^j\|$	$\|\delta^j\|$	FZ	R^j
0	3,93 − 08		28	
1	9,09 − 12	3,93 − 09	31	2,32 − 04

Tabelle 2. Beispiel 6.1 ($PR = 1$, $\bar{\tau}_0 = 0{,}4$, $\varepsilon_1 = 10^{-2}$)

1. Einbettungszyklus								
k	t_k	$\|F^k\|$	$\|\delta^k\|$	FZ	τ_{k-1}	i	$\|H^{k,i}\|$	$Q^{k,i}$
0	0,0	4,92 + 00		1				
				4	0,4	0	7,74 + 00	1,94 + 01
1	0,4	2,95 + 00	1,46 + 00	7	0,4	1	5,98 − 07	1,49 − 06
				10	0,6	0	1,74 + 01	2,90 + 01
2	1,0	1,22 − 06	1,76 + 00	13	0,6	1	1,22 − 06	1,04 − 06

1. Nachiterationszyklus				
j	$\|F^j\|$	$\|\delta^j\|$	FZ	R^j
0	1,22 − 06		13	
1	0,00 + 00	1,22 − 07	16	0,00 + 00

Tabelle 3. Beispiel 6.2 ($PR = 0$, $\bar{\tau}_0 = 0{,}1$, $\varepsilon_1 = 10^{-6}$)

1. Einbettungszyklus								
k	t_k	$\|F^k\|$	$\|\delta^k\|$	FZ	τ_{k-1}	i	$\|H^{k,i}\|$	$Q^{k,i}$
0	0,0	1,40 + 00		1				
				8	0,1	1	3,28 − 03	3,28 − 02
				15	0,1	2	1,84 − 06	1,84 − 05
1	0,1	1,26 + 00	6,67 + 00	22	0,1	3	1,38 − 11	1,38 − 10
				29	0,2	1	1,14 − 02	5,71 − 02
				36	0,2	2	2,48 − 05	1,24 − 04

Tabelle 3 (Fortsetzung)

2	0,3	9,79 − 01	1,42 + 01	43	0,2	3	8,11 − 10	3,99 − 09
				50	0,4	1	5,41 − 02	1,35 − 01
				57	0,4	2	1,43 − 03	3,57 − 03
				64	0,4	3	9,02 − 07	2,25 − 06
3	0,7	4,20 − 01	3,16 + 01	71	0,4	4	8,01 − 10	5,02 − 12
				78	0,3	1	1,05 − 01	3,49 − 01
				85	0,3	2	1,92 − 02	6,40 − 02
				92	0,3	3	2,14 − 03	7,13 − 03
				99	0,3	4	8,17 − 05	2,72 − 04
				106	0,3	5	3,25 − 07	1,08 − 06
				113	0,15	1	1,95 − 02	1,30 − 01
				120	0,15	2	2,42 − 04	1,61 − 03
4	0,85	2,10 − 01	1,38 + 01	127	0,15	3	7,64 − 08	5,04 − 07
				134	0,15	1	4,88 − 02	3,25 − 01
				141	0,15	2	7,76 − 03	5,17 − 02
				148	0,15	3	7,80 − 04	5,20 − 03
				155	0,15	4	1,55 − 05	1,03 − 04
5	1,0	1,11 − 07	2,14 + 01	162	0,15	5	1,11 − 07	2,28 − 07

1. Nachiterationszyklus

j	$\|\|F^j\|\|$	$\|\|\delta^j\|\|$	FZ	R^j
0	1,11 − 07		162	
1	4,36 − 11	6,80 − 06	169	3,94 − 04

Tabelle 4. Beispiel 6.2 ($PR = 1$, $\bar{\tau}_0 = 0{,}1$, $\varepsilon_1 = 10^{-6}$)

1. Einbettungszyklus

k	t_k	$\|\|F^k\|\|$	$\|\|\delta^k\|\|$	FZ	τ_{k-1}	i	$\|\|H^{k,i}\|\|$	$Q^{k,i}$
0	0,0	1,40 + 00		1				
				8	0,1	0	3,28 − 03	3,28 − 02
				15	0,1	1	1,84 − 06	1,84 − 05
1	0,1	1,26 + 00	6,67 + 00	22	0,1	2	9,88 − 12	9,88 − 11
				29	0,2	0	1,14 − 02	5,71 − 02
				36	0,2	1	2,48 − 05	1,24 − 04
2	0,3	9,79 − 01	1,42 − 01	43	0,2	2	8,21 − 10	4,06 − 09
				50	0,4	0	5,41 − 02	1,35 − 01
				57	0,4	1	1,43 − 03	3,57 − 03
				64	0,4	2	9,02 − 07	2,25 − 06
3	0,7	4,20 − 01	3,16 + 01	71	0,4	3	8,02 − 10	4,71 − 11
				78	0,3	0	1,05 − 01	3,49 − 01
				85	0,3	1	1,92 − 02	6,40 − 02
				92	0,3	2	2,14 − 03	7,13 − 03
				99	0,3	3	8,17 − 05	2,72 − 04
				106	0,3	4	3,25 − 07	1,08 − 06
4	1,0	1,26 − 09	3,51 + 01	113	0,3	5	1,26 − 09	1,53 − 09

1. Nachiterationszyklus

j	$\|\|F^j\|\|$	$\|\|\delta^j\|\|$	FZ	R^j
0	1,26 − 09		113	
1	2,31 − 11	5,15 − 08	120	1,83 − 02

Tabelle 5. Beispiel 6.2 ($PR = 1$, $\bar{\tau}_0 = 0{,}1$, $\varepsilon_1 = 10^{-4}$)

1. Einbettungszyklus

k	t_k	$\|F^k\|$	$\|\delta^k\|$	FZ	τ_{k-1}	i	$\|H^{k,i}\|$	$Q^{k,i}$
0	0,0	1,40 + 00		1				
				8	0,1	0	3,28 − 03	3,28 − 02
1	0,1	1,26 + 00	6,67 + 00	15	0,1	1	1,84 − 06	1,84 − 05
				22	0,2	0	1,14 − 02	5,71 − 02
				29	0,2	1	2,65 − 05	1,23 − 04
2	0,3	9,79 + 00	1,42 + 01	36	0,2	2	1,84 − 06	4,81 − 10
				43	0,4	0	5,41 − 02	1,35 − 01
				50	0,4	1	1,43 − 03	3,57 − 03
3	0,7	4,20 − 01	3,16 + 01	57	0,4	2	2,07 − 06	5,58 − 07
				64	0,3	0	1,05 − 01	3,49 − 01
				71	0,3	1	1,92 − 02	6,40 − 02
				78	0,3	2	2,14 − 03	7,13 − 03
				85	0,3	3	8,32 − 05	2,70 − 04
4	1,0	2,28 − 06	3,51 + 01	92	0,3	4	2,28 − 06	6,91 − 07

1. Nachiterationszyklus

j	$\|F^j\|$	$\|\delta^j\|$	FZ	R^j
0	2,28 − 06		92	
1	6,48 − 09	6,15 − 04	99	2,85 − 03
2	3,51 − 11	3,32 − 07	106	5,41 − 03

Tabelle 6. Beispiel 6.2 ($PR = 1$, $\bar{\tau}_0 = 0{,}1$, $\varepsilon_1 = 10^{-2}$)

1. Einbettungszyklus

k	t_k	$\|F^k\|$	$\|\delta^k\|$	FZ	τ_{k-1}	i	$\|H^{k,i}\|$	$Q^{k,i}$
0	0,0	1,40 + 00		1				
				8	0,1	0	3,28 − 03	3,28 − 02
1	0,1	1,26 + 00	6,67 + 00	15	0,1	1	1,84 − 06	1,84 − 05
				22	0,2	0	1,14 − 02	5,71 − 02
2	0,3	9,79 + 00	1,42 + 01	29	0,2	1	2,65 − 05	1,23 − 04
				36	0,4	0	5,41 − 02	1,35 − 01
3	0,7	4,20 + 00	3,15 + 01	43	0,4	1	1,45 − 03	3,55 − 03
				50	0,3	0	1,04 − 01	3,42 − 01
				57	0,3	1	2,04 − 02	6,31 − 02
4	1,0	2,57 − 03	3,46 + 01	64	0,3	2	2,57 − 03	3,74 − 03

1. Nachiterationszyklus

j	$\|F^j\|$	$\|\delta^j\|$	FZ	R^j
0	2,57 − 03		64	
1	1,30 − 04	5,47 − 01	71	5,07 − 02
2	6,95 − 07	3,15 − 02	78	5,34 − 03
3	1,25 − 09	1,21 − 04	85	1,79 − 03
4	5,57 − 11	6,20 − 08	92	4,47 − 02

Aus den angeführten Beispielen ist zu entnehmen:

1. Größere Werte von $\varepsilon = \varepsilon_1$ führen zu einer geringeren Anzahl von Einbettungsschritten und Funktionswerten.

2. Ein Predictor nach Euler-Cauchy hat etwa denselben Einfluß wie ein Newton-Schritt zur Lösung von $H(y, t + \tau) - H(x, t) = 0$ (vgl. Tab. 3 und 4). Der Unterschied im Aufwand in den Tabellen 3 und 4 ergibt sich lediglich dadurch, daß in Tabelle 3 im Schritt 4 die durchgeführten fünf Newton-Schritte nicht ausreichen, um die Bedingung (6.6) zu erfüllen; mit $m = 6$ würde sich derselbe Aufwand wie in Tabelle 4 ergeben.

3. Die benutzte Strategie ist insofern nicht günstig, als sie nach m Newton-Schritten auch bei erfolgreichem Verlauf der Corrector-Iteration (6.3) abbricht und zu einem kleineren τ-Wert übergeht (siehe wieder Schritt 4 in Tabelle 3). Ein fest vorgegebenes m scheint daher nicht günstig zu sein. Besser wären Strategien mit variablen, von k abhängigen Anzahlen m_k von Newton-Schritten in Abhängigkeit davon, wie „erfolgreich" die Iteration (6.3) in bezug auf das Kriterium (6.6) verläuft; dies könnte z. B. durch Betrachtung der Größe $Q^{k,i}$ geschehen. Als Ergebnis würde ein adaptiver Algorithmus entstehen, der sowohl τ_k als auch $m = m_k$ automatisch auswählt. Untersuchungen zu diesem Problemkreis sind im Gange und werden demnächst mitgeteilt werden.

Natürlich bedürfen Aussagen über die optimale Wahl der verfahrensspezifischen Parameter weiterer umfangreicher Testrechnungen, wobei auf Grund der Vielfalt der nichtlinearen Probleme kaum allgemeingültige Ergebnisse zu erwarten sind.

Literatur

[1] Schwetlick, H., Ein neues Prinzip zur Konstruktion implementierbarer, global konvergenter Einbettungsverfahren, Beitr. Numer. Math. 4 (1975), 215–228.

Manuskripteingang: 28. 1. 1975

VERFASSER:
Dr. rer. nat. Hubert Schwetlick, Sektion Mathematik der Technischen Universität Dresden

Beiträge zur Numerischen Mathematik
5 (1976), 207–218

Integrative Berechnung der Eigenschwingungen mehrfeldriger Balken

WALTER WALLISCH

Integrative Methoden zur Behandlung von *Randwertproblemen* bei gewöhnlichen Differentialgleichungen beruhen auf dem Prinzip, die Lösungen dieser Randwertprobleme in die Lösungsmannigfaltigkeiten ein- oder mehrparametriger Scharen reiner *Anfangswertprobleme* einzubetten. Wesentliche Bestandteile der zugehörigen Programme sind daher Standard-Prozeduren zur Integration von Anfangswertproblemen, so daß auch mit Vorteil Analog- bzw. Hybridrechner eingesetzt werden können (vgl. hierzu z. B. [1] und [2]).

Die im folgenden entwickelte Methode zur Behandlung der technisch bedeutsamen *Eigenschwingungsprobleme* bei mehrfeldrigen Balken kann als eine erweiterte Variante der sogenannten *Mehrzielmethode* (*multiple shooting method*) angesehen werden, wie sie z. B. in [3] zur Behandlung von *Zweipunkt*-Randwertproblemen beschrieben ist.

Die bei den Zweipunkt-Problemen künstlich eingeführte Segmentierung des Grundintervalls ist bei den genannten Balkenproblemen in natürlicher Weise durch die einzelnen *Felder* des Balkens gegeben. Auf die Möglichkeit bzw. Notwendigkeit, aus Gründen der numerischen Stabilität trotzdem noch zusätzliche, künstliche Teilintervalle innerhalb der Balkenfelder einzuführen, weisen wir nur hin, gehen aber im Rahmen dieser Arbeit nicht weiter darauf ein.

Die *Übergangsbedingungen* an den Feldgrenzen der Balken sind von allgemeinerer Natur als die bei den Zweipunkt-Problemen gestellten reinen Stetigkeitsforderungen. Außerdem können an den Feldgrenzen noch *Zwischenrandbedingungen* (*innere* Randbedingungen) vorgeschrieben sein.

Die von uns behandelte mathematische Aufgabe besteht in einem *Eigenwertproblem* für ein System linearer Differentialgleichungen (Abschnitt 1). Die Spezifik dieser Aufgabe bietet die Möglichkeit, mit Hilfe eines *trial-error*-Verfahrens (Abschnitt 3) hinreichend gute Näherungen für die Eigenlösungen als *Startnäherungen* für das anschließende Newton-Verfahren (Abschnitt 2) zu gewinnen.

Das genannte Eigenwertproblem wird gewöhnlich mit Hilfe sogenannter *Übertragungsverfahren* behandelt, wie sie von S. FALK, K. MARGUERRE, E. PESTEL und ihren Mitarbeitern begründet und von weiteren Autoren in zahlreichen Spezialfällen angewandt worden sind. Lehrbuchmäßige Darstellungen findet man u. a. in [4, 5, 6].

Der neuralgische Punkt der Übertragungsverfahren ist die Aufstellung der Feldmatrizen. Nur für Systeme mit konstanten Koeffizienten ist eine explizite Darstellung (durch Exponentialfunktionen) halbwegs einfach möglich und eine Katalogisierung für praktisch wichtige Probleme durchführbar. Für variable Koeffizienten sind verschiedene Varianten vorgeschlagen worden, die alle mehr oder weniger bereits in die Richtung einer integrativen Behandlung weisen.

Bei der Verwendung integrativer Methoden ist es naturgemäß ohne Belang, ob die Koeffizienten veränderlich sind oder nicht. Die Programme für verschiedene Anzahlen und Lagen der Feldgrenzen, verschiedene Stabtypen und Nebenbedingungen lassen sich weitgehend universell aufstellen, d. h., das Verfahren kommt einer möglichst vollautomatischen Behandlung der betreffenden Balkenprobleme sehr entgegen.

1. Das mathematische Modell des frei schwingenden mehrfeldrigen Balkens

Die freien Schwingungen eines $(N+1)$-feldrigen Balkens mit der (normierten) Länge 1, der sich längs des Intervalls [0, 1] seiner *Längskoordinate* s erstreckt, wird in den einzelnen *Feldern*

$$[s_i, s_{i+1}], \quad s_i < s_{i+1}, \quad i = 0(1)N, \quad s_0 = 0, \quad s_{N+1} = 1,$$

beschrieben durch ein System von vier linearen Differentialgleichungen erster Ordnung, das in Matrizenschreibweise die Gestalt

$$\boldsymbol{x}'(s; s_i) = \boldsymbol{A}_i(s; \lambda) \cdot \boldsymbol{x}(s; s_i), \quad s \in [s_i, s_{i+1}], \quad i = 0(1)N, \tag{1}$$

besitzt. Hierbei bedeutet der Strich die Ableitung nach der Längskoordinate s, und

$$\boldsymbol{x} := [x_1, x_2, x_3, x_4]^\mathsf{T}$$

ist der Vektor der *Zustandsgrößen*

x_1: *Auslenkung*, x_2: *Neigung der Biegelinie*,

x_3: *Biegemoment*, x_4: *Querkraft*.

Der *Eigenwert*parameter λ ist dem Quadrat der Eigenfrequenzen des Balkens proportional.

Die $\boldsymbol{A}_i(s; \lambda)$, $i = 0(1)N$, sind vierreihige quadratische Matrizen, deren Elemente in $[s_i, s_{i+1}]$ stetig sind und affin-linear von λ abhängen. Beispielsweise hat $\boldsymbol{A}_i$ bei einem inhomogenen Balken, der außerdem im i-ten Feld elastisch gebettet ist, die Gestalt

$$\boldsymbol{A}_i(s; \lambda) = \begin{bmatrix} 0 & 1 & 0 & 0 \\ 0 & 0 & \gamma_i(s) & 0 \\ 0 & 0 & 0 & 1 \\ \alpha_i(s) \cdot \lambda + \beta_i(s) & 0 & 0 & 0 \end{bmatrix}. \tag{*}$$

Die Differentialgleichungen (1) werden ergänzt durch je zwei homogene lineare *Anfangs-* bzw. *Endrandbedingungen* am linken bzw. rechten Stabende

$$\boldsymbol{a}(\lambda)\cdot\boldsymbol{x}(0;s_0)=0,\qquad \boldsymbol{b}(\lambda)\cdot\boldsymbol{x}(0;s_0)=0, \tag{2}$$

$$\boldsymbol{p}(\lambda)\cdot\boldsymbol{x}(1;s_N)=0,\qquad \boldsymbol{q}(\lambda)\cdot\boldsymbol{x}(1;s_N)=0 \tag{3}$$

sowie an gewissen Feldgrenzen

$$s_j=\sigma_k,\quad k=1(1)n,\quad j=j(k),$$

durch *Zwischenrandbedingungen*

$$\boldsymbol{r}_k(\lambda)\cdot\boldsymbol{x}(\sigma_k;s_{j-1})=0,\quad k=1(1)n. \tag{4}$$

Hierbei sind $\boldsymbol{a}(\lambda)$, $\boldsymbol{b}(\lambda)$, $\boldsymbol{p}(\lambda)$, $\boldsymbol{q}(\lambda)$, $\boldsymbol{r}(\lambda)$ vierreihige, in λ affin-lineare Zeilenvektoren.

Die links- bzw. rechtsseitigen Grenzwerte der Zustandsvektoren an den Feldgrenzen s_i sind durch *Übergangsbedingungen* miteinander verknüpft.

An denjenigen Feldgrenzen s_l, an denen keine Zwischenrandbedingungen gestellt sind, haben die Übergangsbedingungen die Gestalt

$$\boldsymbol{x}(s_l;s_l)=\boldsymbol{M}_l(\lambda)\cdot\boldsymbol{x}(s_l;s_{l-1}),\quad s_l\notin\{\sigma_1,\ldots,\sigma_n\}, \tag{5}$$

während an den Feldgrenzen $s_j=\sigma_k$ jeweils e i n e Komponente $x_\varkappa$, $\varkappa=\varkappa(k)$, einen Sprung von zunächst unbestimmter Größe c_k aufweist. An die Stelle von (5) treten daher Übergangsbedingungen der Gestalt

$$\boldsymbol{x}(\sigma_k;s_j)=\boldsymbol{M}_j(\lambda)\cdot\boldsymbol{x}(\sigma_k;s_{j-1})+c_k\boldsymbol{e}_k,\quad k=1(1)n. \tag{6}$$

Die $\boldsymbol{M}_i(\lambda)$, $i=0(1)N$, sind in λ affin-lineare vierreihige quadratische Matrizen.

Ist z. B. an der Stelle s_i eine Punkt- und Drehmasse angebracht und ist der Balken an dieser Stelle gegenüber vertikaler Auslenkung und Drehung des Balkenelements federnd gestützt, so hat $\boldsymbol{M}_i(\lambda)$ die Gestalt

$$\boldsymbol{M}_i(\lambda)=\begin{bmatrix}1&0&0&0\\0&1&0&0\\0&\mu_i\cdot\lambda+\delta_i&1&0\\m_i\cdot\lambda+d_i&0&0&1\end{bmatrix}.$$

Die Zeilen dieser Matrix stellen gleichzeitig Grundtypen der in den Randbedingungen (2), (3) und (4) auftretenden Zeilenvektoren $\boldsymbol{a}$, $\boldsymbol{b}$, $\boldsymbol{p}$, $\boldsymbol{q}$, $\boldsymbol{r}$ dar.

$\boldsymbol{e}_k$ ist ein vierreihiger Spaltenvektor, dessen Komponenten alle gleich Null sind bis auf diejenige mit dem Index $\varkappa=\varkappa(k)$. Diese Komponente hat den Wert 1.

Die Eigenlösungen des homogenen Differentialgleichungsproblems (1) bis (6) sind nur bis auf eine multiplikative Konstante bestimmt. Man muß daher, um Eindeutigkeit zu erreichen, eine *Normierung* festlegen. Dies kann z. B. durch die Forderung $\|\boldsymbol{x}(0;s_0)\|=1$ geschehen, wobei $\|\cdot\|$ eine Norm auf R^4 bedeutet. Für die praktische Rechnung ist es jedoch zweckmäßiger, einen der beiden Anfangswerte

$$x_\alpha(0;s_0),\quad x_\beta(0;s_0),\quad \alpha,\beta\in\{1,2,3,4\},\quad \alpha\neq\beta,$$

deren Größe nicht schon durch die beiden Anfangsrandbedingungen (2) festgelegt ist, (etwa) auf 1 zu normieren. Wir setzen daher für das Weitere

$$x_\alpha(0; s_0) = 1, \quad x_\beta(0; s_0) = c_0, \tag{7}$$

wobei α, β ein Indexpaar ist, das je nach Gestalt der Anfangsrandbedingungen (2) verschieden ausfällt. Die Normierung $(7)_1$ setzt selbstverständlich voraus, daß $x_\alpha(0; s_0)$ von Null verschieden ist. Dies ist oft aus technisch-physikalischen Gründen von vornherein klar. Andernfalls zeigt der Gang der Rechnung an, ob die Indizes α und β zu vertauschen sind.

c_0 ist ein zunächst freier Parameter, nach dessen Fixierung der Anfangswertvektor $\boldsymbol{x}(0; s_0)$ durch die Gleichungen (2) und (7) vollständig bestimmt ist.

2. Einbettung und Newton-Iteration

Zur integrativen Behandlung des Differentialgleichungsproblems (1) bis (7) denken wir uns seine Lösungen eingebettet in die $(n + 2)$-parametrige Lösungsschar des *verkürzten* Gleichungssystems (1), (2), (5), (6), (7). Dieses geht aus dem ursprünglichen durch Streichen der Zwischen- und Endrandbedingungen hervor. Scharparameter sind die $n + 2$ Größen $\lambda, c_0, \ldots, c_n$.

Zu jedem zahlenmäßig vorgegebenen System dieser Größen erhält man die Lösungen

$$\left.\begin{aligned} &\boldsymbol{x}(s; s_i; \lambda, \boldsymbol{c}), \quad s \in [s_i, s_{i+1}], \quad i = 0(1)N, \\ &\boldsymbol{c} := [c_0, \ldots, c_n]^{\mathsf{T}}, \end{aligned}\right\} \tag{8}$$

des verkürzten Problems durch feldweise Integration reiner Anfangswertprobleme.

Die Bestimmungsgleichungen der Parameterwerte λ, $\boldsymbol{c}$ folgen aus den Randbedingungen (3), (4) und sind von der Gestalt

$$F_\nu(\lambda, \boldsymbol{c}) = 0, \quad \nu = 1(1)n + 2, \tag{9}$$

mit

$$\left.\begin{aligned} &F_k(\lambda, \boldsymbol{c}) := \boldsymbol{r}_k(\lambda) \cdot \boldsymbol{x}(\sigma_k; s_{j-1}; \lambda, \boldsymbol{c}), \qquad k = 1(1)n, \\ &F_{n+1}(\lambda, \boldsymbol{c}) := \boldsymbol{p}(\lambda) \cdot \boldsymbol{x}(1; s_N; \lambda, \boldsymbol{c}), \\ &F_{n+2}(\lambda, \boldsymbol{c}) := \boldsymbol{q}(\lambda) \cdot \boldsymbol{x}(1; s_N; \lambda, \boldsymbol{c}). \end{aligned}\right\} \tag{10}$$

Auf Grund der Linearität der Gleichungen (1), (2), (5), (6), (7) und der vorausgesetzten Stetigkeit und Beschränktheit der Elemente von $\boldsymbol{A}_i(s; \lambda)$ sind die Lösungen (8) stetig differenzierbare Funktionen der Parameter $\lambda, c_0, \ldots, c_n$. Dieser Sachverhalt ergibt sich in leicht überschaubarer Weise durch Erweiterung des in [3] zitierten Satzes (7.1.8) auf mehrfeldrige Probleme. Wir können daher auf das Gleichungssystem (9) das Newton-Verfahren anwenden. Auf die Beschaffung eines Systems von Startwerten gehen wir in Abschnitt 3 ein.

Das Gleichungssystem zur Bestimmung der Newton-Korrekturen $\Delta\lambda$, $\Delta\boldsymbol{c}$ ist gegeben durch

$$(\partial F_\nu/\partial\lambda)\cdot\Delta\lambda+\sum_{k=0}^{n}(\partial F_\nu/\partial c_k)\cdot\Delta c_k=-F_\nu,\ \nu=1(1)n+2. \tag{11}$$

Setzen wir nun voraus, daß die Zwischenstellen $s_j=\sigma_k$, $k=1(1)n$, entsprechend ihrer Numerierung von links nach rechts aufeinanderfolgen ($\sigma_k<\sigma_{k+1}$), so hängt $\boldsymbol{x}(\sigma_k;\, s_{j-1};\, \lambda, \boldsymbol{c})$ effektiv gar nicht von den Parametern $c_k, c_{k+1}, \ldots, c_n$ ab, so daß (11) die Gestalt

$$\left.\begin{aligned}
&a_1\Delta\lambda+a_{10}\Delta c_0=-F_1,\\
&a_2\Delta\lambda+a_{20}\Delta c_0+a_{21}\Delta c_1=-F_2,\\
&\ldots\ldots\ldots\ldots\ldots\ldots\ldots\ldots\\
&a_{n+1}\Delta\lambda+a_{n+1,0}\Delta c_0+a_{n+1,1}\Delta c_1+\cdots+a_{n+1,n}\Delta c_n=-F_{n+1},\\
&a_{n+2}\Delta\lambda+a_{n+2,0}\Delta c_0+a_{n+2,1}\Delta c_1+\cdots+a_{n+2,n}\Delta c_n=-F_{n+2}
\end{aligned}\right\} \tag{12}$$

hat. Dieses Gleichungssystem läßt sich nach einem leicht modifizierten Algorithmus für gestaffelte Gleichungssysteme auflösen.

Das eigentliche Problem ist die Berechnung der Koeffizienten des Gleichungssystems (12). Unter den von uns getroffenen Voraussetzungen lassen sich diese Koeffizienten auf *integrativem* Wege, d. h. durch Integration gewisser Anfangswertprobleme, ermitteln.

Dazu führen wir ausgehend von den Funktionenvektoren (8) $n+2$ weitere Funktionenvektoren $\boldsymbol{z}, \boldsymbol{y}_l$ ein, die feldweise für $s\in[s_i, s_{i+1}]$ definiert sind durch

$$\left.\begin{aligned}
&\boldsymbol{z}(s;\, s_i;\, \lambda, \boldsymbol{c}):=\partial\boldsymbol{x}(s;\, s_i;\, \lambda, \boldsymbol{c})/\partial\lambda,\\
&\boldsymbol{y}_l(s;\, s_i;\, \lambda, \boldsymbol{c}):=\partial\boldsymbol{x}(s;\, s_i;\, \lambda, \boldsymbol{c})/\partial c_l,\\
&i=0(1)N,\quad l=0(1)n.
\end{aligned}\right\} \tag{13}$$

Mit Hilfe der Funktionenvektoren (8) und (13) lassen sich unter Verwendung von (10) und (11) die Koeffizienten von (12) in der Form

$$\left.\begin{aligned}
a_k\ &:=\boldsymbol{r}_k(\lambda)\cdot\boldsymbol{z}(\sigma_k;\, s_{j-1})+\boldsymbol{r}_k{}'(\lambda)\cdot\boldsymbol{x}(\sigma_k;\, s_{j-1}),\quad k=1(1)n,\\
a_{n+1}\ &:=\boldsymbol{p}(\lambda)\cdot\boldsymbol{z}(1;\, s_N)+\boldsymbol{p}'(\lambda)\cdot\boldsymbol{x}(1;\, s_N),\\
a_{n+2}\ &:=\boldsymbol{q}(\lambda)\cdot\boldsymbol{z}(1;\, s_N)+\boldsymbol{q}'(\lambda)\cdot\boldsymbol{x}(1;\, s_N),\\
a_{kl}\ &:=\boldsymbol{r}_k(\lambda)\cdot\boldsymbol{y}_l(\sigma_k;\, s_{j-1}),\quad l=0(1)k-1,\quad k=1(1)n,\\
a_{n+1,l}\ &:=\boldsymbol{p}(\lambda)\cdot\boldsymbol{y}_l(1;\, s_N),\quad l=0(1)n,\\
a_{n+2,l}\ &:=\boldsymbol{q}(\lambda)\cdot\boldsymbol{y}_l(1;\, s_N),\quad l=0(1)n,
\end{aligned}\right\} \tag{14}$$

schreiben. Um die Übersichtlichkeit zu erhöhen, sind die Argumente λ, $\boldsymbol{c}$ bei den Funktionenvektoren weggelassen worden. Die rechten Seiten ($-F_\nu$) von (12) sind durch (10) erklärt.

Ebenso wie $\boldsymbol{x}$ selbst, lassen sich auch $\boldsymbol{z}$ und $\boldsymbol{y}_l$ als Lösungen von Anfangswertproblemen berechnen. Diese erhält man dadurch, daß man die Bestimmungsgleichungen (1), (2), (5), (6), (7) von $\boldsymbol{x}(s; s_i; \lambda, \mathbf{c})$ als Identitäten in $\lambda, c_0, c_1, \ldots, c_n$ auffaßt und sie formal nach diesen Parametern differenziert. Die Rechtfertigung dieses Vorgehens ergibt sich für Zweipunkt-Randwertprobleme aus dem in [3] erwähnten Satz (7.1.8), der auch bei Hinzunahme von Übergangsbedingungen der Gestalt (5) bzw. (6) seine Gültigkeit behält.

Insgesamt hat man zur Ermittlung der in (10) und (13) benötigten Funktionswerte die folgenden Anfangswertprobleme zu integrieren:

$$\left.\begin{aligned}
&s \in [s_0, s_1]: \\
&\boldsymbol{x}' = \boldsymbol{A}_0 \cdot \boldsymbol{x}, \\
&\boldsymbol{a} \cdot \boldsymbol{x}(0) = 0, \quad \boldsymbol{b} \cdot \boldsymbol{x}(0) = 0, \quad x_\alpha(0) = 1, \quad x_\beta(0) = c_0, \\
&\boldsymbol{z}' = \boldsymbol{A}_0 \cdot \boldsymbol{z} + \boldsymbol{A}'_{0\lambda} \cdot \boldsymbol{x}, \\
&\boldsymbol{a} \cdot \boldsymbol{z}(0) = -\boldsymbol{a}_\lambda{}' \cdot \boldsymbol{x}(0), \quad z_\alpha(0) = 0, \\
&\boldsymbol{b} \cdot \boldsymbol{z}(0) = -\boldsymbol{b}_\lambda{}' \cdot \boldsymbol{x}(0), \quad z_\beta(0) = 0;
\end{aligned}\right\} \tag{15}$$

$$\left.\begin{aligned}
&s \in [s_i, s_{i+1}], \quad i = 1(1)N: \\
&\boldsymbol{x}' = \boldsymbol{A}_i \cdot \boldsymbol{x}, \\
&\boldsymbol{x}(s_i) = \boldsymbol{M}_i \cdot \boldsymbol{x}(s_i; s_{i-1}) \quad \text{für} \quad s_i \notin \{\sigma_1, \ldots, \sigma_n\}, \\
&\boldsymbol{x}(s_i) = \boldsymbol{M}_i \cdot \boldsymbol{x}(s_i; s_{i-1}) + c_k \boldsymbol{e}_k \quad \text{für } s_i = \sigma_k, \\
&\boldsymbol{z}' = \boldsymbol{A}_i \cdot \boldsymbol{z} + \boldsymbol{A}'_{i\lambda} \cdot \boldsymbol{x}, \\
&\boldsymbol{z}(s_i) = \boldsymbol{M}_i \cdot \boldsymbol{z}(s_i; s_{i-1}) + \boldsymbol{M}'_{i\lambda} \cdot \boldsymbol{x}(s_i; s_{i-1});
\end{aligned}\right\} \tag{16}$$

$$\left.\begin{aligned}
&s \in [s_0, s_1]: \\
&\boldsymbol{y}_0{}' = \boldsymbol{A}_0 \cdot \boldsymbol{y}_0, \\
&\boldsymbol{a} \cdot \boldsymbol{y}_0(0) = 0, \quad \boldsymbol{b} \cdot \boldsymbol{y}_0(0) = 0, \quad y_{0\alpha}(0) = 0, \quad y_{0\beta}(0) = 1; \\
&s \in [s_i, s_{i+1}], \quad i = 1(1)N: \\
&\boldsymbol{y}_0{}' = \boldsymbol{A}_i \cdot \boldsymbol{y}_0, \quad \boldsymbol{y}_0(s_i) = \boldsymbol{M}_i \cdot \boldsymbol{y}_0(s_i; s_{i-1});
\end{aligned}\right\} \tag{17}$$

$$\left.\begin{aligned}
&s \in [s_i, s_{i+1}], \quad i = k(1)N, \quad k = 1(1)n: \\
&\boldsymbol{y}_k{}' = \boldsymbol{A}_i \cdot \boldsymbol{y}_k, \\
&\boldsymbol{y}_k(s_i) = \boldsymbol{M}_i \cdot \boldsymbol{y}_k(s_i; s_{i-1}) + \boldsymbol{e}_k \quad \text{für } s_i = \sigma_k, \\
&\boldsymbol{y}_k(s_i) = \boldsymbol{M}_i \cdot \boldsymbol{y}_k(s_i; s_{i-1}) \quad \text{für } s_i > \sigma_k.
\end{aligned}\right\} \tag{18}$$

3. Trial-error-Verfahren zur Berechnung einer Startnäherung

Das Eigenwertproblem (1) bis (7) besitzt unendlich viele Lösungen, die den theoretisch möglichen Eigenschwingungen des Balkens entsprechen. Von technischer Bedeutung sind in den meisten Fällen allerdings nur die Grundschwingung und einige wenige darauffolgende Oberschwingungen. Um diese mit Hilfe unseres Verfahrens zu berechnen, ist es notwendig, daß man hinreichend gute Näherungswerte $\lambda^{(0)}$, $\boldsymbol{c}^{(0)}$ ermittelt, von denen aus das Newton-Verfahren zur gewünschten Eigenschwingung hin konvergiert.

In einfachen Fällen (wie etwa bei den Beispielen des nächsten Abschnitts) kann man bereits mit Hilfe technisch-physikalischer Überlegungen brauchbare Startnäherungen erhalten. Es läßt sich aber auch stets — wie im folgenden gezeigt werden soll — eine derartige Startnäherung durch ein trial-error-Verfahren in der Form eines Restgrößenverfahrens ermitteln.

Zu diesem Zweck sehen wir die linke Seite einer der beiden Endrandbedingungen (3), z. B.

$$R(\lambda, \boldsymbol{c}) := \boldsymbol{q}(\lambda) \cdot \boldsymbol{x}(1; s_N; \lambda, \boldsymbol{c}),$$

als Restgröße (Defekt) an.

Zu einem vorgegebenen λ-Wert bestimmen wir nun den Parametervektor $\boldsymbol{c} = \boldsymbol{c}(\lambda)$ derart, daß alle Forderungen (1) bis (7), ausgenommen $(3)_2$, erfüllt sind. Dies geschieht durch Auflösen des linearen Gleichungssystems (12), in dem die letzte Gleichung zu streichen und $\Delta\lambda = 0$ zu setzen ist. Wir bezeichnen das resultierende Gleichungssystem $(n + 1)$-ter Ordnung mit (12)'. Es hat die Gestalt eines gestaffelten Systems und ist daher bequem auflösbar. Es braucht zur Berechnung von $\boldsymbol{c}(\lambda)$ nur einmal gelöst zu werden, da das Gleichungssystem (9) linear bezüglich der Parameter $c_0, \ldots, c_n$ ist und seine Lösung $\boldsymbol{c}(\lambda)$ daher durch einen einzigen Newton-Schritt ermittelt werden kann. Verwendet man als Startvektor $\boldsymbol{c}^{(0)}$ den Nullvektor, so ist $\Delta\boldsymbol{c}$ mit $\boldsymbol{c}(\lambda)$ identisch.

Für höhere Eigenschwingungen macht sich in numerischer Hinsicht störend bemerkbar, daß sowohl die Extremwertbeträge der Restgröße als auch die Abstände aufeinanderfolgender Eigenwerte proportional zu gewissen Potenzen von λ anwachsen. Dies kann durch eine einfache Transformation der Gestalt

$$x_i := \mu^{1-i} x_i, \quad i = 1(1)4, \quad \text{mit} \quad \mu := \sqrt[4]{\lambda}$$

vermieden werden.

Ein Beispiel für den gleichmäßigen Verlauf einer sachgemäß skalierten Restgröße zeigt Abb. 1. Es handelt sich um die für ganzzahlige μ-Werte berechnete und dann linear interpolierte Kurve der Restgröße $\bar{x}_3(1; \mu) = \bar{x}_3(1; s_1; \mu)$ für den im nächsten Abschnitt behandelten zweifeldrigen Balken.

4. Zwei Beispiele

Die folgenden zwei sehr einfachen Beispiele sollen einen Eindruck vom Ablauf und von der Wirksamkeit unseres Verfahrens vermitteln.

Zunächst betrachten wir einen homogenen zweifeldrigen Balken ($N = 2$), der an den Balkenenden $s_0 = 0$, $s_2 = 1$ und an der Zwischenstelle $s_1 = \sigma_1 = 0{,}4$ einfach gestützt ist (Abb. 2).

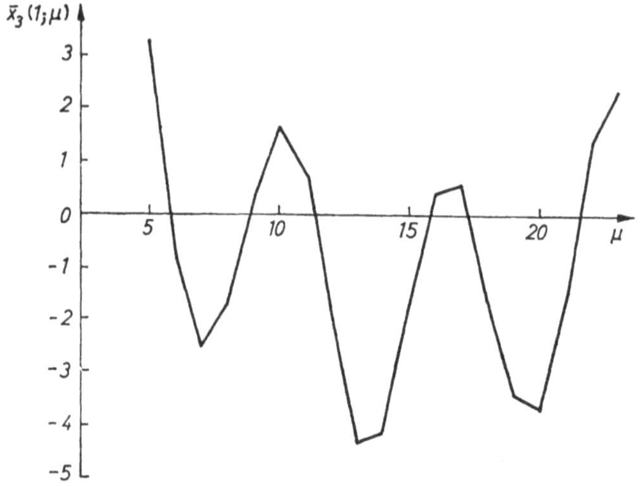

Abb. 1. Restgrößenkurve

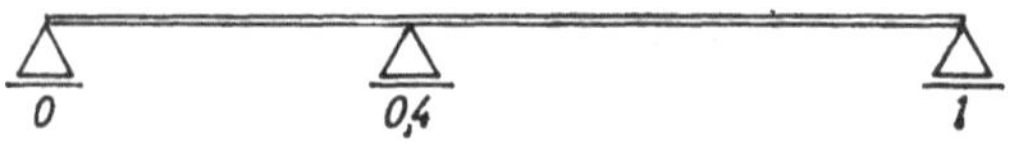

Abb. 2. Zweifeldriger Balken

Anfangsrandbedingungen: $x_1(0; s_0) = 0, \quad x_3(0; s_0) = 0,$
Zwischenrandbedingung: $x_1(0,4; s_0) = 0,$
Endrandbedingungen: $x_1(1; s_1) = 0, \quad x_3(1; s_1) = 0.$

An der Zwischenstelle s_1 gehen die Zustandsgrößen x_1, x_2, x_3 stetig in das anschließende Feld über:

$$x_i(0{,}4; s_1) = x_i(0{,}4; s_0), \quad i = 1, 2, 3,$$

während die Querkraft x_4 einen Sprung aufweist:

$$x_4(0{,}4; s_1) = x_4(0{,}4; s_0) + c_1 .$$

Die Matrizen $\boldsymbol{A}_0(s; \lambda)$, $\boldsymbol{A}_1(s; \lambda)$ sind durch (*), Abschnitt 1, gegeben mit $\alpha_i(s) = 1$, $\beta_i(s) = 0$, $\gamma_i = 1$, $i = 1, 2$.

Ergänzt man die Anfangsrandbedingungen durch

$$x_2(0; s_0) = 1, \quad x_4(0; s_0) = c_0,$$

so hat man die folgenden Anfangswertprobleme zu integrieren:

$$\left.\begin{array}{ll} s \in [0; 0{,}4]: & \\ \boldsymbol{x}' = \boldsymbol{A} \cdot \boldsymbol{x}, & \boldsymbol{x}(0) = [0, 1, 0, c_0]^{\mathsf{T}}, \\ \boldsymbol{z}' = \boldsymbol{A} \cdot \boldsymbol{z} + \boldsymbol{A}_\lambda' \cdot \boldsymbol{x}, & \boldsymbol{z}(0) = [0, 0, 0, 0]^{\mathsf{T}} \end{array}\right\} \text{ nach (15);}$$

$$\left.\begin{aligned} & s \in [0{,}4;\,1]: \\ & \hat{\boldsymbol{x}}' = \boldsymbol{A} \cdot \hat{\boldsymbol{x}}, \qquad \hat{\boldsymbol{x}}(0,4) = \boldsymbol{x}(0,4) + [0, 0, 0, c_1]^{\mathsf{T}}, \\ & \hat{\boldsymbol{z}}' = \boldsymbol{A} \cdot \hat{\boldsymbol{z}} + \boldsymbol{A}_\lambda' \cdot \hat{\boldsymbol{x}}, \quad \hat{\boldsymbol{z}}(0,4) = \boldsymbol{z}(0,4) \end{aligned}\right\} \quad \text{nach (16);}$$

$$s \in [0,\,1]: \quad \boldsymbol{y}' = \boldsymbol{A} \cdot \boldsymbol{y}, \quad \boldsymbol{y}(0) = [0, 0, 0, 1]^{\mathsf{T}} \qquad \text{nach (17),}$$

$$s \in [0{,}4;\,1]: \quad \hat{\boldsymbol{y}}' = \boldsymbol{A} \cdot \hat{\boldsymbol{y}}, \quad \hat{\boldsymbol{y}}(0,4) = [0, 0, 0, 1]^{\mathsf{T}} \qquad \text{nach (18);}$$

$\boldsymbol{A}_\lambda' = [a'_{ij}]$ ist eine 4×4-Matrix mit $a'_{41} = 1$, $a'_{ij} = 0$ sonst.

Das Gleichungssystem (12) lautet dann

$$\begin{aligned} z_1(0{,}4) \cdot \Delta\lambda + y_1(0{,}4) \cdot \Delta c_0 \qquad\qquad\quad &= -x_1(0{,}4), \\ \hat{z}_1(1) \cdot \Delta\lambda + y_1(1) \cdot \Delta c_0 + \hat{y}_1(1) \cdot \Delta c_1 &= -\hat{x}_1(1), \\ \hat{z}_3(1) \cdot \Delta\lambda + y_3(1) \cdot \Delta c_0 + \hat{y}_3(1) \cdot \Delta c_1 &= -\hat{x}_3(1). \end{aligned}$$

Ordnung und Schrittweite des Integrationsverfahrens wurden so gewählt, daß die auf dem R 300 mit einfacher Genauigkeit berechneten Eigenwerte und Eigen-

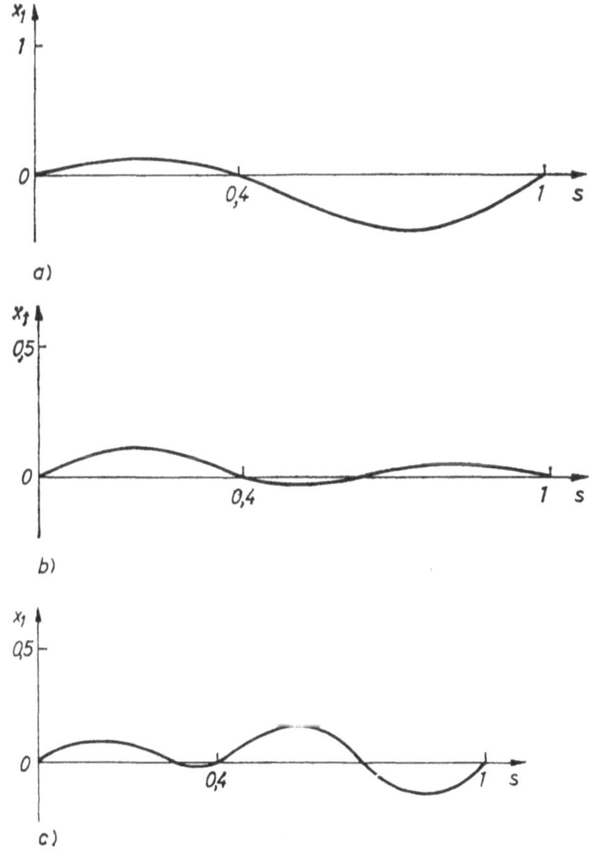

Abb. 3. a) Grundschwingung, b) erste Oberschwingung, c) zweite Oberschwingung

funktionen drei gültige Ziffern besaßen. Hierzu reichten ein Verfahren vierter Ordnung (verbessertes Heun-Verfahren) und eine Schrittweite von 1/20 aus.

Als Startnäherungen wurden nicht die durch das trial-error-Verfahren ermittelten Werte verwandt. Vielmehr wurden für $\lambda^{(0)}$ zur Berechnung der Grundschwingung und der ersten und zweiten Oberschwingung die Eigenwerte der ersten bis dritten Oberschwingung des gleichen Balkens, aber ohne die Zwischenstütze, zugrunde gelegt. Die Startwerte für die Parameter c_0, c_1 wurden stets gleich Null angenommen.

In Tabelle 1 sind die auf drei gültige Ziffern berechneten λ-Werte und die Anzahl der jeweils benötigten Iterationsschritte angegeben. Abb. 3 gibt die resultierenden Schwingungsformen wieder.

Tabelle 1. Eigenwerte des zweifeldrigen Balkens

Startwerte $\lambda^{(0)}$	Endwerte λ	Anzahl der Iterationen
$(2\pi)^4 \sim 1{,}60 \cdot 10^3$	$1{,}11 \cdot 10^3$	3
$(3\pi)^4 \sim 8{,}10 \cdot 10^3$	$5{,}81 \cdot 10^3$	5
$(4\pi)^4 \sim 2{,}56 \cdot 10^4$	$1{,}56 \cdot 10^4$	8

Als zweites Beispiel betrachten wir den in [5] behandelten dreifeldrigen Balken. Er ist bei $s_0 = 0$ und $s_1 = 1/3$ einfach gestützt, hat bei $s_2 = 2/3$ ein Gelenk und ist bei $s_3 = 1$ eingespannt (Abb. 4).

Abb. 4. Dreifeldriger Balken

Ausgehend von $\lambda^{(0)} = 10^3$, $c_0^{(0)} = c_1^{(0)} = c_2^{(0)} = 0$ ergaben sich nach vier Iterationsschritten die Parameterwerte der Grundschwingung mit dreiziffriger Genauigkeit (Tab. 2); Integrationsschrittweite 1/30.

Tabelle 2. Iterationsfolge der Parameterwerte für die Grundschwingung des dreifeldrigen Balkens

ν	$\lambda^{(\nu)}$	$c_0^{(\nu)}$	$c_1^{(\nu)}$	$c_2^{(\nu)}$
0	1000,0	0,00	0,00	0,000
1	1152,8	−59,53	77,06	4,352
2	706,8	−57,34	85,35	4,566
3	678,6	−57,20	83,72	4,563

Die zu Tabelle 2 gehörige Folge von Iterationskurven der vier Zustandsgrößen ist in Abb. 5 wiedergegeben.

Die Kurvenbilder lassen erkennen, daß das durch die sehr schlechte Startnäherung $\mathbf{c}^{(0)} = \mathbf{o}$ hervorgerufene exponentielle Verhalten der Startkurven nach dem zweiten

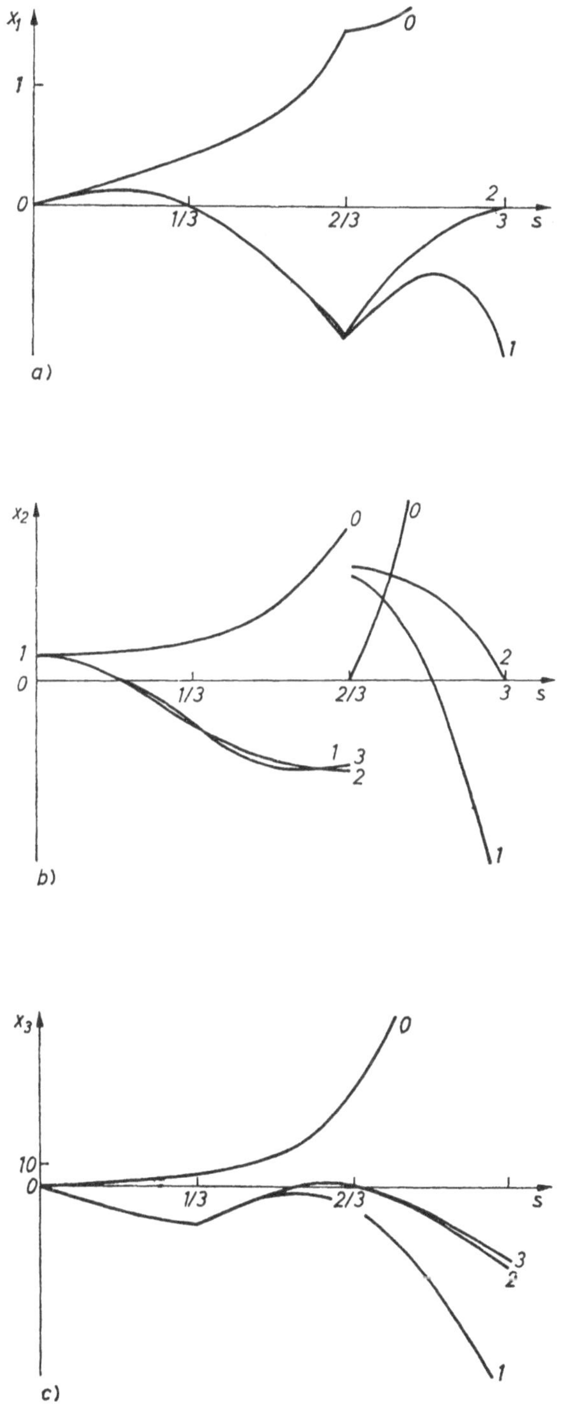

Abb. 5. a) Auslenkung, b) Neigung, c) Biegemoment

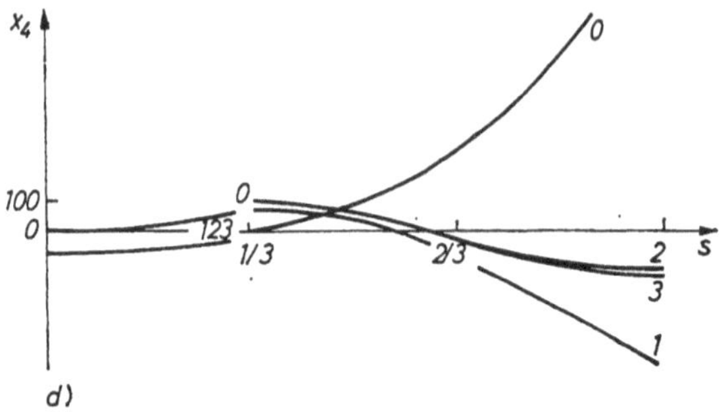

Abb. 5. d) Querkraft

Newton-Schritt bereits vollständig beseitigt ist. Durch die Verwendung von $\mathbf{c}^{(0)}$-Werten aus einem vorangehenden trial-error-Prozeß kann das Auftreten derartiger Kurvenverläufe von vornherein vermieden und auch die Anzahl der Iterationsschritte herabgesetzt werden.

Literatur

[1] HEINHOLD, I., und U. KULISCH, Über die Behandlung von Rand- und Eigenwertaufgaben auf dem elektronischen Analogrechner, Proc. 3rd Int. Analogue Computation Meet., Opatija 1961.

[2] WEINEL, E., Über lineare Randwertprobleme und ihre Behandlung auf Analogrechnern, ZAMM **44** (1964), T74–T77.

[3] STOER, J., und R. BULIRSCH, Einführung in die Numerische Mathematik II, Springer-Verlag, Berlin–Heidelberg–New York 1973.

[4] KLOTTER, K., Technische Schwingungslehre, Springer-Verlag, Berlin–Göttingen–Heidelberg 1960.

[5] ZURMÜHL, R., Praktische Mathematik für Ingenieure und Physiker, Springer-Verlag, Berlin–Göttingen–Heidelberg 1963.

[6] MARGUERRE, K., Matrices of transmission in beam problems, Progress in solid mechanics, Volume I, North Holland Publ. Co., Amsterdam 1960, p. 59–82.

Manuskripteingang: 5. 2. 1975

VERFASSER:

Prof. Dr. WALTER WALLISCH, Sektion Mathematik der Friedrich-Schiller-Universität Jena

Beiträge zur Numerischen Mathematik
5 (1976), 219–227

Zur Herleitung einiger Verfahren zur Bestimmung von Eigenwertschranken

WILFRIED WEINELT

Der Beitrag versucht, für die Herleitung verschiedener Verfahren zur Bestimmung oberer und unterer Eigenwertschranken bei symmetrischen halbbeschränkten Operatoren im Hilbertraum einen einheitlichen Zugang zu finden. Es ergeben sich die Schrankeneigenschaften für Verfahren von W. RITZ, N. J. LEHMANN, B. KNAUER, N. W. BAZLEY und D. W. FOX.

1. Es sei $A = A^* > 0$ ein selbstadjungierter, positiv definiter Operator mit diskretem[1]) Spektrum im Hilbertraum H. Während das Ritzsche Verfahren [7] obere Schranken für die ersten Eigenwerte

$$0 < \lambda_1 \leqq \lambda_2 \leqq \cdots \leqq \lambda_k \tag{1}$$

des Operators A zu liefern vermag, erhält man mittels der Verfahren von N. J. LEHMANN [4], B. KNAUER [2] und N. W. BAZLEY und D. W. FOX [1] untere Schranken.

Die Beweistechniken dafür sind in den einzelnen Fällen recht unterschiedlich.

Im folgenden werden die Eigenschaften der Eigenwertnäherungen der genannten Verfahren, jeweils einseitige Schranken für die gesuchten Eigenwerte zu sein, durch naheliegende Abschätzungen einer und derselben Größe erhalten.

Gemeinsame Voraussetzung für die Durchführung der Verfahren ist die Vorgabe bzw. die Konstruktion eines geeigneten (Koordinaten-)Systems linear unabhängiger Elemente

$$\varphi_1, \varphi_2, \ldots, \varphi_n \in D(A). \tag{2}$$

Ein solches System soll bezüglich der Aufgabe, für (1) Schranken anzugeben, *geeignet* heißen, wenn

$$n \geqq k, \quad Q_n u_i \neq 0 \quad (i = 1, 2, \ldots, k) \tag{3}$$

gilt mit Q_n als orthogonalem Projektor in H auf den Unterraum

$$H_n = \operatorname{span}(\varphi_1, \varphi_2, \ldots, \varphi_n) \tag{4}$$

[1]) Das hier Dargelegte gilt auch für den Fall, daß das Spektrum von A lediglich anfangsdiskret ist.

und mit

$$u_1, u_2, \ldots, u_k \tag{5}$$

als orthonormiertem System von jeweils zu λ_i gehörigen Eigenfunktionen u_i $(i = 1, \ldots, k)$ des Operators A.

Teilweise wird zusätzlich vorausgesetzt, daß n und k in einer solchen Relation stehen, daß

$$\lambda_k < m_n \leqq \inf_{\substack{u \in H_n^{\perp} \\ 0 \neq u \in D(A)}} \frac{(Au, u)}{(u, u)} \tag{6}$$

gilt, wobei m_n eine bekannte Schranke für das Infimum sein soll. Beispielsweise ist (6) unter den Gegebenheiten des Bazley-Fox-Verfahrens realisiert, wenn nämlich die Darstellung

$$A = \mathring{A} + A' \tag{7}$$

mit $\mathring{A}$ als einem Operator mit qualitativ gleichen Eigenschaften wie A, mit bekannten Eigenwerten

$$\lambda_1^0 \leqq \lambda_2^0 \leqq \cdots \tag{8}$$

und bekannten zugehörigen orthonormierten Eigenfunktionen

$$u_1^0, u_2^0, \ldots \tag{9}$$

sowie A' als positiv definitem symmetrischem Operator gilt. In diesem Fall kann man sofort

$$\varphi_i = u_i^0 \quad (i = 1, \ldots, n), \; m_n = \lambda_{n+1}^0 \tag{10}$$

benutzen.

2. Infolge (3) gilt für jedes Eigenelement $u = u_i$ aus (5) zum jeweiligen Eigenwert aus $\lambda = \lambda_i$ (1) für $i = 1, \ldots, k$ die Darstellung

$$u = \sum_{j=1}^{n} \alpha_j \varphi_j + z, \quad \sum_{j=1}^{n} |\alpha_j| > 0, \quad z \in H_n^{\perp}, \tag{11}$$

wobei die Parameter $\alpha_j = \alpha_{ji}$ und das zum orthogonalen Komplement von H_n gehörige Element $z = z_i$ eindeutig bestimmt sind.

Mit Hilfe der „Defekte“

$$\sigma_i = (I - Q_n) A \varphi_i \in H_n^{\perp} \tag{12}$$

wird der Operator $\bar{A}_0$ gemäß

$$\left.\begin{aligned} A_0 &= A - B, \\ Bu &= \sum_{j,l=1}^{n} \big((u, \sigma_j)\, b_{jl} \varphi_l + (u, \varphi_j)\, b_{jl} \sigma_l\big) \\ &= Q_n A (I - Q_n)\, u + (I - Q_n)\, A Q_n u \quad \big(D(A_0) = D(A)\big) \end{aligned}\right\} \tag{13}$$

eingeführt, wobei b_{jl} die Elemente derjenigen symmetrischen Matrix C^{-1} sind, die Inverse zur positiven Gramschen Matrix $C = \big((\varphi_j, \varphi_l)\big)$ ist.

Hilfssatz 1. *Der Operator* A_0 *nach* (13) *ist selbstadjungiert und besitzt* H_n (*und so auch* $H_n{}^{\perp}$) *als invarianten Unterraum*[1]).

Beweis. Die Selbstadjungiertheit von A_0 folgt aus der vorausgesetzten Selbstadjungiertheit von A und aus der augenscheinlichen Symmetrie des endlichdimensionalen Operators B. Weiterhin gilt für $i = 1, \ldots, n$

$$A_0\varphi_i = A\varphi_i - (I - Q_n)\, A\varphi_i = Q_n A\varphi_i\,, \tag{14}$$

wonach sich die Invarianz des Unterraumes H_n bezüglich A_0 klärt. Ist schließlich $v \in H_n{}^{\perp} \cap D(A_0)$, dann folgt sofort $(A_0 v, \varphi_i) = (v, A_0\varphi_i) = 0$ für alle $i = 1, \ldots, n$, d. h., $H_n{}^{\perp}$ ist invariant bezüglich A_0.

Hilfssatz 2. *Es sei* $\tilde{A}_0$ *die Einschränkung von* A_0 *auf* $H_n{}^{\perp}$, *d. h.,* $\tilde{A}_0$ *wirkt von* $D(A_0) \cap H_n{}^{\perp} = D(\tilde{A}_0)$ *in* $H_n{}^{\perp}$. *Dann existiert für alle* $\lambda < m_n$ (vgl. (6)) *die beschränkte symmetrische* nichtnegative *Inverse* (*in* $H_n{}^{\perp}$)

$$(\tilde{A}_0 - \lambda I)^{-1} = R_\lambda \quad (\lambda < m_n)\,. \tag{15}$$

Ferner ist R_λ *mit* λ *monoton wachsend, d. h., es gilt*

$$R_{\lambda'} \leqq R_{\lambda''} \quad (\lambda' \leqq \lambda'' < m_n)\,. \tag{16}$$

Beweis. Der in $H_n{}^{\perp}$ symmetrische Operator $\tilde{A}_0 - \lambda I$ ist positiv definit, denn für beliebige $u \in D(\tilde{A}_0)$ gilt

$$\begin{aligned} \big((\tilde{A}_0 - \lambda I)\, u, u\big) &= (\tilde{A}_0 u, u) - \lambda(u, u) = (A_0 u, u) - \lambda(u, u) \\ &= (Au, u) - \lambda(u, u) \geqq (m_n - \lambda)\,(u, u)\,. \end{aligned}$$

Dabei wurde berücksichtigt, daß

$$(A_0 u, u) = (Au, u) - \big(Q_n A(I - Q_n)\, u, u\big) - \big((I - Q_n)\, A Q_n u, u\big) = (Au, u)$$

gilt. Daher ist $\tilde{A}_0 - \lambda I$ invertierbar, und die Inverse R_λ ist ebenfalls symmetrisch und nichtnegativ, wobei $\|R_\lambda\| \leqq (m_n - \lambda)^{-1}$ ist. Für beliebige $u \in D(\tilde{A}_0)$ und $\lambda' \leqq \lambda'' < m_n$ gilt nun

$$(\tilde{A}_0 u, u) - \lambda'(u, u) \geqq (\tilde{A}_0 u, u) - \lambda''(u, u)\,,$$

d. h. $\tilde{A}_0 - \lambda' I \geqq \tilde{A}_0 - \lambda'' I$, woraus (16) folgt (vgl. [5]).

Bemerkung 1. Falls $\lambda \notin \sigma(A_0)$ ist, existiert auch in H die Inverse $(A_0 - \lambda I)^{-1}$; (15) ist dann die Einschränkung dieses Operators auf $H_n{}^{\perp}$. Im folgenden bezeichnet R_λ stets diese Einschränkung.

Satz 1. *Jeder Eigenwert* λ *aus* (1) *des Operators* A *ist bei Erfüllung von* (3) *und der Darstellung* (11) *der zugehörigen Eigenfunktion* (5) *charakterisiert als Parameterwert,*

---

[1]) Im Fall $H_n{}^{\perp}$ wird die Invarianz als $A_0(H_n{}^{\perp} \cap D(A_0)) \subset H_n{}^{\perp}$ gedeutet.

für den

$$\sum_{i=1}^{n} \alpha_i\big((A\varphi_i, \varphi_j) - \lambda(\varphi_i, \varphi_j)\big) + (z, \sigma_j) = 0 \quad (j = 1, \ldots, n),$$

$$(A_0 - \lambda I)\, z = -\sum_{i=1}^{n} \alpha_i \sigma_i \quad (z \in H_n{}^{\perp}) \tag{17}$$

eine nichttriviale Lösung (im Sinne von (11)) *besitzt. Ist zusätzlich* (6) *erfüllt, so ist weiterhin jeder Eigenwert* $\lambda < m_n$ *des Operators* A *charakterisiert als Parameterwert, für den*

$$\sum_{i=1}^{n} \alpha_i\big((A\varphi_i, \varphi_j) - \lambda(\varphi_i, \varphi_j) - (R_\lambda \sigma_i, \sigma_j)\big) = 0 \quad (j = 1, \ldots, n) \tag{18}$$

nichttrivial lösbar ist.

Beweis. Zunächst ist die Äquivalenz von (17) und (18) für $\lambda < m_n$ bei Erfüllung von (6) und Beachtung von (15) offensichtlich.

1. Es sei nun λ Eigenwert (1) des Operators A und u — dargestellt durch (11) — zugehörige Eigenfunktion. Dann folgt einerseits

$$(Au, \varphi_j) = \lambda(u, \varphi_j) \quad (j = 1, \ldots, n),$$

d. h. unter Berücksichtigung von

$$(Az, \varphi_j) = (z, A\varphi_j) = (z, A\varphi_j - Q_n A\varphi_j) = (z, \sigma_j)$$

die erste der Beziehungen (17), die auch als

$$Q_n \left(\sum_{i=1}^{n} \alpha_i (A\varphi_i - \lambda\varphi_i) + Az\right) = 0 \tag{19}$$

geschrieben werden kann. Andererseits gilt wegen (11)

$$\begin{aligned}(A - \lambda I)\, z &= -\sum_{i=1}^{n} \alpha_i (A - \lambda I)\, \varphi_i \\ &= -\sum_{i=1}^{n} \alpha_i (A - Q_n A)\, \varphi_i + \sum_{i=1}^{n} \alpha_i (\lambda I - Q_n A)\, \varphi_i,\end{aligned}$$

woraus wegen (12),

$$\sum_{i=1}^{n} \alpha_i (\lambda I - Q_n A)\, \varphi_i = Q_n \sum_{i=1}^{n} \alpha_i (\lambda I - A)\, \varphi_i$$

und (19)

$$(A - \lambda I)\, z = -\sum_{i=1}^{n} \alpha_i \sigma_i + Q_n A z$$

folgt. Mittels (13) entsteht daraus

$$(A_0 - \lambda I)\, z = -\sum_{i=1}^{n} \alpha_i \sigma_i + Q_n A z - Q_n A (I - Q_n)\, z = -\sum_{i=1}^{n} \alpha_i \sigma_i,$$

also die zweite der Beziehungen (17).

2. Es sei λ ein solcher Parameterwert, für den (17) die nichttriviale Lösung $(\alpha_1, \ldots, \alpha_n, z)$ besitzt. Für u gemäß (11) gilt dann

$$(A - \lambda I)\, u = \sum_{i=1}^{n} \alpha_i (A - \lambda I)\, \varphi_i + (A - \lambda I)\, z$$

$$= \sum_{i=1}^{n} \alpha_i \big(\sigma_i + (Q_n A - \lambda I)\, \varphi_i\big) + (A_0 - \lambda I)\, z + (A - A_0)\, z$$

$$= Q_n \sum_{i=1}^{n} \alpha_i (A - \lambda I)\, \varphi_i + Q_n A (I - Q_n)\, z = 0$$

wegen (19) und (13), d. h., λ ist Eigenwert des Operators A.

3. Im folgenden werden Aussagen über diejenigen Eigenwerte des Operators A angestrebt, die (bei fixiertem n) gemäß (6) kleiner als m_n bleiben. Diese $k \leqq n$ Eigenwerte (1) werden nach Satz 1 durch die Aufgabe (18) charakterisiert, die zwar wegen der unbekannten Resolvente R_λ keinen direkten Zugang, wohl aber einige Abschätzungen nahelegt.

Hilfssatz 3. *Der gemäß* (15), (16) *definierte Operator* R_λ *(im Hilbertraum* $H_n^\perp$*) erzeugt eine n-reihige quadratische Matrix*

$$\mathscr{R}_\lambda = \big((R_\lambda \sigma_i, \sigma_j)\big)_{i,j=1}^{n}, \tag{20}$$

die als Operator im euklidischen Raum E_n *dieselben Eigenschaften der Symmetrie, Nichtnegativität und Isotonie in* λ *wie* R_λ *besitzt. Ein symmetrischer Operator* S_λ *in* $H_n^\perp$ *mit* $S_\lambda \gtreqless R_\lambda$ *erzeugt analog eine Matrix*

$$\mathscr{S}_\lambda = \big((S_\lambda \sigma_i, \sigma_j)\big)_{i,j=1}^{n} \gtreqless \mathscr{R}_\lambda. \tag{21}$$

Der Beweis dieser Aussagen ist mit dem Skalarprodukt im E_n

$$(\mathscr{R}_\lambda \alpha, \beta) = \sum_{i,j=1}^{n} \alpha_i \bar{\beta}_j (R_\lambda \sigma_i, \sigma_j) = \Big(R_\lambda \sum_i \alpha_i \sigma_i, \sum_j \beta_j \sigma_j\Big)$$

offensichtlich.

Hilfssatz 4. *Es seien* $r_1(\lambda) \leqq r_2(\lambda) \leqq \cdots \leqq r_n(\lambda)$ *die Eigenwerte der Matrix* $\mathscr{A} - \mathscr{R}_\lambda$ $(\lambda < m_n)$ *mit der positiven Matrix* $\mathscr{A} = \big((A\varphi_i, \varphi_j)\big)_{i,j=1}^{n}$ *und* $\mathscr{R}_\lambda$ *aus* (20), *während* $s_1(\lambda) \leqq s_2(\lambda) \leqq \cdots \leqq s_n(\lambda)$ *die Eigenwerte der Matrix* $\mathscr{A} - \mathscr{S}_\lambda$ *darstellen, wobei* $\mathscr{S}_\lambda$ *gemäß* (21) *von einem in* $H_n^\perp$ *beschränkten, nichtnegativen, symmetrischen, in* λ *stetigen und gemäß* (16) *isotonen Operator* $S_\lambda \geqq R_\lambda$ *(bzw.* $S_\lambda \leqq R_\lambda$*) erzeugt wird. Dann gilt für* $i = 1, \ldots, k$ *(k gemäß* (6))

$$\lambda_i \geqq s_i(s_i) \quad (\textit{bzw. } \lambda_i \leqq s_i(s_i)),$$

wobei $\mu_i = s_i(s_i)$ *die k kleinsten Lösungen (Eigenwerte) des (nichtlinearen) Eigenwertproblems*

$$(\mathscr{A} - \mathscr{S}_\lambda)\, \alpha = \lambda \alpha \quad (\alpha \in E_n) \tag{22}$$

bedeuten.

Beweis. 1. Nach Satz 1 gilt für $i = 1, \ldots, k$ (k gemäß (6))

$$\lambda_i = r_i(\lambda_i) = r_i(r_i).$$

2. Werden die k kleinsten Eigenwerte von $\mathscr{A}$ mit $r_1^* \leqq r_2^* \leqq \cdots \leqq r_k^*$ bezeichnet, so gilt

$$\lambda_i \leqq r_i^* \quad (i = 1, \ldots, k), \tag{23}$$

denn $\mathscr{A} - \mathscr{R}_{\lambda_i} \leqq \mathscr{A}$ kann nicht einen größeren i-ten Eigenwert (λ_i) als $\mathscr{A}$ (nämlich r_i^*) besitzen.

3. Für die Aufgabe (22) existieren die in Rede stehenden Lösungen μ_i ($i = 1, \ldots, k$). Denn wegen der Nichtnegativität von $\mathscr{S}_\lambda$ ist zunächst der i-te Eigenwert von $\mathscr{A} - \mathscr{S}_{r_i^*}$ nicht größer als r_i^*. Stetigkeit und Monotonie in λ bewirken, daß es bei Verkleinerung von λ (ausgehend von r_i^*) genau einen Wert $\lambda = \mu_i$ gibt, der i-ter Eigenwert von $\mathscr{A} - \mathscr{S}_\lambda$ ist ($i = 1, \ldots, k$).

4. Es sei nun $S_\lambda \geqq R_\lambda$ und damit $\mathscr{S}_\lambda \geqq \mathscr{R}_\lambda$ nach Hilfssatz 3. Angenommen, es wäre dann $s_i(s_i) > r_i(r_i) = \lambda_i$ für ein $i = 1, \ldots, k$. Es würde dann $s_i(s_i) \leqq s_i(r_i)$ folgen, d. h. $r_i(r_i) < s_i(r_i)$ im Widerspruch zu

$$\mathscr{A} - \mathscr{R}_{r_i} \geqq \mathscr{A} - \mathscr{S}_{r_i}.$$

Also ist in diesem Fall $\lambda_i \geqq s_i(s_i)$.

5. Analog folgt aus $S_\lambda \leqq R_\lambda$, d. h. $\mathscr{S}_\lambda \leqq \mathscr{R}_\lambda$, daß die Annahme $\lambda_i = r_i(r_i) > s_i(s_i)$ über $r_i(r_i) \leqq r_i(s_i)$ zu $r_i(s_i) > s_i(s_i)$ im Widerspruch zu

$$\mathscr{A} - \mathscr{R}_{s_i} \leqq \mathscr{A} - \mathscr{S}_{s_i}$$

führt. Daher ist hier $\lambda_i \leqq s_i(s_i)$, und der Hilfssatz ist bewiesen.

Es werden nun folgende Möglichkeiten für die Wahl des Operators S_λ (in $H_n^\perp$) untersucht:

(I) $$S_\lambda = 0. \tag{24}$$

(II) $$S_\lambda = \frac{1}{m_n - \lambda} I. \tag{25}$$

(III) Unter den Gegebenheiten (7) bis (10) wird

$$S_\lambda = (\bar{A}_0 - \lambda I)^{-1} \tag{26}$$

gewählt mit

$$\bar{A}_0 = \bar{A} - Q_n \bar{A}(I - Q_n) - (I - Q_n)\bar{A} Q_n, \tag{27}$$

wobei $\bar{A}$ einen „Zwischenoperator" erster Art

$$\bar{A} = \mathring{A} + A' P_n \tag{28}$$

bzw. zweiter Art

$$\bar{A} = \mathring{A}_p + A' P_n \tag{29}$$

darstellt. Dabei ist P_n orthogonaler Projektor im energetischen Hilbertraum H' des Operators A' (vgl. [5]) auf den Unterraum H_n und

$$\mathring{A}_p = \mathring{A} Q_p + (\lambda^0_{p+1}) \cdot (I - Q_p) \quad (p \geqq n) \tag{30}$$

die Trunkation (vgl. [1]) des Operators $\mathring{A}$.

(IV) $$S_\lambda = (\mathring{A} - \lambda I)^{-1} \tag{31}$$

bzw.

$$S_\lambda = (\mathring{A}_p - \lambda I)^{-1}. \tag{32}$$

Die mittels dieser S_λ konstruierten Eigenwertprobleme (22) mit den k kleinsten Lösungen (Eigenwerten) $\mu_i = s_i(s_i)$ haben folgende Eigenschaften.

Satz 2. *Mit* (24) *hat* (22) *die Eigenwerte*

$$\mu_i \geqq \lambda_i \quad (i = 1, \ldots, k),$$

die Ritzsche obere Schranken für die λ_i *sind.*

Beweis. Aus (22) mit $\mathscr{S}_\lambda = 0$ ist ersichtlich, daß es sich um Ritzsche Näherungen μ_i handelt; $\mu_i = r_i^* \geqq \lambda_i$ wurde bereits in (23) bewiesen.

Bemerkung 2. Bekanntlich stellen für $\mathscr{S}_\lambda = 0$ auch die restlichen $n - k$ Eigenwerte μ_i von (22) obere Schranken für die entsprechenden λ_i $(i = k + 1, \ldots, n)$ dar.

Satz 3. *Mit* (25) *liefert* (22) *untere Eigenwertschranken nach Lehmann* [4]

$$\mu_i \leqq \lambda_i \quad (i = 1, \ldots, k).$$

Beweis. S_λ gemäß (25) erfüllt die Voraussetzungen des Hilfssatzes 4 mit $S_\lambda \geqq R_\lambda$, denn es ist $(A_0 - \lambda I) \geqq (m_n - \lambda) I$ (auf $H_n{}^\perp$). An der ausführlichen Form (18) mit S_λ statt R_λ zeigt sich, daß es sich hierbei um das Verfahren von Lehmann handelt.

Bemerkung 3. Im Fall $n = 1$ ergibt sich bei der Wahl (25) aus (22) mit

$$\varphi_1 = \varphi \quad (\|\varphi\| = 1), \quad \sigma_1 = \sigma = A\varphi - (A\varphi, \varphi)\,\varphi,$$

$$\|\sigma\|^2 = \|A\varphi\|^2 - (A\varphi, \varphi)^2,$$

falls $m_1 > (A\varphi, \varphi)$ ist,

$$0 = (A\varphi, \varphi) - \lambda - \frac{\|A\varphi\|^2 - (A\varphi, \varphi)^2}{m_1 - \lambda},$$

d. h.

$$\lambda_1 \geqq (A\varphi, \varphi) - \frac{\|A\varphi\|^2 - (A\varphi, \varphi)^2}{m_1 - (A\varphi, \varphi)},$$

die Templesche Formel [8].

Bemerkung 4. Aus (25) ergibt sich in Verbindung mit (22) das Knauersche Verfahren auf folgende Weise. Statt $\varphi_1, \ldots, \varphi_n \in H_n$ werden bereits die Ritzschen Näherungseigenvektoren $\psi_1, \ldots, \psi_n \in H_n$ verwendet. Dann lautet (22) ausgeschrieben

$$(\mu_j - \lambda)\,\alpha_j - \frac{1}{m_n - \lambda}\sum_{i=1}^{n} \alpha_i(\sigma_i, \sigma_j) = 0 \quad (j = 1, \ldots, n), \tag{33}$$

wobei μ_j die Ritzschen Näherungseigenwerte sind. Wird nun

$$-\frac{1}{m_n - \lambda}\sum_{i=1}^{n} \alpha_i\sigma_i = \alpha_{n+1}y, \quad y \in H_n{}^{\perp}, \quad \|y\| = 1, \tag{34}$$

gesetzt, so läßt sich (33) schreiben als

$$\left.\begin{aligned} &\alpha_j(\mu_j - \lambda) + \alpha_{n+1}(y, \sigma_j) = 0 \quad (j = 1, \ldots, n), \\ &\sum_{i=1}^{n} \alpha_i(\sigma_i, y) + \alpha_{n+1}(m_n - \lambda) = 0, \end{aligned}\right\} \tag{35}$$

und die k kleinsten Eigenwerte $\nu_1 \leqq \nu_2 \leqq \cdots \leqq \nu_k$ der Matrix

$$\begin{pmatrix} \mu_i & & 0 & (y, \sigma_i) \\ & \ddots & & \vdots \\ 0 & & \mu_n & (y, \sigma_n) \\ (\sigma_i, y) & \cdots & (\sigma_n, y) & m_n \end{pmatrix} \tag{36}$$

wären untere Schranken entsprechend dem Verfahren von LEHMANN. Da y nicht bekannt ist, wird erneut nach unten abgeschätzt auf Grund folgender Sachverhalte für Matrizen:

(i) Der i-te Eigenwert ν_i von (36) ist nicht kleiner als der kleinste Eigenwert der Matrix[1])

$$\begin{pmatrix} \mu_1 & & 0 & (y, \sigma_1) \\ & \ddots & & \vdots \\ 0 & & \mu_n & (y, \sigma_n) \\ (\sigma_1, y) & \cdots & (\sigma_n, y) & m_n \end{pmatrix} \tag{37}$$

(ii) Der kleinste Eigenwert von (37) ist nicht kleiner als der kleinste Eigenwert von[2])

$$\begin{pmatrix} \mu_i & & 0 & \|\sigma_i\| \\ & \ddots & & \vdots \\ 0 & & \mu_n & \|\sigma_n\| \\ \|\sigma_i\| & \cdots & \|\sigma_n\| & m_n \end{pmatrix} \tag{38}$$

[1]) Dieser Sachverhalt leitet sich leicht aus dem „Minimax-Prinzip" für die Eigenwerte symmetrischer Matrizen ab.

[2]) Diese Aussage folgt z. B. aus einer unmittelbaren Diskussion des charakteristischen Polynoms für (37).

Das Knauersche Verfahren bestimmt nun gerade den kleinsten Eigenwert von (38) als untere Schranke für den i-ten Eigenwert λ_i.

Satz 4. *Mit* (26) *bis* (30) *erhält man aus* (22) *ein Bazley-Fox-Verfahren, und zwar mit Zwischenoperatoren erster Art bei* $\bar{A}$ *gemäß* (28) *und zweiter Art bei* $\bar{A}$ *gemäß* (29), (30).

Beweis. Die Anwendung des Satzes 1 auf $\bar{A}$ (gemäß (28) bzw. (29), (30)) statt A führt gerade zum Problem (22) mit S_λ aus (26). Daher werden auf diese Weise die Näherungen nach Bazley-Fox geliefert (die ja die Eigenwerte von $\bar{A}$ sind). Übrigens erfüllt S_λ aus (26) die Voraussetzungen des Hilfssatzes 4 mit $S_\lambda \geqq R_\lambda$, was bestätigt, daß untere Eigenwertschranken erhalten werden.

Bemerkung 5. Gegenüber dem soeben zitierten Bazley-Fox-Verfahren erhält man etwas gröbere untere Schranken, wenn man S_λ gemäß (31) bzw. sogar noch stärker gemäß (32) weiter nach oben abschätzt (im Vergleich zu (26)). Dabei liefert (32) mit $p = n$ offenbar $S_\lambda = (m_n - \lambda)^{-1} I$ $(m_n = \lambda_{n+1}^0)$, also das Lehmannsche Verfahren.

Abschließend sei auf eine weitere Beziehung hingewiesen.

Bemerkung 6. Aus Satz 1, bei dem (3) mit $n = k = 1$ erfüllt sei, ergibt sich in der Gestalt (17) mit $\alpha_1 = 1$, $\varphi_1 = \varphi$ $(\|\varphi\| = 1)$, $\sigma_1 = \sigma = A\varphi - (A\varphi, \varphi)\,\varphi$

$$\left.\begin{aligned} &(A\varphi, \varphi) - \lambda + (z, \sigma) = 0, \\ &(A_0 - \lambda I)\, z = -\sigma \end{aligned}\right\} \tag{39}$$

der Ausgangspunkt der Pseudostöriteration [3].

Literatur

[1] Bazley, N. W., and D. W. Fox, Truncations in the method of intermediate problems for lower bounds to eigenvalues, J. Res. Nat. Bur. Standards, Sect. B, **65** (1961), 105–111.

[2] Knauer, B., Untere Schranken für die Eigenwerte selbstadjungierter positiv-definiter Operatoren, Numer. Math. **17** (1971), 166–171.

[3] Kuhnert, F., Über die genäherte Berechnung von Eigenwerten durch die Pseudostöriteration, in: Beiträge zur Analysis und Angewandten Mathematik, VEB Deutscher Verlag der Wissenschaften, Berlin 1968, S. 71–80.

[4] Lehmann, N. J., Hilfsmittel zur optimalen Eigenwerteinschließung. Ein Pendant zum Rayleigh-Ritz-Verfahren, Ж. вычисл. матем. и матем. физ. **11** (1971), 1374–1389.

[5] Michlin, S. G., Variationsmethoden der mathematischen Physik, Akademie-Verlag, Berlin 1962 (Übersetzung aus dem Russischen).

[6] Riesz, F., und B. Sz.-Nagy, Vorlesungen über Funktionalanalysis, 3. Aufl., VEB Deutscher Verlag der Wissenschaften, Berlin 1973 (Übersetzung aus dem Französischen).

[7] Ritz, W., Über eine neue Methode zur Lösung gewisser Variationsprobleme der mathematischen Physik, J. reine angew. Math. **135** (1909), 1–61.

[8] Temple, G., The theory of Rayleigh's principle as applied to continuous systems, Proc. Roy. Soc. (London) A **119** (1928), 276.

Manuskripteingang: 28. 1. 1975

VERFASSER:

Dr. rer. nat. Wilfried Weinelt, Sektion Mathematik der Technischen Hochschule Karl-Marx-Stadt

Hinweise für Autoren

Zur Veröffentlichung vorgesehene Manuskripte (in deutscher, englischer, französischer und russischer Sprache) sind in einwandfrei leserlicher und druckfertiger Form (Schreibmaschinenoriginal mit einer Kopie, zweizeilig, Formeln gut leserlich) einzureichen an Prof. Dr. F. KUHNERT, Sektion Mathematik der Technischen Hochschule Karl-Marx-Stadt, DDR-9023 Karl-Marx-Stadt, Reichenhainer Str. 41, oder Prof. Dr. J. W. SCHMIDT, Sektion Mathematik der Technischen Universität Dresden, DDR-8027 Dresden, Zellescher Weg 12—14.

Herausgeber und Verlag bitten, unbedingt die folgenden Auszeichnungsregeln zu beachten: Kursive (schräge) Buchstaben (und nur diese!) sind blau zu unterstreichen, halbfett kursive zweimal blau; griechische Buchstaben rot; Fraktur grün; Schreibschrift gelb; grotesk braun; kursiver Text blaue Wellenlinie; Sperrung gestrichelt; Kleindruck ist durch grünen Strich am linken Rand zu kennzeichnen.

Formelzähler sind an den rechten Rand zu stellen. Die Autoren werden gebeten, durch Benutzung geeigneter Abkürzungen komplizierte Formelausdrücke zu vermeiden. Abbildungen sind dem Manuskript gesondert beizufügen. Der Literaturnachweis ist in eckiger Klammer durchzunumerieren. Im Text ist auf die Literatur mit der Ziffer in eckiger Klammer zu verweisen. Je nachdem, ob Literaturhinweise aus Büchern, Zeitschriften oder Sammelwerken erfolgen, ist nach folgenden Mustern zu verfahren:

[1] FADDEJEW, D. K., und W. N. FADDEJEWA, Numerische Methoden der linearen Algebra, 4. Aufl., VEB Deutscher Verlag der Wissenschaften, Berlin 1976 (Übersetzung aus dem Russischen). FADDEJEW, D. K., und W. N. FADDEJEWA, Numerische Methoden der linearen Algebra, 4. Aufl., R. Oldenbourg Verlag, München—Wien 1976 (Übersetzung aus dem Russischen).

[2] SCHMIDT, J. W., Defektabschätzungen bei Differenzenverfahren, ZAMM **46** (1966), 17—39.

[3] TEMPLE, G., Linearization and delinearization. In: Proceedings of the International Congress of Mathematicians 1958, Cambridge 1960, p. 233—247.

[4] УЛЬМ, С., Принцип мажорант и метод хорд, Изв. АН ЭстССР, Физ.-матем., **13** (1964), 217—227.

Die Korrekturen sind spätestens 5 Tage nach Eingang an Prof. Dr. F. KUHNERT (Anschrift s. S. 228) zu senden. Durch nachträgliche Änderungen entstehende zusätzliche Korrekturkosten sind vom Autor zu tragen.

Die Verfasser erhalten von ihren Arbeiten 50 Sonderdrucke sowie ein Exemplar des gesamten Heftes unentgeltlich. Bei zwei und mehr Autoren einer Arbeit erhält jeder Autor ein Belegexemplar des Heftes; die 50 Sonderdrucke sind nach eigenem Ermessen unter die Autoren zu verteilen.

Kolibri 360 GmbH
Ferdinand-Jühlke-Straße 7
99095 Erfurt, Deutschland
produktsicherheit@kolibri360.de